乡村人居环境营建丛书

浙江大学乡村人居环境研究中心

王　竹　主编

传统乡村聚落平面形态的量化方法研究

浦欣成　著

国家自然科学基金重点资助项目："长江三角洲地区低碳乡村人居环境营建体系研究"(项目编号：51238011)

浙江省哲学社会科学规划课题："新农村建设背景下浙江省乡村聚落形态的评价指标研究"(项目编号：13NDJC163YB)

浙江省教育厅科研项目："浙江省乡村聚落形态的定量分析研究"(项目编号：Y201329865)

东南大学出版社

·南京·

内 容 提 要

　　本书着眼于以乡村建筑单体平面外轮廓为基本单元所构成的聚落总平面图,基于图底关系将聚落平面形态解析为边界、空间、建筑三个要素,分别探究其形态特性、结构程度与群体秩序,通过借鉴景观生态学、分形几何学、计算机编程以及数理统计的相关方法进行量化研究,提炼出一套聚落平面形态量化指数,并考察它们相互之间的内在关联与协调机制,以期在抽象的规划指标之外,为传统乡村聚落提供更为具体而精准的形态描述方式,并使之相互间能够实现科学量化的比较、分类与评述。

　　本书可供建筑学、城市与乡村规划等设计实践与理论研究人员阅读,也可供相关专业师生参考。

图书在版编目(CIP)数据

　　传统乡村聚落平面形态的量化方法研究/浦欣成著.—南京:东南大学出版社,2013.9
　　(乡村人居环境营建丛书/王竹主编)
　　ISBN 978-7-5641-4485-2

　　Ⅰ.①传…　Ⅱ.①浦…　Ⅲ.①乡村—聚落环境—居住环境—量化分析　Ⅳ.①X21

　　中国版本图书馆 CIP 数据核字(2013)第 208934 号

书　　名:传统乡村聚落平面形态的量化方法研究
著　　者:浦欣成
责任编辑:宋华莉　　　　　　　编辑邮箱:52145104@qq.com
出版发行:东南大学出版社
出 版 人:江建中
社　　址:南京市四牌楼 2 号　　　邮　　编:210096
网　　址:http://www.seupress.com
印　　刷:南京玉河印刷厂
开　　本:787 mm×1092 mm　1/16　印张:15　字数:362 千字
版　　次:2013 年 9 月第 1 版　　2013 年 9 月第 1 次印刷
书　　号:ISBN 978-7-5641-4485-2
定　　价:48.00 元
经　　销:全国各地新华书店
发行热线:025-83790519　83791830

本社图书若有印装质量问题,请直接与营销部联系,电话:025-83791830

序

  这本书源自于浦欣成 2012 年完成的博士学位论文《传统乡村聚落二维平面整体形态的量化方法研究》。记得 2000 年我从西安建筑科技大学调到浙江大学的时候，他刚刚硕士毕业留校工作，那时候他还是一个青涩的小青年。后来他考了我的在职博士研究生，加入了我的乡村人居环境营建研究团队。通过一些学术讨论和项目研究，我对他开始真正熟悉起来。浦欣成在建筑创作与设计领域有着较强的特点与追求；对于建筑空间与形态的兴趣，促使他刚开始与我讨论博士论文选题的时候，相对比较倾向于建筑形态方面的研究，特别是建筑相互之间的空间关系，曾一度关注于高密度建筑群体形态。由于团队的研究重点在于乡村营建，使得他接触了较多的乡村聚落。随着讨论的深入，自然而然地将研究对象从高密度建筑群体形态转换到了与之具有诸多相似性的传统乡村聚落的形态上来。相对于特定的案例解读，乡村聚落抽象物质形态的整体构成关系研究则更具有挑战性。

  自然原生的乡村聚落是经由居住者自下而上的自组织机制下建造生成；建造者基于个体微观而局部的视角观察基地环境特征并结合具体的自我需求进行建造，使建筑相互之间在局部形态秩序的关系上普遍形成了一定的随机差异，产生了某种非均质性，以及不同程度的紊乱化现象。而随着一定时间的稳定，汇集到聚落整体层面，其形态肌理则呈现出因个体秩序微差而在整体上造就了某种柔韧而自然的有机性与丰富性。鉴于种种原因，当下我国的乡村聚落正经历着快速发展与变迁，很多逐步沦为简单而僵化的机械式布局，丧失了自然原生的有机特质。因而，对这一日渐稀少的具有复杂性的聚落整体的有机形态的研究具有重要的研究价值与现实意义。作者的研究从聚落平面的图底关系入手，对传统乡村聚落自然原生的有机形态进行量化解析，从而在抽象性的规划指标之外，寻求相对更为具体而明确的常规性形态量化描述方式，对传统乡村聚落形态的变迁、保护与营建等方面都具有很好的参考价值。

  希望浦欣成在其后续的学术研究与实践工作中进行更为深入的探索。

王竹

2013 年 6 月 1 日于求是园

前　　言

当一次次地穿行于传统乡村聚落的街头巷尾，我总是会被那些富有深度与意蕴的空间所吸引，它们孕育着富有生活情趣的场所。这是从生产到生活方式完全不同于城市的一个自我完整的系统。传统乡村聚落源于民居建筑单体的聚集，其聚集的方式构建了聚落的整体形态并界定着聚落内外之间的关系。聚落整体形态较之建筑单体形式更能够显示出一个传统乡村聚落自然原生的风貌特质。建筑学及其相关领域对聚落空间形态也有了相当的研究。笔墨当随时代；在不同的阶段，基于其当下不同的观念、视角与方法，会对同一个对象发展出不同的认识与理解；一般而言，都会伴随着知识体系在广度与深度上的持续积累。而本书正是希望基于当下新的视角，借助科学化的方法与手段，尝试对传统乡村聚落形态进行量化解析，以试图揭示出其中内在的形态机制。

2009年早春，我参加王竹老师主持的一个安吉新农村建设项目，实地考察了几天，那些乡村聚落真切地感染了我。其实在那之前，较安吉更为传统而完整的宏村、西递之类的乡村聚落也造访过不少；但唯有这次，或许是测绘总图与现场观感的交替刺激，触发了潜意识里向往并酝酿许久的思维动机。回来以后带着一丝兴奋，每天晚上伏案涂鸦，将那些急于涌现但还处于朦胧阶段的感触与设想记录下来。也许，这开启了一道思维的阀门。几个月以后，积累了一叠文字与简图。及至年底，经过与王老师的多次讨论，整理出了一部分提纲；这便是本书的开始历程。尽管，从最后的成文来看，与当时的涂鸦也许已经大相径庭，但正是最初那一刻感性的动机，触发了其后理性的研究。

本书着眼于以建筑单体平面外轮廓为基本单元所构成的聚落总平面图，基于图底关系将聚落平面形态解析为边界、空间、建筑三个要素，分别探究其形态特性、结构程度与群体秩序，通过借鉴景观生态学、分形几何学、计算机编程以及数理统计的相关方法进行量化研究，提炼出一套聚落平面形态量化指数，并考察它们相互之间的内在关联与协调机制，以期在抽象的规划指标之外，为传统乡村聚落提供更为具体而精准的形态描述方式，并使之相互间能够实现科学量化的比较、分类与评述。

第一部分论述了聚落的边界形态。聚落边界由建筑的实边界与建筑之间的虚边界构成。采用100 m、30 m、7 m三种不同的虚边界尺度来设定聚落边界的平面闭合图形。通过三层边界平面闭合图形的加权平均形状指数，结合其长短轴之比，对聚落边界平面形态的类型（团状、条状以及指状）进行量化界定，来探讨聚落边界形态的总体特征。此外，通过聚落边界的密实度、离散度以及边缘空间的平均宽度这三项空间化属性的量化指数，来探讨聚落边界形态的局部特征。

第二部分论述了聚落的空间结构。将聚落的内部空间分解为相对比较规则的封闭院落空间与相对不规则的开放公共空间。一方面通过聚落建筑外轮廓所限定的总面积为基数进行庭院空间率的统计;另一方面通过将聚落中边界外推 2.5 m 获得聚落公共空间的平面图斑,计算其分维来界定聚落的结构化程度。通过这两项各自独立的参数,来探讨聚落空间的结构化特征。

第三部分论述了聚落的建筑群体秩序。通过计算机编程绘制出在一定影响距离内聚落的建筑节点网络图,并据此导出每一个建筑单体的面积大小、角度偏差以及相互之间的最小距离,通过对这些数据的演算与统计,提炼出三个分项紊乱指数与一个综合紊乱指数,来探讨聚落中建筑的群体秩序特征。

传统乡村聚落充满了魅力,谜一般地吸引着我的视线。没有获得了明确思路之前的迷茫与焦虑,阶段性领悟所带来的喜悦,两种精神状态相互交织演进,形成了一种富有节律性的心路历程;在这个过程中,真正体味到了研究的苦与乐。关于本书的撰写动机,也许更多的是某种自我解惑;及至成文,最终大致能够解释我心中关于聚落形态的一些疑窦;同时,对我而言也是开启了一个研究视域,还有更多的疑问与有趣的设想,有待今后逐步深入探讨。受时间精力与篇幅所限,文本以理论叙述为主,多计算过程与数据比较,因而相对显得比较抽象而干涩。相关研究内容难免有一些失误与不当之处,敬请广大读者进行批评与指正。

浦欣成

2013 年 6 月

浙江大学乡村人居环境研究中心

农村人居环境的建设是我国新时期经济、社会和环境的发展程度与水平的重要标志,对其可持续发展适宜性途径的理论与方法研究已成为学科的前沿。按照中央统筹城乡发展的总体要求,围绕积极稳妥推进城镇化,提升农村发展质量和水平的战略任务;为贯彻落实《国家中长期科学和技术发展规划纲要(2006—2020)》的要求,加强农村建设和城镇化发展的科技自主创新能力,为建设乡村人居环境提供技术支持。2011年,浙江大学成立了乡村人居环境研究中心(以下简称"中心")。

"中心"主任由王竹教授担任,副主任及各专业方向负责人由李王鸣教授、葛坚教授、贺勇教授、毛义华教授等担任。"中心"整合了相关专业领域的优势创新力量,长期立足于乡村人居环境建设的社会、经济与环境现状,将自然地理、经济发展与人居系统纳入统一视野。截至目前,"中心"已完成120多个农村调研与规划设计;出版专著15部,发表论文200余篇;培养博士18人,硕士160余人;为地方培训3 000余人次。

"中心"在重大科研项目和重大工程建设项目联合攻关中的合作与沟通,积极促进多学科交叉与协作,实现信息和知识的共享,从而使每个成员的综合能力和视野得到全面拓展;建立了实用、高效的科技人才培养和科学评价机制,并与国家和地区的重大科研计划、人才培养实现对接,努力造就一批国内外一流水平的科学家和科技领军人才,注重培养一批奋发向上、勇于探索、勤于实践的青年科技英才。建立一支在乡村人居环境建设理论与方法领域具有国内外影响力的人才队伍,力争在地区乃至全国农村人居环境建设领域的领先地位。

"中心"按照国家和地方城镇化与村镇建设的战略需求和发展目标,整体部署、统筹规划,重点攻克一批重大关键技术与共性技术,强化村镇建设与城镇化发展科技能力建设,开展重大科技工程和应用示范。

"中心"从6个方向开展系统的研究,通过产学研相结合,将最新研究成果用于乡村人居环境建设实践中。(1)村庄建设规划途径与技术体系研究;(2)乡村社区建设及其保障体系;(3)乡村建筑风貌以及营造技术体系;(4)乡村适宜性绿色建筑技术体系;(5)乡村人居健康保障与环境治理;(6)农村特色产业与服务业研究。

"中心"承担有国家自然科学基金重点项目:"长江三角洲地区低碳乡村人居环境营建体系研究"、"中国城市化格局、过程及其机理研究"、面上项目"长江三角洲绿色住居机理与适宜性模式研究"、"基于村民主体视角的乡村建造模式研究"、"长江三角洲湿地类型基本人居生态单元适宜性模式及其评价体系研究"、"基于绿色基础设施评价的长三角地区中小城市增长边界研究";国家科技支撑计划课题:"长三角农村乡土特色保护与传承关键技术研究与示范"、"浙江省杭嘉湖地区乡村现代化进程中的空间模式及其风貌特征"、"建筑用能系统评价优化与自保温体系研究及示范"、"江南民居适宜节能技术集成设计方法及工程示范"等。

目　　录

1 绪论

1.1 聚落

1.1.1 聚落的基本概念

聚落来源于人类的聚集,其形成与发展是人与环境相互作用的结果。一般可将聚落分为乡村聚落和城市聚落两大类,还有介于两者之间的城市化村和集镇等聚落类型。乡村聚落是以农业活动和农业人口为主的聚落,规模较小;城市聚落是以非农业人口为主的聚落,规模较大,是一定地域范围内的政治、经济、文化中心。人类先有乡村聚落后有城市聚落;一般而言,城市聚落是由乡村聚落发展而成的。①

在《中国大百科全书》中聚落的定义为:"是指人类各种形式的居住场所,在地图上常被称为居民点,它不仅是人类活动的中心,同时也是人们居住、生活、休息和进行各种社会活动以及进行劳动生产的场所"。有学者进而认为,聚落是"在一定地域内发生的社会活动和社会关系,特定的生活方式,并且有共同的人群所组成的相对独立的地域生活空间和领域"。②

1.1.2 聚落的发展历程及其基本类型

在人类历史上,聚落有一个从低级到高级的发展过程,即从小自然村(hamlet)、村庄(village)、镇(town),到城市(city)、大都市(metropolis)、大都市区(metropolitan area)、集群城市或城市群(conurbation)和城市带或城市连绵区(megalopolis)。前两种为典型的乡村聚落,后五种为典型的城市聚落,镇为两种聚落的交界点,兼具两者特征,相当于"似城聚落"。③

美国社会学家罗吉斯(埃弗里特·M.罗吉斯)和伯德格(拉伯尔·J.伯德格)在《乡村社会变迁》一书中用聚落续谱表示美国社会农村与城市的联系,也是聚落发展演替次序。典型农村(rural)与典型城市(urban)之间虽然界限明确,但两者之间还有农村邻里、村庄、小城镇、城郊社区、小城市以及大都市等各种聚落形态,相邻两种聚落形态之间并无确切的界限(图 1.1)④。

---

① 参考了百度百科的"聚落"定义。
② 余英.中国东南系建筑区系类型研究[M].北京:中国建筑工业出版社,2001:116.
③ 林志森.基于社区结构的传统聚落形态研究[D].天津:天津大学博士学位论文,2009:4.
④ [美]埃弗里特·M.罗吉斯,拉伯尔·J.伯德格.乡村社会变迁[M].王晓毅,王地宁,译.杭州:浙江人民出版社,1988:167;沈茂英.中国山区聚落持续发展与管理研究——以岷江上游为例[D].北京:中国科学院研究生院博士学位论文,2005:29.

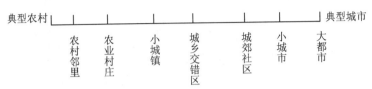

图 1.1　农村城市续谱图

（资料来源：沈茂英.中国山区聚落持续发展与管理研究——以岷江上游为例[D].北京：中国科学院研究
生院博士学位论文，2005：29）

1.1.3　广义的聚落与狭义的聚落

广义的聚落是人类各种形式的聚居地总称，既是人们居住、生活、休息和进行各种社会活动的场所，也是人们进行生产的场所，覆盖了社会、经济、文化、物质等不同的层面。聚落的社会形态包括社会秩序、民主政治、教育体系、医疗卫生等；聚落的经济形态包括产业结构、资源转化等；聚落的文化形态包括民俗风土、传统等；聚落的物质形态包括选址、布局、建筑物、构筑物、道路、绿地、水源等，聚落规模越大，其物质要素构成越复杂[1]。聚落的物质形态是其非物质形态的载体。

而狭义的聚落，则一般就是指作为主要物质形态的房屋建筑的聚居集合体。此外，通常对于聚落的俗称，特偏向于指称乡野村庄，即通常从事种植或简单手工业，且规模较小，没有经过规划，自然生长发展起来的。英文的 settlement，也主要指规模较小或孤立的社区及村庄[2]。

1.1.4　中国典籍中的聚落

在《辞源》中，"聚，谓村落也，为人所聚居"，侧重社会的概念；"落，所居之处，如部落、墟落、村落"，侧重环境的概念。在《辞海》中，"聚"，有村落、会集、积聚的意思；而"落"，则是"人聚居的地方"，并引《后汉书·仇览传》："庐落整顿"，《广雅》："落，居也。案今人谓院为落也"[3]。

原始社会，人类过着完全依赖于自然采集和猎取的生活，还没有形成固定的住所，直到原始社会末期，人类发现并发展了种植业，出现了人类社会第一次劳动大分工，即农业同渔业、牧业分离，相对固定的农业居民点——早期聚落才得以发生，《汉书·沟洫志》有"（黄河水）时而去，则填淤肥美，民耕田之。或久无害，稍筑室宅，遂成聚落……"[4]。这里，"聚"为聚集，"落"为落地生根和定居之意。在传统的观念中，宫室的落成完工，并不是工程的结束，而是一个生命的开始，是一个新的定居点的选定和境域营造的开始。故《尔雅·释诂》

① 欧阳玉.从鄂西山村彭家寨现状的调查兼议山村传统聚落文化的传承与发展[D].武汉：武汉大学硕士学位论文，2005：39.

② Webster's New World Dictionary of the American Language(second college edition). "settlement", 1984：1078；王绚.传统堡寨聚落研究——兼以秦晋地区为例[D].天津：天津大学博士学位论文，2004：26.

③ 王韡.徽州传统聚落生成环境研究[D].上海：同济大学博士学位论文，2005：2.

④ 夏征农.辞海.语词分册[M].台北：台湾东华发行，1991：588；聂彤.霍童古镇传统聚落建筑形态研究[D].泉州：华侨大学硕士学位论文，2007：16.

曰:"落,始也。"在古代,"落"也指宫室始成时的祭礼,相当于现在的"落成"典礼。《左传·昭公七年》载:"楚子成章华之台,愿与诸侯落之。"晋代的杜预(222—284)注:"宫室始成,祭之为落。"祭祀仪式不仅表达对于宫室建造完工的庆典,更是对聚落繁荣、种群兴旺的祈愿①。

随着生产力的发展、生产工具的进步,逐渐产生可以交换的剩余劳动产品,商业、手工业与农业、牧业劳动分离,出现了人类社会第二次劳动大分工。这次劳动大分工使居民点开始分化,逐渐形成了以农业生产力为主的"乡村"和以商业、手工业生产力为主的"城镇"。《史记·五帝本纪》有"舜一年而所居成聚,二年成邑,三年成都"。其注释中称:"聚,谓村落也"②。

概念上讲,中国历史上开始在乡村建立有系统的管理制度是始于周代,那是乡村里最低的国家行政单位——县以下的地缘组织。据考证,聚是乡以下的农村人口的聚居地,从聚居生活和空间环境的完整性上来看,两汉时期的"聚"就是我们今天所谓的自然村,有一定的聚居规模,但没有设专门的行政管理部门。"村"这个字的出现是在东汉后期,《异闻记》中有"不欲令其骨骸,村口有古大冢",其后,三国吴人张勃《吴地理志》有"长城若下酒有名,谷南曰上若,北曰下若,并有村",都提到了"村"一词。而村的起源则是汉代的乡聚,或是在魏晋时期战乱破坏的县城废墟上形成的自然聚落。东晋南北朝时期,人们已经开始用"村"来描述一个完整的地域范围了,较之于秦汉的乡里组织,"村"的出现是魏晋南北朝时期地方结构的一大特色。在封建制社会里由于商品经济不占主要地位,乡村聚落始终是聚落的主要形式。进入资本主义社会以后,城市或者城市型聚落广泛发展,乡村聚落逐渐失去优势而成为聚落体系中低层级的组成部分③。

1.2 国内聚落研究

1.2.1 文献的检索与统计

通过中国知网以"聚落"为题名进行文献检索,共得到期刊论文 726 篇、优秀硕士学位论文 143 篇、博士学位论文 17 篇、重要会议论文 70 篇④。对这些文献进行了分类统计,列表如下(表 1.1)⑤。

①　林志森.基于社区结构的传统聚落形态研究[D].天津:天津大学博士学位论文,2009:3.
②　王绚.传统堡寨聚落研究——兼以秦晋地区为例[D].天津:天津大学博士学位论文,2004:25.
③　王海浪.镇江华山村聚落环境设计调查与研究[D].苏州:苏州大学硕士学位论文,2007:4.
④　检索时段截至 2010 年 7 月 28 日。中国期刊全文数据库共有文献 829 篇,1993 年之前的不提供下载,再去除诸如其他学科等无关文献后,有效文献为 726 篇。此外,文中所述文献有些是从检索文献的参考资料中析出,因而并非一定以"聚落"为题名。
⑤　此表参考了陈倩《传统聚落形成机制研究框架——以云南滇西北地区为例》一文中"有关聚落的研究成果表",有补充与改动,见:华中建筑,2010(05):166-168.对文献进行学科分类其实难以寻求非常客观的标准,带有一定的主观性,仅作参考。

表1.1 国内聚落研究成果统计表

学科分类	建筑学					建筑学相关学科				其他学科					总计
	建筑设计	案例研究	专题研究	比较研究	建筑史	规划	保护发展	环境景观	旅游	生态学	地理学	人类学、社会学	考古学	历史学	
期刊	38	143	47	4	14	39	51	35	9	40	54	43	173	36	726
优硕	2	41	15	6	11	4	9	18	7	5	6	9	10	0	143
博士	0	1	2	0	4	1	2	1	0	2	2	2	2	0	17
会议	3	10	5	0	7	6	8	3	2	8	3	6	9	0	70
总计	43	195	69	10	36	50	70	57	18	53	65	60	194	36	956
百分比（%）	4.5	20.4	7.2	1.0	3.7	5.2	7.3	6.0	1.9	5.5	6.8	6.3	20.3	3.8	100
	36.8					20.4				42.7					

（资料来源：作者自绘）

由以上的文献分类统计结果可以看到：

（1）建筑学范畴的文献占36.8%，建筑学相关学科的文献占20.4%，而其他学科的文献占42.7%，说明聚落研究广泛存在于多个学科之间，各学科之间亦可能存在不同程度的交叉。

（2）建筑学范畴的聚落研究，主要处在以资料整理分析的案例调查层面，占据21.4%，并且带有清晰的地域性特征，如徽州聚落、云南聚落、客家聚落、北方堡寨聚落等关注度相对较高。更为深入的专题研究开始出现，但目前还相对较少，占7.2%。

（3）与建筑设计层面相关的聚落研究，只占4.5%，说明目前聚落的理论研究与设计实践的相关程度较低。设计研究分为两类，其一为聚落化设计的理论探讨，如从传统聚落中探寻对当下设计的借鉴与启示[①]；对原广司、山本理显等几位对聚落有着较为深厚的研究并将之与设计实践相结合的几位建筑师设计思想的述评[②]。其二为设计实践，传统风格的聚落设计如常青教授的杭州来氏聚落改造规划[③]，现代风格的聚落化设计中较有代表性的是王昀教授的设计实践探索[④]。

（4）值得注意的是，聚落的概念大量出现在考古学文献上，占20.3%。说明聚落考古已成为考古学的一个非常重要的研究视角。

---

① 王小斌.传统聚落的营建策略及当代借鉴的初探——以皖、浙地区若干聚落为例[D].北京：清华大学硕士学位论文，2005；张剑辉.此时、此地、此情"以滇西北聚落民居探索现代地域建筑创作[D].南京：东南大学硕士学位论文，2005；徐璐璐，徽州传统聚落对安徽地区新农村住宅设计的启示[D].合肥：合肥工业大学硕士学位论文，2006；刘进红.建筑群化设计初探——从中国传统聚落到结构主义建筑[D].南京：东南大学硕士学位论文，2008.

② 刘俊.聚落形态建筑观——山本理显建筑的诠释[J].华中建筑，2008(09)：36-38；卜菁华，韩中强."聚落"的营造——日本京都车站大厦公共空间设计与原广司的聚落研究[J].华中建筑，2005(05)：29-31.

③ 常青，沈黎，张鹏，等，杭州来氏聚落再生设计[J].时代建筑，2006(02)：106-109.

④ 查方兴.房子里的聚落[J].建筑知识，2008(04)：46-51；范路，易娜.徘徊在传统聚落和现代建筑之间——建筑师王昀访谈[J].建筑师，2006(02)：36-44；王昀，方振宁.聚落研究与当代建筑设计联手——建筑师王昀访谈[J].文化月刊，2004(07)：43-47.

1.2.2 建筑学及其相关学科的聚落研究概述

1) 研究历程与概况

中国的聚落研究是建立在民居研究之上的。中国的民居研究历程大致经历了 20 世纪 30 年代初至 40 年代末的开拓局面、50 年代的地位确立、50 年代末至 60 年代中的普及认识、60 年代中至 70 年代末的停滞不前、70 年代末至 80 年代中的蓬勃复兴、80 年代末至今的多元发展这六个时期①。从多元发展时期以来,专注于传统建筑单体的民居研究逐渐扩展到了对聚落整体的研究,如陈志华教授提出的"乡土建筑"的研究框架,认为对传统民居与聚落的研究就是对一个完整的建筑文化圈的研究,将研究拓展到聚落背后的社会历史文化内涵,使之更综合而整体②。

聚落研究中最为常见的是案例研究。一方面是共时性的形态解析,基本属于建筑形态学研究范畴,通常从历史沿革、自然条件、地理经济、选址布局的分析开始,继而考察组团结构、道路与街巷空间的布局等,然后再解析其中的典型民居与公共建筑(寺庙、祠堂、戏台等),就其平面、立面、剖面、构造与装饰、材料与色彩等方面进行探讨,进而形成一个从整体到局部的全方位形态解析③。另一方面则是历时性的发展与变迁研究,也涉及传统的更新与保护,是建筑学与历史、地理、人类学等广泛交叉之后所形成的新的研究视角与领域④。

随着聚落研究的广泛开展,逐渐出现一些更为深入的专题研究,如对传统聚落的演进机制研究⑤,徽州古村落中的水系⑥、巷路⑦研究,对聚落防御性的研究⑧,对大学聚落的研究⑨,对聚落空间中"极域"的研究⑩,等等。而比较研究则是研究深入到一定阶段以后的必

---

① 中国民居的研究历程首先由陆元鼎教授梳理,见:陆元鼎. 中国民居研究的回顾与展望[J]. 华南理工大学学报(自然科学版),1997(01):133 - 139;陆元鼎. 中国民居研究五十年[J]. 建筑学报,2007(11):66 - 69. 此后有研究陆续进行借鉴与补充,如:魏欣韵. 湘南民居——传统聚落研究及其保护与开发[D]. 长沙:湖南大学硕士学位论文,2003;王绚. 传统堡寨聚落研究——兼以秦晋地区为例[D]. 天津:天津大学博士学位论文,2004;陈晶. 徽州地区传统聚落外部空间的研究与借鉴[D]. 北京:清华大学硕士学位论文,2005;陈顺祥. 贵州屯堡聚落社会及空间形态研究[D]. 天津:天津大学硕士学位论文,2005;许飞进. 探寻与求证——建水团山村与江西流坑村传统聚落的对比研究[D]. 昆明:昆明理工大学硕士学位论文,2007.

② 陈志华. 乡土建筑研究提纲——以聚落研究为例[J]. 建筑师,1998(04):43 - 49.

③ 刘伟. 城固县上元观古镇聚落形态演变初探[D]. 西安:西安建筑科技大学硕士学位论文,2006;赵逵. 川盐古道上的传统聚落与建筑研究[D]. 武汉:华中科技大学博士学位论文,2007.

④ 刘致平在《中国建筑类型与结构》(中国建筑工业出版社,2003 年第三版)中提及,建筑学对聚落的研究主要分为两方面:一是"聚落构成"的研究,主要指聚落的位置选择、内部空间的布局、组织与形态、聚落之间的关系;二是聚落的发展变迁研究,见:谭立峰. 河北传统堡寨聚落演进机制研究[D]. 天津:天津大学博士学位论文,2007:4.

⑤ 陆林,凌善金,焦华富,等. 徽州古村落的演化过程及其机理[J]. 地理研究,2004(05):686 - 694;刘晓星. 中国传统聚落形态的有机演进途径及其启示[J]. 城市规划学刊,2007(03):55 - 60.

⑥ 尹文. 徽州古民居庭院的理水与空间形态[J]. 东南文化,1998(04):58 - 61;曹剑文. 徽派建筑群的动脉——村落水系[J]. 建筑知识,2004(03):38 - 40;逯海勇. 徽州古村落水系形态设计的审美特色——黟县宏村水环境探析[J]. 华中建筑,2005(04):144 - 146;贺为才. 徽州古村宅坦人工水系——"无溪出活龙"营建探微[J]. 华中建筑,2006(12):197 - 199.

⑦ 王巍. 徽州传统聚落的巷路研究[D]. 合肥:合肥工业大学硕士学位论文,2006.

⑧ 严钧,梁智尧,许宁. 千年古村上甘棠——试析防御性对传统村落规划的影响及文化表现[A]. 见:2005 年海峡两岸传统民居学术研讨会论文集[C]. 武汉:华中科技大学,2005:262 - 265.

⑨ 何镜堂,窦建奇,王扬,等. 大学聚落研究[J]. 建筑学报,2007(02):84 - 87.

⑩ 王鲁民,张帆. 中国传统聚落极域研究[J]. 华中建筑,2003(04):98 - 99,109;张帆. 中国传统聚落极域研究[D]. 郑州:郑州大学硕士学位论文,2003.

然产物,较为常见的是不同地域之间聚落形态及其成因的比较①,或者是传统聚落与现代住区的比较②,也有将研究视野拓展到了国内外进行比较研究③。

建筑史范畴的聚落研究,一方面是对特定历史时期聚落形态特征的共时性研究,如历史上京杭大运河沿岸聚落分布规律④;另一方面则是对古代聚落的起源、发展与变迁所作的历时性研究,如三峡房屋与聚落产生的由来及其变迁过程研究⑤。此外很多文献关注古代原始聚落与城市之初的演变关系,林志森探讨了原始聚落到"城"的演变过程⑥。

随着传统聚落的日渐稀少,其文化价值不仅成为学术圈内的重要话题,也逐渐得到了大众和媒体的普遍关注,如近些年开展了"中国景观村落"的评选活动⑦。

2)聚落的分类

关于聚落的分类,由于可切入的角度太多而难以建立统一的聚落分类系统。近年来有管彦波按自然地理、经济活动方式、宗教、家庭、形态五个方面对中国的民族聚落进行的分类⑧,其他诸多的分类方式零星散存于各文献中;笔者从建筑学的视角出发,将其大致梳理如下:

(1)聚落的地理分类

按文化背景和历史区域将聚落分为:大家风范的徽派古村落(安徽、江西)、朴实无华的西北古村落(陕西)、小巧精致的江南古村落(浙江、江苏)、富贵大气的山西大院建筑群(山西)、个性鲜明的岭南古村落(福建、广东)、另类浪漫的西南古村落(四川、重庆)、各领风骚的少数民族古村落(云南、西藏)、清秀灵逸的湘黔古村落(湖南、贵州)八大类⑨。

根据几大地域把我国民族聚落分为山地聚落(包括缓坡地带)、高原聚落、平原聚落(含低洼盆地、平坝)、草原聚落、沿海丘陵聚落、湖滨水域聚落等类型⑩。

通常以聚落所处的位置与山、水、平地等自然地理环境的关系进行类型的区分,衍生出

① 孙彦青.徽州聚落与江浙水乡聚落风水景观的分析比较[D].上海:同济大学硕士学位论文,1999;许飞进.探寻与求证——建水团山村与江西流坑村传统聚落的对比研究[D].昆明:昆明理工大学硕士学位论文,2007;魏柯,周波.水·聚落·标志物——羌寨桃坪与水乡周庄的建筑环境布局比较研究[J].四川建筑,2002(03):22 - 23;潘莹,施瑛.湘赣民系、广府民系传统聚落形态比较研究[J].南方建筑,2008(05):28 - 31;胡晓鸣,张锟,龚鸽.河流对乡土聚落影响的比较研究——以浙江清湖及安徽西溪南为例[J].华中建筑,2009(12):148 - 151.
② 杜恩龙.现代居住区与传统聚落公共空间比较研究[D].天津:天津大学硕士学位论文,2008.
③ 贺玮玲.行为的演变与聚落形态——中国皖南村落与意大利小城比较[J].新建筑,1998(02):9 - 21;郁枫.当代语境下传统聚落的嬗变——德中两处世界遗产聚落旅游转型的比较研究[J].世界建筑,2006(05):118 - 121.
④ 李琛.京杭大运河沿岸聚落分布规律分析[J].华中建筑,2007(06):163 - 166.
⑤ 季富政.三峡房屋及聚落初始研究——三峡地区乡土建筑及城镇历史之一[J].重庆建筑,2010(12):1 - 3.
⑥ 林志森.释"城"——从原始聚落到"城"的演变[J].福建建筑,2011(11):1 - 3.
⑦ 由中国国土经济学会古村落保护与发展委员会分别于2007年、2009年、2011年三届分别评选了15个、16个、9个共计40个中国景观村落。
⑧ 管彦波.论中国民族聚落的分类[J].思想战线,2001(02):38 - 41.
⑨ 孙大章.中国民居研究[M].北京:中国建筑工业出版社,2004;徐贤如.传统聚落环境分析[D].昆明:昆明理工大学硕士学位论文,2007:24.此外,类似的划分方式还见于《中国古镇游》(2003版)中,将我国传统聚落地区按照地理分布大致区分为:徽派古建筑群(安徽、江西)、西北古建筑群(陕西)、水乡古建筑群(浙江、江苏)、北方大院建筑群(山西)、岭南古建筑群(福建、广东)、西南古建筑群(四川、重庆)、南诏古建筑群(云南)、湘黔古建筑群(湖南、贵州).黄平.传统聚落文化的旅游规划研究[D].武汉:武汉理工大学硕士学位论文,2003:8.
⑩ 管彦波.论中国民族聚落的分类[J].思想战线,2001(02):38 - 41.

很多既相似又因为具体研究对象和范围不同而导致一定差异的类型划分。如简单而直观地分为山地型、滨水型、平原型①；或较为全面地区分为大陆海岸聚落、海岛聚落、内陆山区聚落、丘陵地区聚落、平原地区聚落②；还有将屯垦聚落按照选址区分为河谷平原型、坡麓台地型、山顶平台型、沙漠荒原型等③；此外，在考古学上，将史前聚落分为丘陵山地型、丘岗台地型和平原台地型④，将中原地区的史前聚落分为丘岗台地型、河谷阶梯型、平原台地型⑤。

（2）聚落的性质分类

按照传统聚落的职能分类，可以通过不同的指标量和划分方法来进行；如根据从业人口类型所占的比例划分为农业、工业、商业及服务业聚落等；或根据经济结构更为具体地细分为工业、手工业、采掘业、林业、农果业聚落等⑥。台湾学者胡振洲将台湾地区的聚落从产业的角度分为：农业聚落、矿业聚落、工业聚落、宗教聚落、牧业聚落、文化聚落、行政聚落、军事聚落等类型⑦。

从社会学的角度看，通常以传统聚落中的经济、政治和社会体系以及土地所有制为研究方向进行分类，分为封闭型聚落和开放型聚落⑧。

按照聚落中的民居类型分为庭院式（合院式、厅井式、融合式）、单幢式（干阑式、窑洞式、碉堡式）、集聚式（土楼式）聚落⑨。

其他相对比较特殊的分类方式，其实也就是专题研究的范畴，如军事聚落、驿站聚落等。还有以"设防与否"作为界定标准，将传统聚落划分为"防御性聚落"与"普通聚落"两大类型，从宏观上重新对中国传统聚落进行系统审视，建立了"传统防御性聚落"类型框架，进而提出了"防御性聚落"、"外围线性设防"、"局部点式设防"、"堡寨聚落"等新的概念⑩。

（3）聚落的形态分类

基于各自不同的研究视角，产生出很多关于聚落形态的描述与分类方式。其中，有通过疏密程度将乡村聚落形态分为聚集型、松散团聚型、散居型⑪。有通过交通体系将传统聚落分为树枝型、中心放射型、网络型⑫。

还有综合了多种视角的类型划分，使得聚落的形态分类现象更为纷繁复杂：① 综合了地理位置与外轮廓形态，将藏族聚落分为簇团式布局、带状布局、沿河布局、自由布局⑬；

① 张所根.传统聚落保护与更新的自力型模式探析——以西溪古镇为例[D].南昌:南昌大学硕士学位论文,2007:57.

② 赵康.地域环境制约下的聚落生存发展模式的研究与启示[D].济南:山东大学硕士学位论文,2009.

③ 李贺楠.中国古代农村聚落区域分布与形态变迁规律性研究[D].天津:天津大学博士学位论文,2006:131.

④ 钱耀鹏.史前聚落的自然环境因素分析[J].西北大学学报(自然科学版),2002(04):417-420.

⑤ 李龙.中原史前聚落分布与特征演化[J].中原文物,2008(03):29-35.

⑥⑧⑫ 田莹.自然环境因素影响下的传统聚落形态演变探析[D].北京:北京林业大学硕士学位论文,2007:29;29;15.

⑦ 胡振洲.聚落地理学[M].台北:三民书局,1975;林志森.基于社区结构的传统聚落形态研究[D].天津:天津大学博士学位论文,2009:19.

⑨ 孙大章.中国民居研究[M].北京:中国建筑工业出版社,2004;徐贤如.传统聚落环境分析[D].昆明:昆明理工大学硕士学位论文,2007:24.

⑩ 王绚.传统堡寨聚落研究——兼以秦晋地区为例[D].天津:天津大学博士学位论文,2004:19、31.

⑪ 刘伟.城固县上元观古镇聚落形态演变初探[D].西安:西安建筑科技大学硕士学位论文,2006:16.

⑬ 安玉源.传统聚落的演变·聚落传统的传承——甘肃藏族聚落研究[D].北京:清华大学硕士学位论文,2004:40.

② 综合了疏密与外轮廓形态,将聚落划分为线型、向心型、离散型、复合型聚落[①];或点状聚落(又称散漫型村落或者散村)、线状聚落(路村、街村)、环状聚落(环村)及块状聚落(又称群组型村落、团村或集村)等[②]。③ 综合了疏密、外轮廓以及交通形态,将武汉城市圈乡村聚落类型分为:直线型、规则型、串珠型、树枝型、散点型[③]。④ 综合了外轮廓形态、内部组合结构、交通体系以及一定的文化含义,将聚落空间结构形态区分为:集中形、组团型、带型、放射型、象征型、灵活型[④]。

其中比较富有启发性的分类方式是首先区分了乡村聚落形态和聚落结构型式(某一单独的社会文化单位内乡村聚落的组合状态),进而将我国的乡村聚落形态分为集聚型(团状、带状、环状)和散漫型两大类,将乡村聚落结构型式分为线轴型、串珠型、中心型、均衡型、星点型[⑤]。

(4) 聚落的空间分类

聚落空间分为公共空间与私密空间两大类。其中,公共空间复杂而多义,成为聚落空间研究的主要内容。通过不同的切入角度,也产生出多种不同的分类描述。

从空间形态的角度将聚落空间归纳为向心性空间(如福建土楼)、分散型空间(如桂北苗寨)、线型空间(山地型线型聚落以及临水聚落),并通过中心、方向、边界和领域来说明聚落形态中的秩序特征[⑥]。

从空间层次的角度把聚落空间划分为外部空间、聚落空间(人口、广场、街道和道路、水系、建筑物、山神和林木)和宅院空间三个层次[⑦]。

从空间围合的角度将聚落公共空间分为建筑公共空间和自然公共空间[⑧]。

从功能分区的角度将聚落空间分为农田耕地区域、居住生活区域、中心交往区域、商业集贸区域[⑨]。

按照空间性质的角度进行分类有些大同小异,比如分为政治性公共空间、生产性公共空间和生活性公共空间三类,以满足宗教、商业、生活等不同功能的需要[⑩];将藏南河谷的传统

① 成旭华.聚落式校园形态研究[D].上海:同济大学硕士学位论文,2006:14.

②⑨ 田莹.自然环境因素影响下的传统聚落形态演变探析[D].北京:北京林业大学硕士学位论文,2007:30;19.

③ 杨蒙蒙.武汉城市圈乡村聚落景观规划研究[D].武汉:华中农业大学硕士学位论文,2009:33.

④ 业祖润.传统聚落环境空间结构探析[J].建筑学报,2001(12):21-24.此类区分被广为借鉴。如:周绍文.云南传统聚落类型学研究[D].昆明:昆明理工大学硕士学位论文,2007:47;徐贤如.传统聚落环境分析[D].昆明:昆明理工大学硕士学位论文,2007:36.

⑤ 张永辉.基于旅游地开发的苏南传统乡村聚落景观的评价[D].南京:南京农业大学硕士学位论文,2008:36.其中乡村聚落形态的分类与管彦波在《论中国民族聚落的分类》中的形态分类有类似之处。分为集团型聚落(平面上延展形式呈方形、圆形、长方形、椭圆形、不规则的多边形和组团式、成片式、成条式、群集式等多种生长模式)与散列型聚落以及集团——散列型聚落(前两者的变异形式)三种。聚集与散布其实是最为简单而直观的两种类型,早在20世纪初,法国地理学家德芒戎(Albert Demangeon)即已有所论述。

⑥ 王钊.生态视野下的聚落形态和美学特征研究[D].天津:天津大学硕士学位论文,2006:29.

⑦ 杨庆光.楚雄彝族传统民居及其聚落研究[D].昆明:昆明理工大学硕士学位论文,2008:22.

⑧ 田伟丽,宫定宇.小店河公共空间与聚落结构[J].山西建筑,2009(21):20-22.

⑩ 梅策迎.珠江三角洲传统聚落公共空间体系特征及意义探析——以明清顺德古镇为例[J].规划师,2008(08):84-88.

聚落空间划分为居住空间、交通空间、宗教空间、生产空间①；将武汉城市圈乡村聚落的公共空间分为：生产型公共空间、文化型公共空间、生活型公共空间②；将云南建水古城的空间划分为：权力控制空间（城楼、衙署、库府、兵营卫所等）、文治教化空间（文庙、书院、风景点等）、宗教祭祀空间（庙宇、寺观等）、日常生活空间（民居、手工作坊、井台、街子等）③。

其他一些专题性的空间研究，如徽州传统聚落中的族权空间，研究将之区分为：防御性空间、祭祀性空间、教化性空间、等级性空间④。

也有研究归纳了四种聚落外部空间研究的方法：序列视景分析法、图形背景分析法、场所结构分析法、文化生态分析法⑤。

3）主要研究理论与方法

（1）城市空间理论的借鉴

乡村聚落与城市聚落具有一定的内在关联，因而城市空间的相关研究成果及其理论方法，被有选择地运用到乡土聚落的研究中去。

凯文·林奇（Kevin Lynch）在《都市意象》中基于心理认知图式发展出了城市意象五要素，即道路、边界、区域、节点、标志物，是超越文化差异的普遍性认知图式，在聚落形态分析中被借鉴使用的频率较高。不过在结构层次简单且较为均质化的乡村聚落里，其体系完整性与实效性要略低。

扬·盖尔（Jan Gehl）在《交往与空间》中将户外活动划分为三种类型：必要性活动、自发性活动和社会性活动，在聚落空间的研究中也被大量借鉴。如通过这三类活动方式对应三种聚落空间系列：必要性活动——劳动生产空间；自发性活动——邻里空间；社会性活动——集体活动空间⑥；将徽州聚落的公共空间分为水口、水井、池塘、巷弄、祠堂、街道，结合交往与空间理论对上述的公共空间中的行为特征进行分析研究⑦。

其他还有如芦原义信（Luranraison）在《外部空间设计》中提出了"内部秩序与外部秩序"、"积极空间与消极空间"、"逆空间"等概念⑧，在《街道的美学》中提出了"第一次轮廓线与第二次轮廓线"、"阴角空间"等概念⑨，简·雅各布斯（Jacobs Jane）在《美国大城市的死与生》着眼于通过街道来重新认识城市⑩，C. 亚历山大（Christopher Alexander）的《城市并非树形》、戈登·卡伦（Gordon Cullen）的《简明城镇景观设计》、埃德蒙·N. 培根（Edmund N. Bacon）的《城市设计》中的部分理论也对国内的聚落研究产生了一定的启示与影响。

---

① 向洁. 藏南河谷传统聚落景观研究[D]. 成都：西南交通大学硕士学位论文，2008：34.
② 杨蒙蒙. 武汉城市圈乡村聚落景观规划研究[D]. 武汉：华中农业大学硕士学位论文，2009：20.
③ 赵莹. 云南聚落的生长与发展研究初探[D]. 重庆：重庆大学硕士学位论文，2004：33.
④ 王韡. 徽州传统聚落生成环境研究[D]. 上海：同济大学博士学位论文，2005：105.
⑤ 金东来. 传统聚落外部空间研究的启示[D]. 大连：大连理工大学硕士学位论文，2007：11.
⑥ 郭佳，唐恒鲁，闫勤玲. 村庄聚落景观风貌控制思路与方法初探[J]. 小城镇建设，2009(11)：86-91.
⑦ 汪亮. 徽州传统聚落公共空间研究[D]. 合肥：合肥工业大学硕士学位论文，2006：15，27.
⑧ [日]芦原义信. 外部空间设计[M]. 尹培桐，译. 北京：中国建筑工业出版社，1985：9，12，94.
⑨ [日]芦原义信. 街道的美学[M]. 尹培桐，译. 天津：百花文艺出版社，2006：57，70.
⑩ [加]简·雅各布斯. 美国大城市的死与生[M]. 金衡山，译. 南京：译林出版社，2005.

（2）抽象艺术的理论借鉴

最为常见的是通过点、线、面三个现代抽象艺术的基本要素来分析聚落形态，如将聚落空间分为面状空间、线状空间、点状空间，对之进行意象分析①。业祖润教授认为中心、方向、领域、群组（对应几何元素中的点、线、面、群）构建了传统聚落环境空间结构②。

（3）科学量化的研究方法

传统聚落的形态研究，一般都是定性分析与归纳。近年来，有研究开始将其他学科定量分析的研究方法移植到建筑学及其相关领域中进行了一些尝试。

考古、景观、地理学、旅游管理等学科已经广泛采用 GIS 等定量分析技术③。特别是考古学中引入了空间数据挖掘技术，将数据挖掘技术应用到空间数据中，结合 GIS 强大的空间分析和操作能力，对大量现存的各个文化时期的空间数据进行挖掘，找到隐含的空间与时间知识，进一步扩展数据挖掘的研究对象与研究领域，及拓展地理信息系统的应用广度和深度④。于森等运用 RS 和 GIS 技术以及景观分析方法，从乡村聚落用地、规模、形态、分离度等四个方面进行景观空间格局分析⑤。建筑学领域中也逐渐开始采用 GIS 等手段来进行保护规划等研究工作⑥。

伦敦大学巴利特学院的比尔·希列尔（Bill Hillier）教授与同事发明的"空间句法"被引入国内理论界，逐渐被运用于城市规划与设计领域的同时，也开始了在传统聚落空间研究中的尝试⑦。北京大学王昀教授从村落的总平面图中抽出建筑的大小、朝向以及它们之间的距离，同时将建筑抽象为坐标中的点，以此通过计算机软件建立数学模型，对聚落中所反映出来的空间概念进行解析⑧。此外，还有通过"元胞自动机"建立数学模型尝试在聚落中的运用⑨，以及对聚落自组织特性的关注⑩。

①　王志群. 西南丝绸之路灵关道（云南驿村—大田村）驿道聚落初探［D］. 昆明：昆明理工大学硕士学位论文，2004：36.

②　业祖润. 传统聚落环境空间结构探析［J］. 建筑学报，2001(12)：21 - 24. 此观点被广为借鉴.

③　张海. Arc View 地理信息系统在中原地区聚落考古研究中的应用［J］. 华夏考古，2004(01)：98 - 106；唐云松，朱诚. 中国南方传统聚落特点及其 GIS 系统的设计［J］. 衡阳师范学院学报（社会科学），2003(04)：13 - 18；刘建国. GIS 支持的聚落考古研究［D］. 北京：中国地质大学博士学位论文，2007.

④　陈济民. 基于连续文化序列的史前聚落演变中的空间数据挖掘研究——以郑洛地区为例［D］. 南京：南京师范大学硕士学位论文，2006：1. 其他类似文献有：郭伟民. 论聚落考古中的空间分析方法［J］. 华夏考古，2008(04)：142 - 150；刘建国，王琳. 空间分析技术支持的聚落考古研究［J］. 遥感信息，2006(03)：51 - 53；毕硕本. 聚落考古中空间数据挖掘与知识发现的研究——以史前聚落半坡类型姜寨遗址为例［D］. 南京：南京师范大学博士学位论文，2004.

⑤　于森，李建东. 基于 RS 和 GIS 的桓仁县乡村聚落景观格局分析［J］. 测绘与空间地理信息，2005(05)：50 - 54.

⑥　胡明星，董卫. 基于 GIS 的镇江西津渡历史街区保护管理信息系统［J］. 规划师，2002(03)：71 - 73；胡明星，董卫. 基于 GIS 的古村落保护管理信息系统［J］. 武汉大学学报（工学版），2003(03)：53 - 56；胡明星，董卫. GIS 技术在历史街区保护规划中的应用研究［J］. 建筑学报，2004(12)：63 - 65；董卫. 一座传统村落的前世今生——新技术、保护概念与乐清南阁村保护规划的关联性［J］. 建筑师，2005(03)：94 - 99.

⑦　高峰. "空间句法"在传统村落外部空间系统分析中的应用——以徽州南屏村为例［D］. 南京：东南大学硕士学位论文，2004；王巍. 徽州传统聚落的巷路研究［D］. 合肥：合肥工业大学硕士学位论文，2006；石峰. 湖北南漳地区堡寨聚落防御性研究［D］. 武汉：华中科技大学硕士学位论文，2007；阚瑾. 明清"江西填湖广"移民通道上的鄂东北地区聚落形态案例研究［D］. 武汉：华中科技大学硕士学位论文，2008：29；王静文. 传统聚落环境句法视域的人文透析［J］. 建筑学报（学术论文专刊），2010(S1)：58 - 61.

⑧　王昀. 传统聚落结构中的空间概念［M］. 北京：中国建筑工业出版社，2009.

⑨　彭松. 非线性方法——传统村落空间形态研究的新思路［J］. 四川建筑，2004(02)：22 - 23，25.

⑩　孟彤. 试错与自组织——自发型聚落形态演变的启示［J］. 装饰，2006(02)：43 - 44.

4）富有代表性的研究学者①

（1）东南大学以段进、龚恺、董卫、张十庆等教授为代表的学术团队

自 20 世纪 80 年代以来，该学术团队对徽州民居与聚落做了大量的实证调查研究，撰写了一批学位论文：《明清徽州祠堂建筑》（丁宏伟硕士学位论文 1984），《明清徽州传统村落初探》（张十庆硕士学位论文 1986），《宗法制度对徽州传统村落结构及形态的影响》（董卫硕士学位论文 1986），《皖南村落环境结构研究》（韩冬青硕士学位论文 1991 年）。

20 世纪 90 年代始东南大学建筑系与歙县文物局、黟县文物局等单位合作，在王国梁、郭湖生、潘谷西、龚恺等教授的主持下，对徽州古村落进行了测绘，进而编著了《徽州古建筑丛书》系列：《棠樾》（1993）、《瞻淇》（1996）、《渔梁》（1998）、《豸峰》（1999）、《晓起》（2001）。

2000 年以来，东南大学建筑系通过指导学位论文的方式，对传统聚落的发展、演变以及研究方法进行了深入的探讨②。段进教授的学术团队在一批学位论文的研究基础上出版了《城镇空间解析——太湖流域古镇空间结构与形态》（2002），借助拓扑、群等数学理论，对传统聚落环境空间结构形态、空间结构方式等方面进行探析；《空间研究 1：世界文化遗产西递古村落空间解析》（2006）、《空间研究 4：世界文化遗产宏村古村落空间解析》（2009），较之《徽州古建筑丛书》有了更为深入而细致的解析。董卫教授运用 GIS 对历史街区的保护规划进行了探讨③，而"空间句法"等新兴的科学化手段也开始运用到传统聚落的研究中去④。

（2）清华大学以单德启、陈志华、楼庆西、李秋香教授为代表的学术团队

单德启教授从 20 世纪 80 年代就开始了对徽州建筑与传统村落的研究⑤，出版了《中国传统民居图说》（徽州篇 1998、桂北篇 1998、越都篇 1999、五邑篇 2000）等著作，主持了国家自然科学基金"人与居住环境的关系——中国民居与中、日民居比较研究"、"传统民居集落改造模式研究"、"城市化和农业化背景下传统村镇和街区的结构更新"等课题，长期致力于乡土建筑和乡土建筑在由传统走向现代过程中如何转变的研究，在理论和实践两方面均进行了积极的探索。

陈志华教授结合宗族制度等历史文化、社会民俗资料，以及这些因素与聚落之间的互动关系，提出了"乡土建筑研究"的理论框架，界定了聚落研究的内容与方法，认为对传统民居与聚落的研究就是对一个完整的建筑文化圈的研究，拓展到聚落背后的社会历史文化内涵，进而使得研究更综合、整体与系统⑥。从 1989 年起，陈志华、楼庆西、李秋香以及后来加入的罗德胤等学者带领建筑系师生开始了乡土建筑的调查和研究，二十年来对浙江、安徽、江西、

---

① 高校教师、学者们所依托的单位或有变化，以当时开展主要研究工作时期为准。

② 薛力. 城市化进程中乡村聚落发展探讨——以江苏省为例[D]. 南京：东南大学博士学位论文，2001；李立. 传统与变迁——江南地区乡村聚落形态的演变[D]. 南京：东南大学博士学位论文，2002；李晓峰. 多维视野中的中国乡土建筑研究——当代乡土建筑跨学科研究理论与方法[D]. 南京：东南大学博士学位论文，2004.

③ 董卫. 一座传统村落的前世今生——新技术、保护概念与乐清南阁村保护规划的关联性[J]. 建筑师，2005(3)：94-99.

④ 高峰. "空间句法"在传统村落外部空间系统分析中的应用——以徽州南屏村为例[D]. 南京：东南大学硕士学位论文，2004.

⑤ 单德启. 冲突与转化——文化变迁·文化圈与徽州传统民居试析[J]. 建筑学报，1991(01)：46-51；单德启，王小斌. 传统聚落空间整体特色与发展研究的当代意义[J]. 建筑师，2003(02)：41-44.

⑥ 陈志华. 乡土建筑研究提纲——以聚落研究为例[J]. 建筑师，1998(04)：43-49.

福建、广东、陕西、山西、湖南、河北、四川等地的传统古村落做了大量的调研与测绘，进而出版了多种系列的著作。其中台湾汉声杂志社出版了四册①，清华大学出版社出版了"中华遗产·乡土建筑"系列十四册②，河北教育出版社出版了"中国古村落"系列九册③，清华大学出版社出版了"中国乡土建筑丛书"两册④，上海三联书店出版了"乡土记忆丛书"六册⑤，三联书店出版了"乡土中国系列"中的两册⑥和"乡土瑰宝系列"九册⑦，清华大学出版社出版了"中国古代建筑知识普及与传承系列丛书"之"中国古代建筑装饰五书"⑧，清华大学出版社出版了"中国民居五书"⑨，还有其他非系列的单行本十三册⑩。这些著作文字凝练、平实，配有精美的绘图与照片，在专业领域令人瞩目的同时，也产生了广泛而深远的社会影响。

（3）天津大学以张玉坤教授为代表的学术团队

张玉坤教授提出聚落的内部组织是"附着在自然环境和社会整体结构之上的实体单位，具有生物的、经济的、政治的、文化的各种属性。……外部的社会环境对聚落和住宅的影响表现了不同规模不同性质的社会单位之间的相互作用关系"⑪。以国家自然科学基金项目"中国北方堡寨聚落研究及其保护利用策划""明长城军事聚落与防御体系基础性研究"为依托，通过指导学位论文的方式，对北方堡寨聚落与军事聚落的形成、发展与保护进行了广泛而深入的研究⑫。

---

① 《楠溪江中游乡土建筑》(上、中、下)1993,《诸葛村乡土建筑》(上、下)1996,《婺源乡土建筑》(上、下)1998,《关麓村乡土建筑》(上、下)2002。

② 《俞源村》2007,《楼下村》2007,《梅县三村》2007,《十里铺》2007,《西华片民居与安贞堡》2007,《丁村》2007、《郭洞村》2007、《蔚县古堡》2007、《诸葛村》2010、《楠溪江中游》2010、《婺源》2010、《关麓村》2010、《高椅村》2010、《新叶村》2011。

③ 《张壁村》2002、《诸葛村》2003、《新叶村》(彩图本)2003、《楠溪江上游古村落》(共2册)2004、《南社村》2004、《郭峪村》2004、《流坑村》2003、《石桥村》2002、《西文兴村》2003.

④ 《闽西客家古村落：培田村》2008、《南北两瓷村：三卿口·招贤》2008.

⑤ 《川南古镇：尧坝场》2009,《廿八都古镇》2009,《观前码头》2009,《峡口古镇》2009,《仙霞古道》2009,《清湖码头》2009.

⑥ 《楠溪江中游古村落》1999(2005新版),《福宝场》2003.

⑦ 《户牖之美》2004、《雕梁画栋》2004、《千门万户》2006、《雕塑之艺》2006、《庙宇》2006、《宗祠》2006、《文教建筑》2007、《住宅》(上、下)2007、《村落》2008.

⑧ 《砖雕石刻》2011、《户牖之艺》2011、《千门之美》2011、《雕梁画栋》2011、《装饰之道》2011.

⑨ 《赣粤民居》2010、《浙江民居》2010、《福建民居》2010、《北方民居》2010、《西南民居》2010.

⑩ 《古镇碛口》2004、《中国村居》2002、《乡土建筑遗产保护》2008、《文物建筑保护文集》2008、《老房子》2000、《乡土民居》2009、《砖石艺术》2010、《乡土建筑装饰艺术》2006、《中国传统建筑装饰》1999、《屋顶艺术》2009、《中国古建筑砖石艺术》2005、《乡土游》2006、《中国传统建筑文化》2008.

⑪ 张玉坤.聚落·住宅——居住空间论[D].天津:天津大学博士学位论文,1996:144;林志森.基于社区结构的传统聚落形态研究[D].天津:天津大学博士学位论文,2009:38.

⑫ 张玉坤教授指导的硕士学位论文:李严.榆林地区明长城军事堡寨聚落研究[D].天津:天津大学硕士学位论文,2004;谭立峰.山东传统堡寨式聚落研究[D].天津:天津大学硕士学位论文,2004;李蕾.晋陕、闽赣地域传统堡寨聚落比较研究[D].天津:天津大学硕士学位论文,2004;苗苗.明蓟镇长城沿线关城聚落研究[D].天津:天津大学硕士学位论文,2004;倪晶.明宣府镇长城军事堡寨聚落研究[D].天津:天津大学硕士学位论文,2005;李哲.山西省雁北地区明代军事防御性聚落探析[D].天津:天津大学硕士学位论文,2005;薛原.资源、经济角度下明代长城沿线军事聚落变迁研究——以晋陕地区为例[D].天津:天津大学硕士学位论文,2007;杜恩龙.现代居住区与传统聚落公共空间比较研究[D].天津:天津大学硕士学位论文,2008。张玉坤教授指导的博士学位论文:李贺楠.中国古代农村聚落区域分布与形态变迁规律性研究[D].天津:天津大学博士学位论文,2006;谭立峰.河北传统堡寨聚落演进机制研究[D].天津:天津大学博士学位论文,2007;李严.明长城"九边"重镇军事防御性聚落研究[D].天津:天津大学博士学位论文,2007。在同一国家自然科学基金资助下黄为隽教授指导的博士学位论文:王绚.传统堡寨聚落研究——兼以秦晋地区为例[D].天津:天津大学博士学位论文,2004.

（4）同济大学以阮仪三、刘滨谊教授为代表的学术团队

同济大学的阮仪三教授，对我国广大地区历史文化名镇、名村从保护的角度进行了长期而富有意义的研究；积极探索和研究历史文化名镇、名村保护发展的理论框架，并积极呼吁保护的历史价值与当代意义。主要著有《历史环境保护的理论与实践》（2000）。刘滨谊教授基于景观旅游的学术角度，提出乡土景观是可以开发利用的综合资源，具有效用、功能、美学、娱乐和生态五大价值属性的景观综合体①。

（5）西安建筑科技大学以周若祁、刘加平、王竹②等教授为代表的学术团队

该学术团队通过国家自然科学基金重点项目"绿色建筑体系与黄土高原基本聚居单位模式研究"对黄土高原的乡村聚落进行了深入的研究，其中刘加平教授③、王竹教授④对黄土窑洞在生态方面的再生进行了理论与实践的研究，并进而探讨了地域基因的概念。刘克成教授在国家自然基金资助项目"乡村人聚环境可持续发展的适宜性模式研究"对村落形态结构演变发展，即聚落的同化现象以及产生原因进行研究，并提出了用形态动力学原理分析聚落结构的研究方法⑤。此外还有《中国窑洞》（侯继尧、王军，1999），《韩城村寨与党家村民居》（周若祁、张光，1999）等著作，新近有雷振东对关中乡村聚落的转型研究⑥。

（6）华南理工大学以陆元鼎、吴庆洲教授为代表的学术团队

该学术团队研究岭南乡土建筑、聚落的发展规律，以及与其他地理圈历史、社会、经济、文化在互相传播和渗透的背景下的演变。同时将人类学、社会学等学科的理论借用到乡土建筑与聚落的研究中，研究视域扩大到族群发展演变、社会组织结构、家族关系、社会生产、宗教意识之间相互关系之中⑦。主要著有《广东民居》（陆元鼎、魏彦钧，1990），《客家民系与客家聚居建筑》（潘安，1998），《中国东南系建筑区系类型研究》（余英，2001），《中国民居建筑》（陆元鼎，2003）。在国家自然科学基金项目"客家民居形态、村落体系与居住模式研究"中，一方面研究了客家建筑的源流和历史分期；另一方面则论述客家建筑形制与社会、文化的关系。其研究成果更涉及客家建筑文化的"类"、"型"、"期"的分析⑧。提出宗法礼制观念、家族观念、民俗观念是决定聚落形态和建筑形制的三大要素，以宗法礼制观念为骨架，以

① 刘滨谊，王云才. 论中国乡村景观评价的理论基础与指标体系[J]. 中国园林，2002（05）：76-79.

② 其中，周若祁教授已于2002年调任西安交通大学、王竹教授已于2000年调任浙江大学.

③ 赵群，刘加平. 地域建筑文化的延续与发展——简析传统民居的可持续发展[J]. 新建筑，2003（02）：24-25.

④ 王竹，魏秦，贺勇. 地区建筑营建体系的"基因说"诠释——黄土高原绿色窑居住体系的建构与实践[J]. 建筑师，2008（01）：29-35；刘莹，王竹. 绿色住居"地域基因"理论研究概论[J]. 新建筑，2003（02）：21-23；王竹，魏秦，贺勇. 从原生走向可持续发展——黄土高原绿色窑居的地区建筑学解析与建构[J]. 建筑学报，2004（03）：32-35；王竹. 从原生走向可持续发展——地区建筑学解析与建构[J]. 新建筑，2004（01）：46；王竹，魏秦，贺勇等. 黄土高原绿色窑居住区研究的科学基础与方法论[J]. 建筑学报，2002（04）：45-47；李立敏，王竹. 绿色住居可持续发展机制研究——从控制论角度探讨延安枣园村规划设计[J]. 新建筑，1999（05）：1-5；王军，王竹. 昔日黄土窑洞今天绿色住区——延安枣园绿色住区公共中心设计实践[J]. 新建筑，1999（02）：1-4；王竹，王玲. 传统居住环境可持续发展的途径[J]. 西安建筑科技大学学报（自然科学版），1998（02）：145-148；王竹. 黄土高原绿色住区模式研究构想[J]. 建筑学报，1997（07）：13-17；王竹，周庆华. 为拥有可持续发展的家园而设计——从一个陕北小山村的规划设计谈起[J]. 建筑学报，1996（05）：33-38.

⑤ 刘克成，肖莉. 乡镇形态结构演变的动力学原理[J]. 西安冶金建筑学院学报，1994（增2）：5-23.

⑥ 雷振东. 整合与重构：关中乡村聚落转型研究[M]. 南京：东南大学出版社，2009.

⑦ 吴庆洲. 客家民居意象研究[J]. 建筑学报，1998（04）：57-58.

⑧ 余英. 中国东南系建筑区系类型研究[M]. 北京：中国建筑工业出版社，2001：12.

家族观念为内容,以民俗观念为特色的文化正是客家建筑文化的特征①。

(7) 昆明理工大学以蒋高宸、朱良文、杨大禹、王冬、石克辉等教授为代表的学术团队

该学术团队对云南的民居与聚落进行了广泛的调查,并以丽江古城、大理、建水古城、腾冲、会泽等地区的乡土建筑与聚落为研究个案,逐步形成了云南民族住屋的研究体系,主要著有《云南民族住屋文化》(蒋高宸,1997)、《云南少数民族住屋:形式与文化研究》(杨大禹,1997)、《建水古城的历史记忆:起源·功能·象征》(蒋高宸,2001)、《云南乡土建筑文化》(石克辉、胡雪松,2003)、《乡土中国·和顺》(蒋高宸、李玉祥,2010)等著作。

(8) 衡阳师范学院以刘沛林教授为代表的学术团队

该学术团队主要研究了村落景观与规划②,主要著有《古村落:和谐的人聚空间》(1997年)、《中国古村落之旅》(2007)等相关著作。近年来致力于 GIS 手段下的聚落景观基因的研究工作③,通过挖掘不同区域传统聚落景观基因及其图谱,将中国传统聚落景观区划分为黑吉辽林海雪原聚落,京津冀华北平原聚落,山东、苏北、徽北丘陵海滨聚落,晋陕豫中原黄土聚落,西北丝路聚落,青藏高原典型佛教文化聚落,江浙水乡聚落,皖赣徽商聚落,闽粤赣边客家聚落,浙南闽台沿海丘陵聚落,岭南广府聚落,湘鄂赣平原山地聚落,云贵高原及桂西北多民族聚落,四川盆地及周边巴蜀聚落等 14 个景观区④。

(9) 合肥工业大学以朱永春、潘国泰、吴永发等教授为代表的学术团队

该学术团队依托地理优势,对徽州传统民居进行了广泛调查与研究⑤,主要著有《徽州文化全书·徽州建筑》(朱永春,2005)与《安徽古建筑》(潘国泰、朱永春、赵速梅,1999)。

(10) 此外中央美术学院王其钧⑥、北京大学王昀和俞孔坚⑦、重庆建筑大学谢吾同⑧、中国美术学院王澍、李凯生⑨等教授学者对乡村聚落均有不同程度的关注与涉足,相关的设计

---

①　金伟.从建筑形态到村落形态的空间解析——以皖南黄田古村落为例[D].合肥:合肥工业大学硕士学位论文,2007:1.

②　刘沛林.论中国古代的村落规划思想[J].自然科学史研究,1998(01):82-90;刘沛林,董双双.中国古村落景观的空间意象研究[J].地理研究,1998(03):31-38.

③　刘沛林.古村落文化景观的基因表达与景观识别[J].衡阳师范学院学报(社会科学),2003(04):1-8;申秀英,刘沛林,邓运员等.中国南方传统聚落景观区划及其利用价值[J].地理研究,2006(03):485-494;申秀英,刘沛林,邓运员.景观"基因图谱"视角的聚落文化景观区系研究[J].人文地理,2006(04):109-112.

④　刘沛林.中国传统聚落景观基因图谱的构建与应用研究[D].北京:北京大学博士学位论文,2011:176-177.

⑤　朱永春,潘国泰.明清徽州建筑中斗拱的若干地域特征[J].建筑学报,1998(06):59-61;吴永发.徽州民居文化的现代诠释[J].安徽建筑,1998(05):109-111;吴永发.徽州民居美学特征的探讨[J].合肥工业大学学报(社会科学版),2003(01):80-82;杨怡,郑先友.徽州古村落的空间环境意象[J].安徽建筑,2003(02):11-13;潘国泰.来自徽州民居的启发[J].住宅科技,2004(05):28-30;吴永发,徐震.论徽州民居的人文精神[J].中国名城,2010(07):28-34.指导硕士学位论文:孙静.人地关系与聚落形态变迁的规律性研究——以徽州聚落为例[D].合肥:合肥工业大学硕士学位论文,2007.

⑥　著有《中国民居》1991、《中国古典建筑美学丛书:民居·城镇》1996、《老房子》2003、《图说民居》2004、《中国民居三十讲》2005、《乡土中国·金门》2007 等一系列民居研究著作。

⑦　俞孔坚,李迪华,韩西丽,等.新农村建设规划与城市扩张的景观安全格局途径——以马岗村为例[J].城市规划学刊,2006(05):38-45.

⑧　谢吾同.聚落观[J].华中建筑,1996(03):2-4;谢吾同.聚落研究的几个要点[J].华中建筑,1997(02):37-41;马丹,谢吾同.中国民居研究走向之管见[J].华中建筑,1999(04):99,110.谢吾同已于 2003 年调离重庆大学。

⑨　王澍主持了国家社会科学基金艺术学项目"正本清源——中国本土民间建筑经验体系的原创性研究"(2005—2011)。李凯生.乡村空间的清正[J].时代建筑,2007(04):10-15.

院、研究所、政府的规划与管理部门也有一些研究成果①,此处不详述。

5) 引用率较高的聚落研究文献

(1)《传统聚落形态研究》一文指出了传统聚落的界域性与中心性两个基本特征,进而指出在自然环境中的防御性安全需求以及传统风水观念是影响界域形态的重要因素,并逐渐转化为一种精神需要;聚落的中心性则是聚落人为秩序中最为突出的一点,是通过血缘、宗教及日常交往等因素而形成,增加了可识别性并满足了人们的心理需求。可以看出作者的观点深受凯文·林奇以及诺伯格-舒尔茨(C. Norberg-Schulz)等学者相关理论的影响。②

(2)《传统聚落环境空间结构探析》一文认为在聚落环境中,空间结构体系是人生活与活动体系的总和,由自然生态空间、人工物质空间和精神文化空间三部分系统组合成有机的整体;继而对传统聚落环境空间结构形态、空间结构方式等方面进行探析,指出以中心、方向、领域(即几何元素中的点、线、面)三元素,以几何坐标系统和几何结构方法构建了传统的空间体系。③

(3)《西方乡土建筑研究的方法论》一文综述了当代西方乡土建筑研究常用的方法论。对文化人类学的方法、历史学的方法、社会学的方法及现象学的方法作了简介与评价,并指出当今西方乡土建筑研究的两个发展倾向。④

(4)《聚落研究的几个要点》一文从自然、社会文化方面提出了聚落研究的十一个要点,并逐一对其进行了阐述;《聚落观》一文论述了聚落的概念、聚落研究的策略以及中国聚落的特质。⑤

(5)《皖南村镇巷道的内结构解析》一文认为传统村镇中建筑的有机层叠与随机并置产生了一种二度化的整体性,进而把村镇当作一个文化的整体,从结构出发,考察了村镇巷道中以组为单位的平面群与立面带以及"视觉场",探讨了皖南村镇巷道系统在网状结构整体性上的意义,指出传统村镇的形象就在于其内结构系统中的巷道形象;并由此提出了一个带有结构论色彩的"构造"一词,即包含了建筑形态、人的活动以及一定文化含义在内的意义综合体;最后提出"从形制出发,经过结构解析,构造变化而又恢复形制,这是在现在的中国,要创造有文脉的、内涵深刻的新建筑所可以选择的一条道路"。⑥

(6)《传统村镇聚落景观分析》一书是自然科学基金项目"传统聚落形态形成与当代生活环境的创造"的研究成果之一;从自然因素、社会因素、美学等角度阐释了传统村镇聚落的形成过程,阐明了由于地理气候、地形环境、生活习俗、文化传统和宗教信仰的不同,导致各地村镇聚落景观之间的差异,强调聚落的形态美不仅根植于朴素的自然美,更在于和人们的生活保持着最直接而紧密的联系。⑦

(7)《城镇空间解析:太湖流域古镇空间结构与形态》一书运用结构主义的群、网、拓扑

① 吴晓勤,等. 世界文化遗产:皖南古村落规划保护方案保护方法研究[M]. 北京:中国建筑工业出版社,2002.
② 陈紫兰. 传统聚落形态研究[J]. 规划师,1997(04):37-41.
③ 业祖润. 传统聚落环境空间结构探析[J]. 建筑学报,2001(12):21-24.
④ 罗琳. 西方乡土建筑研究的方法论[J]. 建筑学报,1998(11):57-59.
⑤ 谢吾同. 聚落研究的几个要点[J]. 华中建筑,1997(02):37-41;谢吾同. 聚落观[J]. 华中建筑,1996(03):2-4.
⑥ 王澍. 皖南村镇巷道的内结构解析[J]. 建筑师,1987(28):62-66.
⑦ 彭一刚. 传统村镇聚落景观分析[M]. 北京:中国建筑工业出版社,1994.

三种数学母结构,对传统古镇的空间结构进行解析,揭示其深层次的规律;并运用社会学、心理学、行为学、美学等学科的基本规律和原理对古镇空间形态进行分析,揭示人的心理行为与古镇空间环境之间的关系。①

(8)《古村落:和谐的人聚空间》一书,论述了中国古村落空间意象与文化景观,对文化地理学关于景观的概念赋予了新的含义,提出建立"中国历史文化名村"保护制度的构想,把古村落的建筑保护升级成对整体环境的保护。②

(9)《乡土建筑:跨学科研究理论与方法》一书,对传统乡土建筑跨学科研究理论和方法进行探讨,从社会学、人文地理学、传播学以及生态学四个方面对乡土建筑进行考察,以把握乡土建筑的发展规律。③

6) 小结

(1) 20 世纪 80 年代末以来,国内专注于传统建筑单体的民居研究逐渐扩展到了对整体聚落的研究,在关注于文化层面的理论探讨与现象描述的同时,通过测绘与调查进行了原始基础资料的积累。近些年来,逐渐开始受到数学(拓扑、群等理论)、人类学、社会学、生态学等其他学科以及新兴的科学化手段(GIS、空间句法等)的影响,研究视域逐渐扩大,研究成果更多元、更富有深度。

(2) 聚落研究的主要学者与团队形成了以高校为依托的特征;设计院、研究所、政府规划与管理部门也有一些研究成果,但相对较少。而调查测绘、学位论文等高校教学环节成为了聚落研究的重要方式。东南大学的徽州古建筑丛书与清华大学的民居聚落系列丛书,都是建立在学生测绘成果基础上的;而其他更为系统而深入的理论研究,如东南大学的空间研究系列丛书,则是建立在学位论文基础上的。各学术团队多结合其所处的位置进行特定地域性聚落研究:东南大学与合肥工业大学主要关注徽州聚落;天津大学主要关注北方堡寨聚落、军事聚落;昆明理工大学主要关注云南民族聚落;华南理工大学主要关注岭南聚落;西安建筑科技大学主要关注黄土高原聚落等。但各单位的调查研究不可避免地会形成一些交叉重叠,从而造成一定的重复研究现象。

(3) 在主流研究方法上主要借鉴了美学构图中的"点—线—面"理论以及凯文·林奇的城市意象五要素理论,因而在多学科交叉的方法论视域上还有待拓宽。基于上述的理论与方法,聚落研究相对更偏向于经验化的论述,科学化的定量研究相对较少。近年来虽然基于GIS、空间句法的研究案例逐渐增多,但还有待真正的深入与推广。

(4) 在研究内容上,聚落研究大多是基于当下资料的考察,缺乏连续性的历史演变追踪④,也就是对聚落的历史变迁的研究较少,这对研究聚落形态的内在生成与发展机制而言相对较为缺失。

(5) 除了特定风格类型的建筑单体对相应的民居建筑有所借鉴以外,作为整体性的聚落研究成果,较少与相关规划设计相结合,也即研究还未能有效地指导相关的设计实践;或

---

① 段进,季松,王海宁. 城镇空间解析:太湖流域古镇空间结构与形态[M]. 北京:中国建筑工业出版社,2002.

② 刘沛林. 古村落:和谐的人聚空间[M]. 上海:上海三联书店,1997.

③ 李晓峰. 乡土建筑:跨学科研究理论与方法[M]. 北京:中国建筑工业出版社,2005.

④ 黄忠怀. 20 世纪中国村落研究综述[J]. 华东师范大学学报(哲学社会科学版),2005,37(02):110－117.

者说,带有一定研究性的新聚落设计实践探索还相对较少①。

1.2.3 其他学科的聚落研究概述

除去建筑学及其相关学科,在生态学、地理学、社会学与人类学、考古学以及历史学范畴内也存在大量的研究文献,占总量的 42.7%。这些文献又分为两类,一类是该学科领域内学者的专业研究文献,其次是建筑学及其相关学科领域内学者所进行的学科交叉研究文献。下面对这些文献进行梳理,分学科概述。

1) 生态学

生态学领域的聚落研究,着重从技术的理论与方法角度论述了乡村聚落的结构、功能及演替过程。周秋文构建了农村聚落生态系统健康评价指标体系,并将评价等级分为一级至五级②;徐明将生态修复与聚落建设相结合,提出了四种农村聚落建设与生态修复建设关联的四种模式,即集聚发展模式、小流域发展模式、整体式发展模式,以及可持续发展模式③。

建筑学及其相关领域的聚落生态研究,主要从传统聚落的生态适应性出发,研究传统聚落中的有益经验,论述其现实借鉴意义④,也有学者将之总结为聚落生态文化⑤。华亦雄从"水"这一要素着手,从中国古代传统生态低技术产生的原因及相关理论入手,探讨低技术生态应用的具体手法,总结了中国传统建筑中水的生态应用原则以及传统生态低技术在当代住区中运用的可能性及其新发展⑥。

2) 地理学

地理学领域中,金其铭对我国农村聚落的房屋形式、聚落位置、型式、规模及分类进行了系统的研究,将我国的村落按地域划分为十一个聚落区⑦。范少言、李瑛、陈宗兴等学者从农村聚落空间结构的内容、演变、特征等方面进行了系统的研究⑧。张京祥认为农村聚落体

---

① 这方面探索相对较少,中国建筑设计研究院的李兴钢指导了两篇硕士学位论文:张一婷. 新聚落设计方法初探——以西柏坡华润希望小镇为例[D]. 北京:中国建筑设计研究院硕士学位论文,2011;马津. 新聚落设计实践与反思——以西柏坡华润希望小镇为例[D]. 北京:中国建筑设计研究院硕士学位论文,2012.

② 周秋文,苏维词,张婕,等. 农村聚落生态系统健康评价初探[J]. 水土保持研究,2009(05):121-126.

③ 徐明. 陕北黄土丘陵区农村聚落建设与生态修复关系研究[D]. 西安:西北大学硕士学位论文,2009.

④ 李晓峰. 从生态学观点探讨传统聚居特征及承传与发展[J]. 华中建筑,1996(04):18-22;蔡镇钰. 中国民居的生态精神[J]. 建筑学报,1999(07):53-56;邓晓红,李晓峰. 生态发展:中国传统聚落的未来(节选)[J]. 新建筑,1999(03):3-4;邓晓红,李晓峰. 从生态适应性看徽州传统聚落[J]. 建筑学报,1999(11):9-11;许先升. 生态·形态·心态——浅析囊底下村居住环境的潜在意识[J]. 北京林业大学学报,2001(04):45-48;刘原平. 试析中国传统聚落中的生态观[J]. 山西建筑,2002(07):1-2;张旭,崔志刚. 湘西民居的生态意识[J]. 湖南城市学院院报(自然科学版),2005(03):23-26;王莉莉,尚涛. 箐口村传统民居聚落生态适应性探析[J]. 沈阳建筑大学学报(社会科学版),2009(01):15-18.

⑤ 刘福智,刘加平. 传统居住形态中的"聚落生态文化"[J]. 工业建筑,2006(11):48-51,66.

⑥ 华亦雄. 水在中国传统民居聚落中的生态价值及其在当代住区中的应用探讨[D]. 无锡:江南大学硕士学位论文,2005.

⑦ 金其铭. 中国农村聚落地理[M]. 南京:江苏科学技术出版社,1989.

⑧ 陈晓键,陈宗兴. 陕西关中地区乡村聚落空间结构初探[J]. 西北大学学报(自然科学版),1993(05):478-485;陈宗兴,陈晓键. 乡村聚落地理研究的国外动态与国内趋势[J]. 世界地理研究,1994(01):72-79;范少言. 乡村聚落空间结构的演变机制[J]. 西北大学学报(自然科学版),1994(04):295-298,304;李瑛,陈宗兴. 陕南乡村聚落体系的空间分析[J]. 人文地理,1994(03):13-21;范少言,陈宗兴. 试论乡村聚落空间结构的研究内容[J]. 经济地理,1995(02):44-47;尹怀庭,陈宗兴. 陕西乡村聚落分布特征及其演变[J]. 人文地理,1995(04):17-24.

系规划应以建设中心镇实现乡镇的合并与重组,以建设中心村实现农业空间的集约化经营,以完善配套支撑体系来优化农村聚落[1]。余英在《中国东南系建筑区系类型研究》中指出,"地理学的研究已从纯村落空间形态分析转向人—地关系与村落社会的论述,尤其着重于区域的历史地理学研究"[2]。其他地理学领域的研究广泛涉及人口[3]、地名、土地利用、人地关系、灾害控制[4]、遥感信息[5]等方面。

建筑学及其相关领域中,朱炜提出了以自然地理视角研究和分析乡村聚落建设发展的理论和方法,从系统论、拓扑几何学、分形学等相关理论获得启发,通过对乡村地理条件尤其是地形地貌特征的分析与梳理,寻找自然地理环境与乡村聚落互动发展的机制[6]。杨阳应用三个乡土聚落实例来说明人文因素在乡土聚落中产生的作用,对乡土聚落中受影响最多的人文地理因素:交通运输线、文化和自然地理环境进行了分析和研究[7]。

3) 人类学与社会学

从社会学角度对农村聚落区域分布和形态变迁的研究,主要是将农村看成是一个有多种要素组成的复杂系统,通过研究农村社会结构、社会问题、社会组织等要素之间的关系,来解读农村出现的种种社会现象,并在解读现象的基础上来综合性地研究农村社会整体发展的规律。主要集中在农村人口迁移、农村基层社会结构以及农村土地问题等几个方面[8]。此外,王铭铭在田野调查的基础上将大量的地方文献纳入人类学研究之中[9];管彦波对西南民族聚落的研究[10];刘晓春对客家村落的研究[11];吴福文和林嘉书对移民社会的研究[12],也都比较具有代表性。

建筑学及其相关领域中,常青讨论了建筑人类学的概念和意义,及与当代建筑思潮、建筑实践的关系[13]。张晓春进一步阐明了建筑人类学的定义,并且探讨了文化人类学与建筑

---

① 徐明.陕北黄土丘陵区农村聚落建设与生态修复关系研究[D].西安:西北大学硕士学位论文,2009:2.

② 余英.中国东南系建筑区系类型研究[M].北京:中国建筑工业出版社,2001:8.

③ 鲍杰.福建人口与聚落研究[D].福州:福建师范大学硕士学位论文,2008.

④ 裴新富.陕北多沙粗沙区乡村聚落窑洞民居土壤侵蚀效应及防治对策研究[D].西安:陕西师范大学博士学位论文,2005.

⑤ 罗震.基于高分辨率遥感的成都平原农村聚落信息提取研究[D].成都:电子科技大学硕士学位论文,2009.

⑥ 朱炜.基于地理学视角的浙北乡村聚落空间研究[D].杭州:浙江大学博士学位论文,2009.

⑦ 杨阳.人文地理视野下的乡土聚落研究——以大理地区典型个案为例[D].昆明:昆明理工大学硕士学位论文,2006.

⑧ 李贺楠.中国古代农村聚落区域分布与形态变迁规律性研究[D].天津:天津大学博士学位论文,2006:9.

⑨ 王铭铭.社区的历程:溪村汉人家族的个案研究[M].天津:天津人民出版社,1997;王铭铭.村落视野中的文化与权利:闽台三村五论[M].北京:三联书店,1997;王铭铭,刘铁梁.村落研究二人谈[J].民俗研究,2003(01):24-37.

⑩ 管彦波.西南民族聚落的背景分析与功能探究[J].民族研究,1997(06):83-91;管彦波.西南民族聚落的基本特性探微[J].中南民族学院学报(哲学社会科学版),1997(04):44-48;管彦波.西南民族聚落的形态、结构与分布规律[J].贵州民族研究,1997(01):33-37;管彦波,论中国民族聚落的分类[J].思想战线,2001(02):38-41.

⑪ 刘晓春.仪式与象征的秩序:一个客家村落的历史、权利与记忆[M].北京:商务印书馆,2003.

⑫ 吴福文的研究范围大多集中于福建客家村落,着重探讨客家与中原的关系。他认为客家的社会文化特色,民居建筑形式是中原"原型"的直接搬用。林嘉书从整个东南地区共同的移民史出发,对"客家迟来说"加以批驳,提出了东南地区五大民系的形成是经过历史上不同时期整合与分化的结果,并着重从客家社会组织和文化与民居建筑形制的关系来探讨客家聚落与民居建筑。见:余英.中国东南系建筑区系类型研究[M].北京:中国建筑工业出版社,2001:8,9.

⑬ 常青.建筑人类学的发凡[J].建筑学报1992(05):39-43;常青.人类学与当代建筑思潮[J].新建筑,1993(03):47-49.

学的关系①。陆元鼎、余英考察了民族学、地理学、建筑学领域的聚落研究,提出了东南聚落研究的基本框架:自然生态系统、经济技术系统、社会组织系统、文化观念系统,进而建立人类聚落学②。林志森借鉴人类学的方法理论,考察了社稷崇拜、宗族结构、民间信仰之下,从社区结构的角度探索社会空间与聚落形态之间的关系③。此外,还有学者探讨家族制度④、族权⑤、人地关系⑥等对聚落形态的影响。

4) 考古学

聚落形态(settlement pattern)研究是伴随着 20 世纪 60 年代新考古学的变革,即聚落考古而出现的。所谓聚落考古,就是以聚落为对象,研究其具体形态及其所反映的社会形态,进而研究聚落形态的演变所反映的社会形态的发展轨迹⑦。美国考古学家 R. 威利(Gordon R. Willey)于 1953 年出版的《维鲁河谷聚落形态之研究》一书中首次引入了聚落形态的概念,其后不断完善;到 1970 年代,美国考古学家欧文·劳斯(I. Rouse)将聚落形态扩展为"人们的文化活动和社会机构在地面上分布的方式。这种方式包含了社会、文化和生态三种系统,并提供了它们之间相互关系的记录"。生态系统反映了人们对环境的适应和资源的利用,文化系统指人们的日常行为,社会系统则是指各类组织性群体、机构和制度⑧。20世纪 80 年代,经由 R. 威利的学生、美籍华裔学者张光直教授在北京的讲学介绍(其后汇编为《考古学专题六讲》1986),聚落形态考古工作遂在中国逐渐开展起来⑨,并且产生了一批以研究各地古聚落形态的学位论文⑩。近年来在聚落考古中发展出了空间数据挖掘、空间分析的方法,涉及的范围包括原材料、人工制品、建筑物、遗址、线路、资源空间以及作用于这些东西的人们,其研究对象可以是墓地、灰坑、洞穴、加工厂、采石场,只要有人类活动的地方均可以进行空间的研究⑪。

在建筑学及其相关领域中,郑韬凯以考古学的多学科综合研究为主导,以环境、规划和建筑学为角度和框架,探讨石器时代中国先民的居住模式和居住观念,指出从旧石器时代、

① 张晓春. 建筑人类学之维——论文化人类学与建筑学的关系[J]. 新建筑 1999(04):63-65.
② 余英,陆元鼎. 东南传统聚落研究——人类聚落学的架构[J]. 华中建筑,1996(04):42-47.
③ 林志森. 基于社区结构的传统聚落形态研究[D]. 天津:天津大学博士学位论文,2009.
④ 田长青,柳肃. 浅析家族制度对民居聚落格局之影响[J]. 南方建筑,2006(02):119-122.
⑤ 张昕,陈捷. 族权对移民聚落的结构性塑造——以静升村为例[J]. 山东建筑大学学报,2006(06):516-520.
⑥ 孙静. 人地关系与聚落形态变迁的规律性研究——以徽州聚落为例[D]. 合肥:合肥工业大学硕士学位论文,2007.
⑦ 严文明. 关于聚落考古的方法问题[J]. 中原文物 2010(02):19-22,35.
⑧ [美]欧文·劳斯. 考古中的聚落形态[J]. 潘艳,陈洪波,译. 南方文物,2007(03):94-98;林志森. 基于社区结构的传统聚落形态研究[D]. 天津:天津大学博士学位论文,2009:5.
⑨ [美]张光直. 考古学中的聚落形态[J]. 胡鸿保,周燕,译. 华夏考古,2002(01):61-84.
⑩ 田新艳. 昙石山遗址聚落与环境考古分析[D]. 厦门:厦门大学硕士学位论文,2002;宋爱平. 郑州地区史前至商周时期聚落形态分析[D]. 济南:山东大学硕士学位论文,2005;卢建英. 尉迟寺遗址及小区史前聚落形态分析[D]. 济南:山东大学硕士学位论文,2006;于璞. 渭水流域仰韶早期房屋建筑与聚落形态研究[D]. 西安:西北大学硕士学位论文,2006;金汉波. 吴城遗址聚落形态研究[D]. 济南:山东大学硕士学位论文,2007;刘顺. 洞庭湖流域史前聚落形态研究[D]. 湘潭:湘潭大学硕士学位论文,2008;邵晶,试析浐灞流域新石器时代聚落演变[D]. 西安:西北大学硕士学位论文,2009.
⑪ David L. Clarke, Spatial Archaeology[M]. New York:Academic Press,1977:3-9;郑韬凯. 从洞穴到聚落——中国石器时代先民的居住模式和居住观念研究[D]. 北京:中央美术学院博士学位论文,2009:75.

中石器时代到新石器时代,人类的居住模式经历了从洞穴居址、旷野居址到聚落居址的发展历程,这些居住模式也正是人类进化的一种工具[①]。

5)历史学

历史学领域中的聚落研究,通过历史文献的查找、分析与比较,来探求历史上特定聚落的起源、发展、变迁的过程或者在某一个时代的历史特征[②]。如王杰瑜指出在明代山西长城沿线形成了很多军事聚落;随着清代的一统,大部分则演化为城镇和村落。作者继而对该区域军事聚落的形成、发展以及变迁进行了历史考察,认为明清时期是山西北部历史上聚落形成和发展的繁荣时期,这与明代军事聚落的形成与发展有着非常密切的关系[③]。

历史学与建筑学交叉为建筑史的范畴。杨毅通过文献的梳理,详说了"邑"、"聚"、"里"、"国"等不同的古代聚落类型[④];也有学者通过风水的角度研究传统聚落的选址与布局[⑤]。

历史学与考古学经常具有不可分割的联系,考古学的成果通常成为历史学论述的佐证。蔡超从城市规划、考古和文献考据几方面出发,着重对两周时期齐、鲁两国的聚落形态形成、演进和发展进行分析和比较研究,探讨了这个演变过程对于当时的社会结构、社会关系、人口规模、生产方式、军事战争等诸多方面所产生的深远影响[⑥]。

历史学与地理学交叉为历史地理学的范畴。郑丽利用《浦东地名志》中的聚落资料为基础,借助不同时期的县志、乡镇志以及近代大比例尺地图,利用GIS技术对本区聚落分布情况进行复原,并在此基础上探讨浦东聚落的时空演变特征,揭示其演变背后的驱动因素[⑦]。

历史学与人类学交叉为历史人类学的范畴。徐庆红从在长乐三溪村收集的历代碑刻和访谈资料出发,结合地方文献,重建该聚落在当地历史进程中社区自身的发展历程,通过对其宗族、信仰、婚姻、生计等因素的讨论,揭示其在区域背景下的文化特质[⑧]。

6)小结

(1)聚落本身是一个内涵与外延均十分丰富的对象,多个学科均有所涉足,充分表明了聚落研究的学术交叉性。在多学科协同发展的今天,学科交叉已经越来越重要,为传统研究领域不断提供新的研究方向与思路。

(2)其他学科的聚落研究各有其不同的学术倾向性。生态学的聚落研究较为关注聚落的功能与技术。地理学的聚落研究较为关注人—地关系。人类学与社会学的聚落研究较为

① 郑韬凯. 从洞穴到聚落——中国石器时代先民的居住模式和居住观念研究[D]. 北京:中央美术学院博士学位论文,2009.

② 杨果. 宋元时期江汉—洞庭平原聚落的变迁及其环境因素[J]. 长江流域资源与环境,2005(06):675-678;朱圣钟,吴宏岐. 明清鄂西南民族地区聚落的发展演变及其影响因素[J]. 中国历史地理论丛,1999(04):173-192;李树辉. 唐代粟特人移民聚落形成原因考[J]. 西北民族大学学报(哲学社会科学版)2004(02):14-19.

③ 王杰瑜. 明代山西北部聚落变迁[J]. 中国历史地理论丛,2006(01):113-124.

④ 杨毅. 我国古代聚落若干类型的探析[J]. 同济大学学报(社会科学版),2006(01):46-51.

⑤ 孙天胜,徐登祥. 风水——中国古代的聚落区位理论[J]. 人文地理,1996(S2):60-62;屈德印,朱彦. 风水观念对古聚落文化的影响[J]. 新美术,2006(02):103-104,95;梁宇元. 风水观念对台湾北埔地区客家聚落构成之影响[J]. 建筑与文化,2006(04):42-54.

⑥ 蔡超. 两周时期齐鲁两国聚落形态研究[D]. 北京:中国建筑设计研究院硕士学位论文,2006.

⑦ 郑丽. 浦东新区聚落的时空演变[D]. 上海:复旦大学硕士学位论文,2008.

⑧ 徐庆红. 闽东聚落社会史研究——基于历史人类学视角下的三溪[D]. 厦门:厦门大学硕士学位论文,2006.

关注聚落中的社会结构、组织关系以及经济活动。考古学研究广泛涉及聚落形态;相较而言,建筑学关注的聚落形态是一个具有时间因素的活态体,而考古学中的聚落形态则是一个历史时间轴上的断层切片①;因而考古学中的聚落形态也更接近聚址形态的概念②,透过表面的聚落形态,推断其隐匿的社会形态线索;因而它所真正关注的还是历史聚落中隐含的社会形态。历史学的聚落研究对象通常并非聚落实存,而是通过历史文献的查询与比较,推断特定历史区间内某个聚落曾经的空间分布特征与状态。因而,建筑学的物质形态视角,人类学、社会学、考古学的社会形态视角,地理学的人—地关系视角,生态学的功能与技术视角,历史学的时空变迁视角,使得聚落研究在学科上完整而系统化。

　　(3) 在研究总量上,虽然建筑学及其相关领域以外的文献占据了 42.7%,但分摊到各个学科,除考古学 20.3% 相对较多以外,其他各学科的文献量还是比较少的。因而在学术交叉视野下的聚落研究还有待进一步提升。在研究深度上,建筑学领域研究者在生态学、地理学以及考古学等几方面所进行学术交叉研究的程度还相对较浅,有待进一步深入。在研究方法上,考古学与地理学广泛运用 GIS 等新兴的科学化方法,凭借强大的空间分析和操作能力,拓展了研究广度和深度。其他学科也应加强与完善计算机相关技术与方法的运用,使研究更具科学化与精准性。

1.3　国外聚落研究

　　较早开始对乡村聚落进行研究的是法国地理学家维达尔·白兰士(Paul Vidal de la Blache)、阿尔贝·德芒戎(A. Demangeon)、白吕纳(Brunhes Jean)等人。在 20 世纪 20 年代初,法国学者对农村聚落进行调查研究,用历史方法探究农村聚落的类型、分布、演变以及与农业系统的关系,形成地理学中研究农村地区人文历史和经济发展的学科分支。对于农村聚落物质空间的研究,偏重于农村聚落自身形态的变迁,主要研究农村聚落的形成、形态、分布、密度以及地理环境之间的互动关系。白吕纳出版的《人地学原理》论述了农村聚落形态与地理环境的关系。阿尔贝·德芒戎出版的《农村的居住形式》、《法国农村聚落的类型》,研究乡村聚落的类型、分布和演变③。1933 年德国地理学家克里斯泰勒(W. Christaller)通过对德国南部乡村聚落与周围服务空间之间的空间模式与空间结构研究,发表了《南部德国中心地》一书④,提出了著名的"中心地学说",对农村聚落的中心建设、乡镇空间体系规划等提供了理论基础。⑤

　　德芒戎把聚落划分成聚集和散布两种形态,进而把法国聚集聚落再细分为线形村庄(linear villages)、团状村庄(squared villages)和星形村庄(star-shaped settlements),这一分

　　① 林志森. 基于社区结构的传统聚落形态研究[D]. 天津:天津大学博士学位论文,2009:7.
　　② 林石. 中心聚落、酋邦与中国的前国家形态[J]. 宁德师专学报(哲学社会科学版),2010(01):42-52.
　　③ [法]阿·德芒戎. 人文地理学问题[M]. 葛以德,译. 北京:商务印书馆,1993;李贺楠. 中国古代农村聚落区域分布与形态变迁规律性研究[D]. 天津:天津大学博士学位论文,2006:8.
　　④ 李旭旦. 人文地理学概说[M]. 北京:科学出版社,1985:93-95;李贺楠. 中国古代农村聚落区域分布与形态变迁规律性研究[D]. 天津:天津大学博士学位论文,2006:8.
　　⑤ 李贺楠. 中国古代农村聚落区域分布与形态变迁规律性研究[D]. 天津:天津大学博士学位论文,2006:8.

类影响深远,一直持续至今。由于仅依据聚落个体形态划分类型有不足之处,人们开始关注通过多种指标来确定乡村聚落类型。苏联学者良里科夫1948年曾提出一套综合分类指标;科瓦列夫1959年提出了聚落综合分类的六个因素:① 社会经济基础,② 技术经济条件,③ 居民点人口数以及居民点密度,④ 居民点之间的联系及其空间组合,⑤ 地形位置,⑥ 典型的平面形态等,并认为社会经济因素是最为重要的。①

1964年,伯纳德·鲁道夫斯基(Bernard Rudofsdy)在纽约现代艺术博物馆举办了题为"没有建筑师的建筑"主题展览,并且出版了同名著作。鲁道夫斯基通过"风土的(vernacular)、匿名的(anonymous)、自然产生的(spontaneous)、本土的(indigenous)、田园的(rural)"等156幅照片向世人展示了散见于全球各地民间乡土建筑的魅力,展示了传统建筑的另一种空间表达的方式,使人们关注传统聚落中的建筑②。拉普卜特(Amos Rapoport)在《宅形与文化》(1976)中,以人类学和文化地理学的视角,分析了世界各地住宅形态的特征与成因,强调了社会文化因素对于住居形式的重要影响③。保罗·奥立佛(Paul Oliver)的《世界乡土建筑百科全书》(1997)对世界各地的乡土建筑进行了综合全面的论述。其中从多个视角和领域来研究乡土建筑的方法,为传统聚落研究提供了良好的参照,可大体概括如下:美学的、行为科学的、传播论的、生态论的、人种论的、进化论的、民俗学的、地理学的、历史学的、博物馆学的、现象学的、记载和文献方面的、空间的、结构主义的,等等。通过研究非洲、希腊、阿富汗的一些特定地理区域的住房建筑,充分展示了不同地方的人们是如何因应不同的情况来取得良好的人与自然和谐共生,表明这些乡土建筑不仅是建筑设计者创作灵感的源泉,而且其技术与艺术本身仍然能为第三世界国家的设计者们在创作中以资利用。④

日本学者原广司(Hiroshi Hara)在20世纪70年代开始对世界聚落进行调查。他认为:聚落所有的部分都要有计划,所有的部分都要设计,看似偶然形成的风格、自然发生在情理中的风情其实都是经过周密计算之后而设计的结果。在《世界聚落的教示100》中归纳出100个要点来加以解说⑤。日本学者藤井明(Akira Fujii)在20世纪60年代后期,以广泛的聚落为研究对象,采用文化人类学的方法,通过实地调研,探讨了丰富多彩的聚落形态。他认为:每个民族、部族都拥有它们各自的空间概念,这些解读都被记录在地表之上;同时,聚落绝不是自然形成的,而是被符号化了的实物孕育出聚落的共同幻想,而共同幻想又可以重新定义符号;聚落形态本身就是符号,具有象征性;继而探讨了蕴含在传统聚落形态中的空间秩序,以及通过空间秩序所表达出来的制度、信仰、宇宙观等内在的本质⑥。加拿大学者Michael Bunce认为,乡村聚落的形成是被他们的功能、形式、建筑类型和构造材料,以及空间布局决定的;对这些的研究是基于区块和布局、围墙和边界、道路和路径的不同层面。对乡村聚落的类型学阐述主要依据以下四点:聚落的形态;聚落的选址,尤其是与自然环境的

① 陈宗兴,陈晓键.乡村聚落地理研究的国外动态与国内趋势[J].世界地理研究,1994(01):72-79.

② [美]鲁道夫斯基.没有建筑师的建筑:简明非正统建筑导论[M].高军,译.天津:天津大学出版社,2011.

③ [美]阿摩斯·拉普卜特.宅形与文化[M].常青,徐菁,李颖春,等,译.北京:中国建筑工业出版社,2007.

④ 单军.建筑与城市的地区性——一种人居环境理念的地区建筑学研究[D].北京:清华大学博士学位论文,2001:72;王绚.传统堡寨聚落研究——兼以秦晋地区为例[D].天津:天津大学博士学位论文,2004:11.

⑤ [日]原广司.世界聚落的教示100[M].于天祎,刘淑梅,译.北京:中国建筑工业出版社,2003.

⑥ [日]藤井明.聚落探访[M].宁晶,译.北京:中国建筑工业出版社,2003.

关系;聚落的起源;聚落的功能。①

　　在聚落设计实践上的探索,较为著名的有埃及建筑师哈桑·法塞(Hassan Fathy)的新古尔纳村,葡萄牙建筑师阿尔瓦罗·西扎(Alvaro Siza)在马拉古埃拉居住区、印度建筑师查尔斯·柯里亚(Charles Correa)的贝拉布尔住宅区。②

　　在聚落研究方法上,印度学者 Ram Bahadur Mandal 认为,乡村聚落的研究方式可归结为以下几种:实验法(Experimental Method);历史研究法(Historical Method);类比法(Analogical Method);逻辑推理法(Logical Method);数据统计法(Statistical Method)。其中数据统计法包括样本设计,建模,预算分析,关联,复原,多变量分析,主要成分分析等③。日本学者较多采用量化方法进行聚落形态研究,王昀教授在日本东京大学所作的博士研究比较具有代表性:从村落总平面图中抽出建筑的大小、朝向以及它们之间的距离,同时将建筑抽象为坐标中的点,通过计算机软件建立数学模型,对聚落中所反映出来的空间概念进行解析。④

1.4　本书的研究界定

1.4.1　研究对象的界定

　　(1) 乡村聚落

　　本书所研究的聚落,主要是指那些广泛分布于乡野间,以土地为本、以农业生产活动为基础的乡村聚落。关于乡村聚落的理论界定,一般有三种方式:第一,从社会生产方式出发,将乡村聚落定义为"以农业生产为主要生产方式的居民聚居点"⑤;第二,从行政区划的层次出发,将乡村聚落定义为"在行政区划层次中,县级以下(不包括县级)的人口聚居点"⑥;第三,从聚居的不同性质出发,道萨迪亚斯(Constantinos Apostolos Doxiadis)在"人类聚居学"中将人类聚居划分为乡村型聚居和城市型聚居,并认为"乡村型聚居"应具有以下特征:① 居民的生活依赖于自然界,通常从事种植、养殖或采伐业;② 聚居规模较小,并且是内向的;③ 一般都不经过规划,是自然生长发展的;④ 通常就是一个最简单最基本的社区⑦。本书的乡村聚落即基本采用第三种界定方式。

　　(2) 传统乡村聚落

　　中国正逐步从农业社会向工业社会转变,目前又如火如荼地开展了新农村建设,这一切

　　① Michael B. Rural Settlement in an Urban World[M]. Oxford: Billing and Sons Limited,1982.
　　② 张一婷. 新聚落设计方法初探——以西柏坡华润希望小镇为例[D]. 北京:中国建筑设计研究院硕士学位论文,2011:36 - 52.
　　③ R B Mandal. Systems of Rural Settlements in Developing Countries[M]. India: Concept Publishing Company,1989.
　　④ 王昀. 传统聚落结构中的空间概念[M]. 北京:中国建筑工业出版社,2009.
　　⑤ 金其铭. 农村聚落地理[M]. 北京:科学出版社,1988:7 - 12.
　　⑥ 许学强,周一星,宁越敏. 城市地理学[M]. 北京:高等教育出版社,1997:17.
　　⑦ 吴良镛. 人居环境科学导论[M]. 北京:中国建筑工业出版社,2001:240 - 241.

使乡村处于快速的变革之中。乡村聚落作为乡村生活的重要物质载体,必将属于首当其冲的环节。在这一过程中,很多乡村聚落自然生长的过程被打断,力度不等的规划介入其中,使之无法以原初的自组织模式缓慢生长,急功近利地逐步沦为机械式布局,进而丧失了自然原生的有机特质。乡村居住在物质条件得以改善的同时,文化风貌并未能够延续较好的传统,也难以开创令人愉悦的新方向。这对于乡村聚落文化形态的历史连续性而言,几乎可以称之为某种程度的突变。因而本书将视线投向日渐消逝的传统聚落。

传统本身不仅是时间上的假定,同时也是对聚落文化性质的限定,它主要区别于那些完全适应现代生活方式需要而按照现代规划设计观念所营建的新聚落①。因此传统聚落也是在不断发展、演变的,其内部总是处于一定的更新和改造过程中,但在整体特征上还保持着自然原生聚落的风貌②。通常将少量保存得极其完好、鲜有发展演变、活化石一般的传统乡村聚落称之为古村落。

传统乡村聚落的增长与变化相对较为缓慢,形态亦较为成熟而稳定。以当下的观念、视角与方法来解析传统,探究其内在性的规律与原真性的本质,一方面希望对当下的建设现状有所裨益,另一方面使得这些传统乡村聚落既得到恰当的保护与发展,又不会在这一过程中失去其传统特色与文化价值。

(3)以浙江为例的传统乡村聚落

传统乡村聚落的形态纷繁多样,难以在短时间内系统化;因而本书主要以一个地区的采样为例进行研究方法的探索,以便后续研究可以向其他地区扩展。本书将目标界定在浙江地区的乡村聚落。以省为界,从地形地貌、建筑单体形态到聚落群体特征,乃至生活方式、文化观念等相对都比较接近;浙江地区经济与文化比较发达,乡村格局的演变更为快速而剧烈,对许多传统聚落造成了很大的影响,因而也使研究具有了一定的时间紧迫性。此外,课题组已经接触了很多例浙江的新农村建设项目,具有较好的乡村研究基础。

(4)以浙江为例的传统乡村聚落的物质形态

完整的传统乡村聚落是一个有机的整体,通常包含着表层的物质层面(包括布局、规模、结构、空间、材料等)、中层的制度层面(宗法制度、经济制度、耕读传统等)以及深层的精神层面(哲学观、风水观等)三个层次。前者属于物质形态而后两者属于非物质形态的范畴,前者是后两者的物质性载体;传统乡村聚落,一方面在物质形态上体现着传统的特质,另一方面也在非物质形态的层面蕴含了很多历史文化信息。为了避免研究视域过大,本书考察传统乡村聚落最基本的物质形态,并专注于建筑本体路径③,即暂时搁置其非物质特性,以建筑学为主要关注视野的纯粹物质形态研究。

---

① 潘莹.江西传统聚落建筑文化研究[D].广州:华南理工大学博士学位论文,2004;许飞进.探寻与求证——建水团山村与江西流坑村传统聚落的对比研究[D].昆明:昆明理工大学硕士学位论文,2007:14.

② 许飞进.探寻与求证——建水团山村与江西流坑村传统聚落的对比研究[D].昆明:昆明理工大学硕士学位论文,2007:14.

③ 岳邦瑞,王军.地域建筑与乡土建筑研究的三种基本路径及其评述[A]//第十五届中国民居学术会议论文集[C].2007.文中提到"将研究划分为三种基本路径:即建筑本体路径、外部学科路径、建筑创作路径".

1.4.2 研究层面的界定

（1）聚落物质形态研究的层次划分

在考古学领域中，英国考古学家戴维·克拉克（David L. Clarke）提出的考古学空间分析三层次：微观层次——建筑物内部；半微观层次——遗址内部，建筑物的位置在一个聚落遗址里会有某种规划而非随意的安排，人工制品、物资的放置空间、建筑物以及活动场所均会显示出人群之间社会和文化关系；宏观层次——遗址之间[①]。加拿大考古学家布鲁斯·特里格（Bruce G. Trigger）提出聚落形态研究的三个层次：个别建筑，社区布局，聚落的区域形态[②]。国内学者亦有类似阐述，将聚落考古研究的对象分为居址、聚落和区域三个层次[③]，民族学者把聚落划分为三个层次进行研究，即个别建筑物、村落内与村落间[④]。

在建筑学领域中也有类似的聚落层次划分。日本学者将聚落比较具体地分为五个层次：① 家屋层次；② 居住群层次；③ 居住域层次；④ 集落域层次；⑤ 集落间层次[⑤]。张玉坤教授将由聚落和住宅所构成的居住空间分为四个基本层次：① 区域形态（聚落的空间分布及其相互间的关系）；② 聚落（住宅及其他单体建筑设施，它们之间的关系）；③ 住宅（住宅的组成部分及其相互间的关系）；④ 住宅的组成部分或构件本身[⑥]。龚恺教授在对徽州聚落研究的过程中提出了"村落群"的概念，作为从微观、中观向宏观研究的过渡，是从村落到区域研究的中间环节[⑦]。

（2）本书对聚落物质形态研究的层次划分

参照考古学领域和建筑学领域对聚落研究层次的诸多划分，本书将聚落物质形态分为微观、中观以及宏观三个层次。微观层次，指的是聚落内部的单体层面，包括单体建筑的形式、空间、结构与装饰等。中观层次，相当于考古学领域所指的村落内、遗址内部、社区布局，或者日本学者的集落域，或者张玉坤教授的聚落层次，本书将其界定为一个聚落在整体层面的物质形态，包括聚落的边界、聚落的空间结构与形态肌理等，是聚落建筑群体所表现出来的整体形态。宏观层次，指的是在区域、经济或者文化上具有特定关联的一些聚落相互之间所形成的关系，强调区域的概念。通俗地可以归纳为家、村、区域三个空间层次。

其中，聚落宏观层次的研究以聚落中、微观层次的比较研究为基础；聚落中观层次的研究以聚落宏观层次的研究为背景，以聚落微观层次的组织关系研究为内容；聚落微观层次的

① David L Clarke. Spatial Archaeology[M]. New York：Academic Press，1977：3 - 22；郑韬凯. 从洞穴到聚落——中国石器时代先民的居住模式和居住观念研究[D]. 北京：中央美术学院博士学位论文，2009：76.

② Trigger B G. Time and Tradition[M]. Edinburgh：Edinburgh University Press，1978. 见：陈淳. 聚落形态与城市起源研究[A]//孙逊，杨剑龙. 阅读城市：作为一种生活方式的都市生活[M]. 上海：上海三联书店，2007：196 - 213；林志森. 基于社区结构的传统聚落形态研究[D]. 天津：天津大学博士学位论文，2009：7.

③ 方辉，加利·费曼，文德安，等. 日照两城地区聚落考古：人口问题[J]. 华夏考古，2004(02)：37 - 40.

④ 王建华. 聚落考古综述[J]. 华夏考古，2003(02)：97 - 100，102.

⑤ 日本建筑学会. 图说集落[M]. 东京：都市文化社，1989：146；林志森. 基于社区结构的传统聚落形态研究[D]. 天津：天津大学博士学位论文，2009：7.

⑥ 张玉坤. 聚落·住宅：居住空间论[D]. 天津大学博士学位论文，1996：34；林志森. 基于社区结构的传统聚落形态研究[D]. 天津：天津大学博士学位论文，2009：8.

⑦ 龚恺. 关于传统村落群布局的思考[J]. 小城镇建设，2004(03)：53 - 55.

研究又必须以宏观、中观研究为限定①。

（3）本书研究界定在中观层次

中观层次较之微观层次的琐碎细节而言，具有相对的整体性；而较之宏观的区域化尺度而言，又更贴近易于把握的现实体验。中观层次可以容纳适度的模糊性，局部的误差难以影响相对整体的判断。此外，微观与中观层次倾向于建筑学的研究视野，而宏观层次则更倾向于规划的研究视野。

传统乡村聚落是基于自下而上的自组织机制生长的，美丽乡村的特质，很大部分也正源于聚落中观层次所展示出来的整体形态，较之建筑单体形态更能够界定其是否属于一个自然原生的传统乡村聚落。在聚落的传承与发展过程中，微观层次建筑单体的具体形态会随着时代而有所更改与变化，但是基于自下而上自组织机制生长构成的中观层次聚落整体形态，与现代自上而下规划的新聚落具有本质的区别——自上而下的规划控制斩断了传统聚落自下而上的自组织生长机制，重新赋予其新的格局。在这一过程中，往往简单化地效仿城市建设，以建筑密度、容积率、绿地率等抽象的规划指标来设定其形态控制的依据，缺乏对原先的传统机制形成一个较好的回应与过渡。

聚落的物质形态是整个聚落文化的组成部分。一个地域的聚落文化具有相对恒定的共性特征，这些特征在三个不同的研究层次上均有所体现。其中，微观层次的形态特征具体而形象，识别性较强，如北京四合院、福建土楼等在建筑形式上具有显著的个性特征。如果将这类在微观层次所展现出来的形态特征称之为显性的聚落文化地域特征，那么中观与宏观层次所展示出来的形态特征，是超越了建筑个体层面而在聚落整体层面上体现出的形态特征，具有一定的系统性，相较于微观层次而言不易于观察，识别性相对较弱，可以称之为隐性的聚落文化地域特征。本书即希望基于这一中观层次的聚落物质形态研究，对传统乡村聚落形态进行探析以获取一些新的认识。

1.4.3 研究内容的界定

（1）研究对象与研究层次界定下的本书主旨

综合以上研究对象与研究层次的界定，明确了本书的主旨是基于中观层次视角下以浙江省为例的传统乡村聚落的物质形态研究。

（2）中观层次视角下的传统乡村聚落的物质形态

微观层次的聚落物质形态，包括了聚落中所有的物质要素：建筑、院墙、道路、水塘、树木等。其中，建筑与院墙是聚落中的主要空间构筑物，直接界定了各种明确而首要的居住空间，本书称其为聚落主要物质形态；而其他的道路、水塘等，虽然也是一个聚落必不可少的组成部分，但一般属于聚落中的次要空间构筑物，本书称其为聚落次要物质形态。

按前文所述，中观层次的聚落形态关注的是聚落整体层面的形态特征，与微观层次的聚落形态具有层级差异。首先，本书中观层次的聚落物质形态，关注的是微观层次聚落物质形态中的主要物质形态部分，即建筑与院墙；其次，微观层次聚落主要物质形态的个体，经由适

---

① 刘康宏.乡土建筑研究视域的建构[D].杭州：浙江大学硕士学位论文,1999：17.

当的抽象化,也即剔除了微观层次的诸多细节之后,才能达成视角的转换,作为元素构成上一层级,也即中观层次的聚落物质形态。

综合以上论述,本书论及的中观层次传统乡村聚落的物质形态,主要由聚落中的建筑与院墙等主要构筑物组成。

(3)内外之间——基于二维图底关系的聚落总图

老子的《道德经》第十一章被广为引用在关于“有”“无”的论述中①,“器”作为“有”成就了内的“无”。其实质也就是“器”,成为了内空的一个实体化边界,限定了内空,区分了内外。“内”“外”是最为基本的一对空间概念,而“之间”则是两者的边界,阻隔或联系了两者,鉴于边界的存在,“内”才得以从“外”中限定。

吴冠中先生的国画《四合院》中,寥寥数笔简洁而又形象地利用最简单的黑白关系表现出了合院建筑的基本特质。在此,建筑空间的内外关系可以转变为二维的黑白关系来抽象而简约地得到表达。(图1.2)

图 1.2　吴冠中国画《四合院》(1999)(左)和山西碛口古镇(右)
(图片来源:网络图片搜索)

建筑是三维的实存,具有多种表现形式,平面二维、立/剖面二维、静态三维、动态三维(即所谓四维)等。不同层面的问题需要诉诸于特定的表现形式。本书拟通过以聚落中的主要空间构筑物(建筑、院墙)为最小观测单位,以它们的平面外轮廓为基本要素,建构聚落的总平面图;基于二维平面的图底关系,以其空间化的视角,通过抽象而简洁的虚实(黑白)变化研究其内外之间的空间关系,以探究该聚落的整体形态特征。

(4)科学量化研究

聚落形态以定性研究为多,科学量化研究相对较少。本书希望通过聚落整体层面物质形态的科学量化研究,能够在抽象的规划性指标之外,为聚落形态寻求新的量化途径,对其提供更为具体而精准的形态描述。

---

① 老子《道德经》第十一章:“三十辐共一毂,当其无,有车之用。埏埴以为器,当其无,有器之用。凿户牖以为室,当其无,有室之用。故有之以为利,无之以为用。”这段话出现在很多建筑空间理论研究的文章中。

1.5　中观层面传统乡村聚落物质形态构成

1.5.1　聚落源于聚落建筑单体的聚集

1）聚落建筑单体

一个基本住居单元，也即一户，通常由一个至若干个聚落建筑单体组成。聚落建筑单体按建筑性质与功能，可以分为十一种类型[1]，是聚落物质形态的中观层次与微观层次两者之间的中介。聚落建筑单体的分项局部构成，如屋顶、墙体、门窗、基座、雕饰、家具等纳入微观层次；而其在整体层面的适度抽象化，如在二维平面的视角下，其外轮廓闭合图形，便成为上一层次即中观层次的基本构成单位。因而，聚落微观层次中的建筑单体在整体层面的适度抽象化（视角以及抽象化程度根据研究需要而定）构成了中观层次的基本单位，中观层次研究这些微观层次基本单位之间的组织结构关系。

2）建筑单体的聚集

聚，即聚集之意。聚落的实质就是聚落各元素在特定地理位置的聚集，也即是各种与居住、生活相关的物质（包括人）与非物质的聚集，如前文"广义的聚落"中所界定的那样。海德格尔（Martin Heidegger）所言之"天、地、人、神"的聚集[2]，则是在更崇高意义上的表述。

基于中观层面的聚落物质形态而言，聚落即是建筑单体及其院墙等主要构筑物相互聚集的结果；少则三两栋，多则成百上千，形成不同规模的聚落。建筑单体聚集的首要关系便是相互之间的位置，可以简化到最为基础的两两关系：相离、相邻或者包含嵌套（如院中院）；在此基础上衍生出更为复杂的群体形态。基于结构主义的观念，聚落形态可以由建筑单体的个体形态及其聚集后在聚落内相互之间所构成的整体结构关系来得以描述。

3）聚集的过程

传统乡村聚落的聚集成形是一个自组织的过程，因而表现出随机性[3]与非线性特征[4]。

---

①　陈志华、李秋香教授曾把一个血缘村落作为一个系统，其中又包含了十一个子系统：① 行政建筑；② 防御性建筑；③ 文化建筑；④ 礼制建筑；⑤ 祭祀建筑；⑥ 工商业、手工业建筑；⑦ 交通类建筑；⑧ 居住建筑；⑨ 社会公益建筑；⑩ 风景建筑；⑪ 水利建筑。见：李秋香.乡土建筑研究三题[A]//张复合.建筑史论文集[M].北京：清华大学出版社,2002;刘康宏.乡土建筑研究视域的建构[D].杭州：浙江大学硕士学位论文,1999:31.

②　[德]海德格尔.筑·居·思[A]//[德]马丁·海德格尔.海德格尔选集（下）[M].孙周兴,选编.上海：上海三联书店,1996:1192.

③　Luijten J C. A systematic method for generating land use patterns using stochastic rules and basic landscape characteristics Results for a Colombian hillside watershed[J]. Agriculture, Ecosystems and Environment, 2003, (95): 427 – 441.

④　邬建国.景观生态学中的十大研究论题[J].生态学报,2004,24(09):2074 – 2004;徐建华,岳文泽,谈文琦.城市景观格局尺度效应的空间统计规律——以上海中心城区为例[J].地理学报,2004,59(06):1058 – 1067;Radford J Q, Bennett A F, Cheers G J. Landscape—level thresholds of habitat cover for woodland—dependent birds[J]. Biological Conservation, 2005,124:317 – 337.

在这一过程中,一方面受到区域文化、建造观念等内在因素的影响,另一方面又受到现实外在①环境的制约与诱导,在内外两方面因素的相互作用下,自适应地择取合适的方式与途径,控制着聚落以相对有机的方式生长与变化。

建筑单体聚集的过程通常表现为两种方式,其一是通过不断在外缘增加建筑单体的方式,使边界不断向外拓展,这是聚落最常见的一种聚集生长的方式。其二是通过不断在内部填充建筑单体(包括改建、拆建),导致内部密实度的变化。以上两种方式其实质也就是向内或向外聚集新的建筑单体。一个聚落的生长,通常是两种方式兼而有之,在不同的阶段具有不同的主导方式。

聚落生长的速度与频率的变化,与其人口容量等因素有关,初期的生长速度相对较快,等到人口发展变得相对稳定与饱和以后,速度就变得相对缓慢。中国处于快速城市化过程中,相当多的农业人口迁移入城,使得一些传统聚落人口减少,导致它们开始进入停滞与衰败期。中国当下的乡村聚落,其生长演进方式大致有以下三种:① 保持纯粹的自组织状态,这以一些相对较为偏远的乡村聚落为主,因而从这一意义上而言,它们仍然属于传统乡村聚落的范畴。② 自组织与外在规划适度介入相结合,这在离城镇较近的乡村聚落中较为常见,新旧两种机制导致了不同方式的聚落形态叠加并置,称之为混合聚落。③ 纯粹规划控制下的新乡村聚落;当下的新农村建设中,将老旧的聚落拆除、兼并,进而另择新址统一规划新农居,形成了相对比较城市化的形态肌理。三者之间具有不同的形成机制,后两者通过不同程度的规划介入,阻碍或者抹杀了传统乡村聚落的自组织演进方式。

4)聚集的结果

建筑单体的聚集,首先形成了一个具有适度边界的建筑聚集体。从景观生态学的角度来说,是在以乡野为自然基质的环境中形成了一个聚落斑块。这个聚落斑块是一个具有生命的有机体,与周围的基质之间形成了物质、能量与信息的交换。

每一个建筑单体都是一个体现着自主意识的聚落细胞,在平面轮廓、高度、造型等方面体现着不同地理区域之间的文化差异。川藏高原地带的建筑单体多为平顶的土坯房,整个聚落也就形成了土黄色的主基调;而江南民居则多为白墙黑瓦,整个聚落也就形成了黑白灰的主基调;因而聚落的整体基调,首先是建筑单体的特征所决定的。

每一个建筑单体在聚落中具有一个特定的位置,也具有特定的面积大小与方向性角度,与其他建筑单体之间具有一个特定的距离②。所有这些特定的信息,在聚落层面而言,都是基于每一个单体的自我生成而设定的,因而都是独特而唯一的。在这个意义上来说,由它们聚集而成的每一个聚落也都是独一无二的。

建筑单体通过相互之间的围合形成了外部空间,有些是公共的,比如道路、井台、小广场等,有些是私密或半私密的,比如围合程度不同的院落空间。从聚落的角度而言,这些都是聚落的内部空间。这些内部空间的形态体现着这个聚落的空间结构特征,其较为直观的表现就是密度差异,继而引发一系列其他的差异性特征:

---

① 此"外在"并非指聚落外在,而意指所要建造建筑的外在;比如在聚落内部填充聚落单体的时候,该建筑所面对的外在现实环境,恰恰是聚落的内部环境。

② 王昀.传统聚落结构中的空间概念[M].北京:中国建筑工业出版社,2009:34.

（1）当建筑单体以相对较低的密度聚集时，大多是相离而独立存在的，在大小、方位、距离等方面变化的自由度相对较大，比如相互之间的距离差异可能相对较大、方向性上的角度差也会较大，因而在聚集的过程中，存在大量的异质性要素；最后表现在整体上，就会显得相对较为紊乱，秩序力与组织性相对较弱。

（2）反之，当建筑单体以相对较高的密度聚集时（聚落规模大或者等级高），相互之间的制约相对较大，在大小、方向性以及距离上自由度相对较小，因而在聚集的过程中异质性要素较少；最后表现在整体上，就会相对显得富有秩序感。相邻的建筑单体之间可能产生连接，从而使其外部空间可能连接成为具有特定指向性、进而显得有序而清晰的聚落空间连续（或不连续）体，较为典型的便是巷道，形成富有节律变化的空间序列；这就导致了空间结构的形成。

1.5.2　聚落物质形态构成

1）关于"界域"的讨论

在论及传统聚落的空间结构时，"界域"是一个使用频率较高的概念①，其后有研究对聚落界域作出了严谨的定义：特定的聚落形态（包括物质的和意识的）在空间地理上的投影所形成的一定范围，是聚落更新演变中聚落空间肌理与社会肌理的地缘组织形式；并指出了界域的三个层次，聚落界域、街坊界域、院落界域。②

通俗而言，界域就是具有一定边界的区域，将边界与区域两个概念整合了起来，因而界域是一个具有心理意象层面的概念。本书将界域拆分为边界与区域两个部分分别进行讨论。

2）边界——聚落的内外之间

聚落作为一个聚居体，在外部自然环境的宏观背景之下，很自然地具有一个聚落内外界限的问题，内外之间的部分便成为聚落的边界（外边界）。一个聚落的边界概念存在于各种不同的层面，最明显的是心理认知层面。比如说聚落外面的一条人行小道，环绕着的一条小河流，或者山坡，尽管聚落的建筑单体可能距离这些外在的界体（与聚落边界接壤并对其形态能够产生较为重要影响的外在环境物体，本书简称为界体）具有一定的距离，3 m 或者 5 m，甚至更大，但是一般在人们心理认知层面仍然会认为就是这些小路、河流或者山坡才是这个聚落的边界。

本书基于图底关系的聚落总平面视角，关注的是由建筑单体等主要构筑物所建立起来的聚落边界，由建筑单体部分的实体界面与建筑之间空隙部分的非实体虚拟界面连接而成，这一虚实关系决定着边界的密实程度，体现了开合渗透的空间特性。此外，边界所形成的随机凹凸，与外在自然基质间形成了一定的空间进退。聚落边界所体现出来的空间状态，是聚落形态的重要组成部分。

3）区域——聚落之内

所谓聚落的区域，也就是由建筑单体聚集而成的聚落内部，在黑白图底关系的视野下，又可区分为作为实体的建筑单体与作为虚空的聚落空间两个部分。最为常见的聚落空间是聚落

---

① 陈紫兰. 传统聚落形态研究[J]. 规划师,1997(4):37-41. 文中指出了传统聚落的界域性与中心性两个基本特征。

② 张所根. 传统聚落保护与更新的自力型模式探析——以西溪古镇为例[D]. 南昌:南昌大学硕士学位论文,2007:8.

内部的交通巷道。历史上也曾出现过没有巷道的聚落,如下图中土耳其境内的加泰土丘(Catal Hoyuk),建于 B. C. 6250—B. C. 5400,居民通过屋顶平台以及木梯作为联系的通道。①

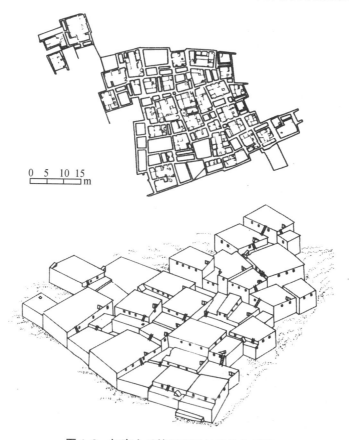

图 1.3　加泰土丘的平面图与建筑复原图

(资料来源:[英]S. 劳埃德,[德]H. W. 米勒. 远古建筑[M]. 高云鹏,译. 北京:中国建筑工业出版社, 1999:8)

　　作为实体部分的建筑单体,它们相互之间存在着特定的秩序关系。建筑物在聚集为一个聚落的过程中,也就是建筑单体不断被秩序化的过程。在这一过程中,聚落获得了特定的秩序特征。聚落中建筑的秩序关系,随着聚落的生长而逐步演变,通常会从初期的弱秩序化演进到强秩序化状态。这种受多向量秩序力影响而略显柔韧的秩序关系,表现出一定的疏松、纷杂与紊乱性,是传统聚落的一个非常显著的特征。

　　作为虚空的聚落空间,首先表征着聚落密集或松散的程度差异;其次表征着它们结构性强度的差异,其组织关系是相对比较整体的还是相对比较破碎化。通常规模较大、等级较高、历史悠久的聚落,其结构性强度较高;而规模较小、等级较低、相对较新的聚落,则结构性强度较弱。聚落空间可以分为两个部分,相对比较规则的封闭院落空间与相对不规则的开

　　① 　[英]S. 劳埃德,[德]H. W. 米勒. 远古建筑[M]. 高云鹏,译. 北京:中国建筑工业出版社,1999:8;[英]布朗丛书公司. 古代文明[M]. 老安,等,译. 济南:山东画报出版社,2003:57.

放公共空间。在聚落空间的两种类型中,公共空间对于聚落整体形态的形成具有更为显著的意义,也是聚落形态的一个重要方面。

4）聚落整体形态构成的三要素

综上所述,基于中观层次整体形态的图底关系视角,将一个聚落的物质形态解析为聚落边界、聚落空间以及聚落建筑三个要素,分别探究其形状特性、结构程度以及群体秩序(图 1.4)。①

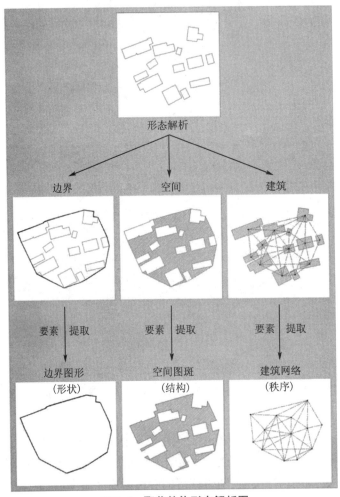

图 1.4　聚落整体形态解析图

(资料来源:作者自绘)

---

①　关于聚落的边界、空间、秩序等问题,可以散见于文献中。其中,空间的研究相对较多,而边界与秩序的研究多为泛论,较少见系统而深入的专题研究。如:汤羽扬. 中西合璧峡谷回音——生生不息——论三峡工程淹没区传统聚落与民居的地域性特征[J]. 北京建筑工程学院学报,1999(01):24 - 35. 文中提到“这里所指的布局结构主要是指某一村落或场镇其建筑群与自然地形的关系以及建筑之间的空间关系”;如:林志森. 基于社区结构的传统聚落形态研究[D]. 天津:天津大学博士学位论文,2009:7. 文中提到“聚落形态的品质往往取决于构成其‘边界’的形态和‘中心’的要素以及构成聚落的各种其他要素的**聚集方式**”;如:陈济民. 基于连续文化序列的史前聚落演变中的空间数据挖掘研究——以洛阳地区为例[D]. 南京:南京师范大学硕士学位论文,2006:41;如:赵康. 地域环境制约下的聚落生存发展模式的研究与启示[D]. 济南:山东大学硕士学位论文,2009:53.

1.6 研究意义、方法与技术路线

1.6.1 研究意义

（1）完善建筑学形态研究理论框架的意义

传统乡村聚落，作为乡土建筑文化的物质性载体，一直是建筑学理论研究的一个重要方面。当今，尽管城市化进程迅猛发展，但是乡村聚落在世界的人类聚居地里仍然占据了较大的比重。我国幅员辽阔，地貌、气候、文化的巨大差异，形成了千姿百态的村落景观，有着较高的美学价值；它们还充分体现着中国传统所遵循的人与自然和谐共生的文化理念。基于中观层次的聚落整体形态的研究逐渐增多，但一般多以定性研究为主，量化研究较少。因而本研究具有完善建筑学形态研究理论框架的意义。

随着具有乡野特质的传统乡村聚落不断地被改造与迁建，那些富有诗意的乡村聚落特质正在逐步消亡，美丽乡村的原风景正在消失。因而相对科学化地研究其形态特质，也更具有了时间的紧迫性。

（2）对于传统聚落文化遗产的研究与保护意义

对于文化遗产的保护研究，国际上一直都比较重视，通过很多会议出台了一系列的保护宪章①。中国的传统乡土聚落遗产保护也经历了二十多年的发展，形成了具有中国特色的政策和机制。1982年开始了历史文化名城的逐批公布与保护；1986年，国务院在公布第二批国家级历史文化名城的时候，首次提出了"对文物古迹比较集中，或能较完整地体现出某一历史时期传统风貌和民族地方特色的街区、建筑群、小镇、村落等予以保护"，拉开了我国传统乡村聚落保护的序幕。宏村、西递、周庄、同里、镇山、桃坪、张壁古堡、碛口镇、俞源、呈坎、赵家堡、流坑、张谷英村、芋头侗寨、东华里、喜洲白族民居、党家村、师家沟、芙蓉村、顺溪、高椅、黄田村等，被相关各级部门纳入保护的范围。丽江、平遥古城于1997年、宏村与西递于2000年被列入世界遗产名录，对于我国保护古代聚落文化遗产具有重大的意义。传统聚落形态的研究，将对传统聚落文化遗产的认识、保护以及发展提供有益的理论依据与技术支持。

（3）为当下的新农村建设提供理论与技术支持

中国目前正逐步从农业社会向工业社会转变，并且正如火如荼地进行着新农村建设②。

---

① 1964年在第一届从事历史古迹建筑师和技师国际会议通过了《国际古迹保护与修复宪章》（又称《威尼斯宪章》），就明确指出文物古迹"不仅包括单个建筑物，而且包括能够从中找出一种独特的文明，一种有意义的发展或一个历史事件见证的城市或乡村环境"。此后还有《保护世界文化和自然遗产公约》与《文化遗产及自然遗产保护的国际建议》（1972）、《关于保护历史小城镇的决议》（1975）、《关于历史地区的保护及其当代作用的建议》（简称《内罗毕建议》1976）、《马丘比丘宪章》（1977）、《保护具有文化意义地方的宪章》（简称《巴拉宪章》1979）、《佛罗伦萨宪章》（登记为《威尼斯宪章》附件，1981）、《关于小聚落再生的Tlaxcala宣言》（1982）、《保护历史城镇与城区宪章》（又称《华盛顿宪章》1987）、《世界文化遗产公约实施指南》（1987）、《我们共同的未来》（1987）、《21世纪议程》（1992）、《奈良真实性文件》（1994）、《伊斯坦布尔宣言（人居Ⅱ）》（1996）、《CIIC工作计划》《CIIC章程》（1998）、《关于乡土建筑遗产的宪章》（1999）、《世界文化多样性宣言》（2001）、《保护非物质文化遗产国际公约》（2003）、《西安宣言——保护历史建筑、古遗址和历史地区的环境》（2005）。

② 2005年10月8日至11日，中国共产党第十六届中央委员会第五次全体会议（十六届五中全会）在北京举行，会上提出了建设社会主义新农村的战略任务。

这一切,使得乡村处于剧烈的变迁之中,特别是经济比较发达的长三角地区。而乡村聚落,作为乡村生活的重要物质性载体,在这一变迁中必将属于首当其冲的环节。在这一过程中,很多乡村聚落自我生长的过程被打断,力度不等的规划开始介入其中,通常是简单化地通过各项规划指标的控制来模仿城市建设,从单体建筑到整体格局全方位地改变着乡村聚落的面貌。自然有机的传统乡村聚落逐渐被机械式布局的新聚落所替代,建筑的外观、色彩乃至高度都逐渐倾向于同质化。乡村居住的物质条件得以改善的同时,在风貌特质上并未能够较好地延续传统,又难以开创令人愉悦的新方向(图1.5)。城乡之间在政治与经济领域应该尽量消除界限与隔阂①,而在物质形态上应该保持它们各自的特质。

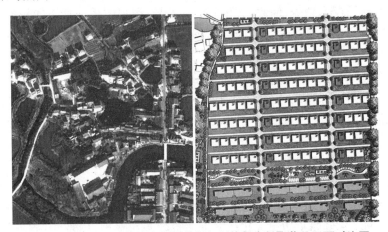

图 1.5   自然生成的传统乡村聚落与规划的新农村聚落总平面对比图

(左图为浙江省湖州市长兴县泗安镇管埭村,右图为浙江省嘉兴市嘉善县大云镇吕公桥村规划图,资料来源:左图为 Google Earth,右图为网络图片搜索)

自然原生的乡村聚落是在自组织机制下生成,来源于诸多局部建造行为逐渐形成为聚落整体的一个缓慢过程,造就了美丽的乡村聚落原风景。传统聚落形态的量化研究成果,将在一般性的规划指标之外,给乡村聚落形态提供更为具体化的描述与评价,同时也可能成为新乡村聚落在形态规划上的依据。

(4)建筑设计上的探索与启示

从 20 世纪 80 年代兴起的民族形式的大讨论,到近来的地域主义建筑观,莫不与传统民居建筑有着千丝万缕的联系。虽然建筑设计研究②与建筑理论研究有着一定的区别,但是在理论研究提供了更为深入而有效的研究成果之下,也将对设计研究形成一定的影响。因而传统聚落形态研究也将对当下的建筑设计具有一定的指导意义:其一,聚落整体形态的研究将对小型聚落或者具有聚落化倾向的群体建筑的规划与设计,在形态控制上具有比较直

---

① 代琛莹,新农村建设背景下的乡村聚落景观规划与设计研究[D].沈阳:东北师范大学硕士学位论文,2008:28.

② 设计与研究存在三种关系:为设计而研究(Research for Design),关于设计的研究(Research into or about Design),通过设计研究(Research through or by Design)。第一种关系极为常见;第二种关系中,研究的是设计的历史,设计的社会学等内容,研究工作在其他学科的框架中进行;在第三种关系中,设计实践扮演核心角色。Alain Findel. Introduction,Design Issues Vol 15,Issue 2,1999[M].London:The MIT Press,1999;刘延川.导言[J].建筑创作,2005(02):26-32。本书提及的是第一种关系,即为设计而研究。

接的启示;其二,每栋建筑都是聚落中的一个单体,以相对中观的聚落整体层面的视角来理解与审视之,有助于使其与周围的空间环境之间获得更为良好的秩序关系。

1.6.2 研究方法

本书将尽量剥离社会学、文化学上的内容,以纯形态的视角去分析研究聚落的形态问题,以保持研究内容的纯粹性。通过以图底关系为视角的二维总平面来对聚落进行整体形态的解析,以探求抽象形态背后的机制与规律。

综合采用景观生态学、分形几何学、计算机辅助编程、数理统计等跨学科的方法,从形态的图解描述到量化统计,使研究具有一定的科学性。基于景观生态学中斑块—廊道—基质理论,乡村聚落就是在乡野基质中的一个景观斑块,因而其斑块指数的量化方法可以运用在聚落边界形态的研究中。乡村聚落平面中聚落空间形态的二维图斑呈现出不规则与破碎化的特征,可以诉诸于非欧几何的分形几何学。在聚落建筑的群体秩序分析中,基于Rhinoceros环境的Monkey插件进行Script语言编程,并输出原始数据进行计算与统计,以对其秩序化程度进行定量判断。对于上述聚落平面形态三要素解析所产生的各项数据,借助EXCEL、SPSS等软件进行数理统计,进而在聚落样本的相互之间进行分析与比较。

1.6.3 技术路线

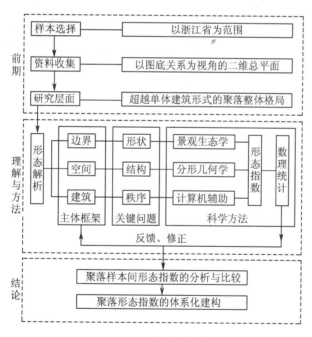

图 1.6 技术路线图

(资料来源:作者自绘)

1.7　研究创新点

（1）分析视角：将传统乡村聚落物质形态在中观层次的整体形态上解析为聚落边界的形状特性、聚落空间的结构程度、聚落建筑的群体秩序这三个方面进行考察，提供了一个新的分析视角与研究框架。

（2）量化指数：对上述传统乡村聚落整体形态的三个构成要素，分别通过景观生态学、分形几何学、计算机辅助编程等跨学科方法的借鉴，探索各自的量化方法，进而归纳出三项传统乡村聚落的形态指数，作为规划指标量化体系的补充。

（3）定量比较：在对样本聚落的三项形态指数进行计算、分析与统计的基础上，使得传统乡村聚落相互之间在形态特征上可以实现定量的比较，以作为进一步研究与评价的科学依据。

1.8　本章小结

本章首先从多个视角阐述了聚落的概念；然后通过文献的检索与统计，对国内的聚落研究现状进行了梳理。国内的聚落研究大致可以分为两个方面，一方面是建筑学及其相关学科的聚落研究，本书通过研究历程、主要研究理论与方法、富有代表性的学者与研究团队以及引用率较高的研究文献等方面进行了分析；另一方面是其他学科领域对聚落的研究，本书分生态学、地理学、人类学与社会学、考古学以及历史学几个领域进行了概述。此外对国外的聚落研究历程与现状也进行了简要的梳理。在此基础上，界定了本书的研究层面与研究内容，并阐述了研究的意义、方法、技术路线以及创新点。

2 边界——聚集的形状

2.1 聚落边界的类型与属性

2.1.1 聚落边界的类型

1）实体边界与非实体边界

从相对广义的物质形态视角出发,聚落的边界是由聚落边缘的物质要素组成,具体包括自然边界、人工边界、混合边界等。自然边界就是由自然物质所组成的边界,比如山体、河流等;人工边界,包括了建筑、构筑物、人工栽植、装饰等;而混合边界则是由前两者混合而成;实际情况下,聚落边界多是以混合边界为主。除了物质性边界之外,还存在没有具体形态的心理边界。[①]

从本书相对狭义的物质形态视角出发,聚落是某种虚实关系的存在,是由作为实体部分的建筑与建筑之间的聚落空间共同构成。这种虚实关系,从聚落的内部一直延续到了聚落的边缘。因而,聚落的外边界也是由这些处于聚落边缘部分的虚、实两种要素共同参与构成,从而使得聚落的边界由实体边界与非实体边界(虚边界)[②]两部分组成。

2）简单边界与复杂边界

边界的简单与复杂,是指聚落总平面图的边界闭合图形,在建筑单体尺度上呈现出的秩序化程度。复杂边界通常呈现出相对琐碎而错落的进退关系,形成模糊而丰富的聚落边缘空间。

边界的复杂化,其实质在于边界形态受到不同向量的控制力影响。一方面,是外在的物质性界体的影响,比如复杂而琐碎的水系或其他环境基质,聚落以之为边界,其边界形态也易于复杂化[③];另一方面,并不存在特别的外在影响,但也缺乏内在的有效制约,于是在各建筑单体建造过程中,具有差异性的自主意识导致了聚落边缘空间秩序的局部紊乱化,进而形成为复杂边界。而简单边界,则是一系列建筑单体共同参与形成了一个高度秩序化的空间界面。因而边界的简单抑或复杂,其实是来源于构成聚落边界的建筑单体之间空间关系的秩序化程度。

---

① 黄黎明. 楠溪江传统民居聚落典型中心空间研究[D]. 杭州:浙江大学硕士学位论文,2006:42-45.

② 张毓峰,吴轩. 虚拟界面的定义与描述[J]. 世界建筑,2005(05):86-89.

③ 关于外在物质性界体的影响,另一种可能性是,当该界体是尺度较大的河流或山体且形态较为规整时,它们将对聚落的边界形态形成十分有效的引导与制约,使其成为一个富有该外在界体边缘形态特征性的有序边界。

2.1.2　聚落边界的属性

1）边界的模糊性

聚落边界在明确程度上具有差异性。基于中观层面的图底关系,这一差异性主要源于处于聚落边缘的建筑单体相互之间的空间秩序关系:其一是密集程度,也即聚散关系;其二是两两之间所形成空间界面的秩序关系。

（1）密集度

比如带有防御性的北方堡寨型聚落,其外围具有一道连续的防御性堡墙,因而其边界形态非常清晰而明确。安徽西递古村落的西侧,由建筑单体链接成一道连续蜿蜒的外墙,也形成一道清晰而明确的边界(图2.1)。但是大量的普通聚落,特别是江南地域的乡村聚落,一般不具有防御性,因而边界通常是开放式的,建筑单体之间相离,相互之间具有一定的疏松空间,从而使得边界的形态变得相对模糊而不那么确定。特别是相对比较离散的聚落,边缘建筑单体之间的距离较远,且大于建筑单体的长度,使得其边界形态就更为模糊。聚落边缘建筑的密集度决定着聚落边界在空间上的开放程度、通过性以及聚落与外界联系的紧密程度。

图2.1　安徽西递古村落

(资料来源:作者自摄)

（2）秩序性

边缘建筑单体的外界面之间如果具有相对比较同一的角度与方向,则它们所连接而成的边界线必将显得比较富有秩序感;如果相互之间具有较大的角度变化,将导致它们所连接而成的边界线产生较大的曲折度。对于传统乡村聚落而言,边界的曲折是不可避免的,关键在于这一曲折的尺度大小,是表现在较为微观的单体建筑层面还是相对较为中观的整体层面,将对聚落边界形态产生不同的影响。

2）边界形态的生长与变化

聚落边界的生长与变化,意味着聚落与其周围环境基质之间在空间上的一种相互博弈的过程。乡村聚落周围的环境基质主要以农田为主,因而也有说法乡村聚落是从屯田产生的[①]。

---

① 宫崎市定解释说:"后世所谓村的聚落形态,实在是从屯田产生的。'村'这个字本来写作'邨',这个'邨'字不用说是'屯'旁加个'邑'。"[日]宫崎市定.中国村制的成立——古代帝国崩坏的一面[A]//宫崎市定论文集(上)[M].北京:商务印书馆,1963;李贺楠.中国古代农村聚落区域分布与形态变迁规律性研究[D].天津:天津大学博士学位论文,2006;122.

在这样一种具有开放性的环境基质之中,聚落边界的生长就显得相对自如一些。而在面临河道、山体等环境基质而言,聚落边界的生长就显得较为艰难而缓慢。

(1) 生长的边界

传统聚落的生长与扩张,通常表现为边界向外有机生长。意味着这一边界是可增长的,聚落主体不断层层扩张出去;外边界不断地转变为聚落的内边界,有时候会遗留下一些痕迹和特征。在下图的皖南西递村边界特性分析图中,实粗线是西递现在的主要道路,虚线是西递现在的边界。研究认为西递是分层逐渐发展起来的,通过考证得知中间的3号道路是最先建设的,因而推测2号和4号道路,很可能是聚落发展的某个过程中的边界[①]。

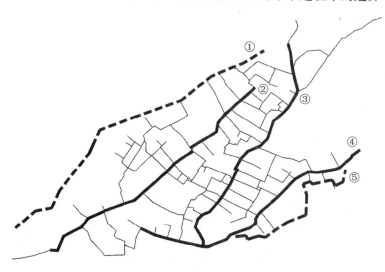

图 2.2 安徽西递村边界特性分析图

(资料来源:彭松. 从建筑到村落形态——以皖南西递村为例的村落形态研究[D]. 南京:东南大学硕士学位论文,2004:67.)

传统乡村聚落生长的尺度是在以聚落单体的自然大小控制下向外生长的;因而,几乎在任何时候,该聚落都可以认为是一个自然而完整的有机体。相较之下,现代城市在规划路网的控制下,是以街区的尺度向外生长的,具有一个形态完整的预设,因而在一个街区没有被填满之前,它们的边界是显得破碎而不完整的。传统聚落生长的过程中,与道路的关系是相互促成的,既有道路对建筑单体的设置以及聚落的生长具有引导作用,而同时建筑单体也相对更为自主地参与着道路关系的形成。因而两者之间的关系相对比较有机,边界也是自然生成的。

(2) 停滞的边界

当聚落的边界面临着难以逾越的外在界体,比如山体、悬崖、道路或者河流等,使得该边界在这一方向上无法自由生长,便成为了停滞的边界。一般而言,正因为存在着这么一个强势的外在界体的制约,对边缘建筑单体的组织也会具有较强的控制力,进而使得它们在该边界上会具有较高的密实度,较强的秩序感。

① 彭松. 从建筑到村落形态——以皖南西递村为例的村落形态研究[D]. 南京:东南大学硕士学位论文,2004:67.

（3）衰败的边界

对于聚落，有生长与扩张，自然也有衰败与消亡。边界的衰败，表现为边缘建筑单体开始破败、废弃，与外界自然基质之间的界限变得更为模糊，自然基质开始侵蚀聚落边缘的建筑单体。

3）边界的边缘效应

聚落作为一种景观斑块，会受到周边环境的影响，形成边缘效应[①]。边缘效应在生物学上是指在两个或多个不同生物群落交界处，因不同生境的种类共生，群落结构复杂，某些物种特别活跃，生产力也较高[②]。比如，Jean Paul Metzger 通过分析树种多样性与景观结构之间的关系，发现生物多样性与边缘的丰富度之间存在线性相关，也就是说，景观镶嵌结构越复杂，生物丰富度越高[③]。Sigrid Hehl-Lange 在研究中发现景观斑块边界会对蝙蝠种群的分布产生重要的影响，它们往往习惯于在边界丰富的区域活动[④]。

俞孔坚教授在研究原始人居住遗址的时候，论述了它的边缘效应：原始人的生活环境多处于具有区系过渡的边缘地带，这种地带的特点是有利于获得丰富的采集与狩猎资源，又具有"登望—庇护"的便利性，能及时获得环境中的各种信息，便于作出有效的攻击和防范[⑤]。

聚落边界，是聚落内外之间过渡的边缘地带，是聚落的物质与能量的流通区域，资源丰富，信息多样，是生发各种生活事件的所在。具体表现在聚落形态上，可以看到聚落边缘的建筑单体之间的疏密关系与内部相比存在着波动与差异。一般而言，当外界没有特殊的界体对其形成制约与诱导的时候，边缘地带的建筑单体相对比较疏松，而当外界具有特殊的界体来对聚落的生长产生某些制约与诱导的时候，建筑单体会在此高密度聚集起来，使得边界表现得较为密实，几乎形成了一道屏障。聚落的边缘效应与其边界长度有关，边界越长，则边缘效应自然也就越突出。而聚落规模越大，与其占地面积相较而言，边界相对越小；反之，规模越小，与其占地面积相较而言，则边界相对越大；因而聚落的规模效应随规模的扩大而减小。

2.2　聚落外边界闭合图形的形态定量分析

2.2.1　聚落外边界闭合图形的形态设定

1）虚边界尺度的界定

借鉴"英国的海岸线有多长"这一著名的论题，同样可以讨论一个乡村聚落的边界线到

---

① 时琴，刘茂松，宋瑾琦，等. 城市化过程中聚落占地率的动态分析[J]. 生态学杂志，2008，27(11)：1979 - 1984.

② 廖继武. 地理边缘与聚落过程的耦合及其机制[J]. 中国人口·资源与环境，2009，19(专刊)：580.

③ Jean Paul Metzger. Relationships between landscape structure and tree species diversity in tropical forests of South-East Brazil[J]. Landscape and Urban Planning，1997(37)：29 - 35.

④ Sigrid Hehl-Lange. Structural elements of the visual landscape and their ecological functions[J]. Landscape and Urban Planning，2001(54)：105 - 113.

⑤ 俞孔坚. "风水"模式深层意义之探索[J]. 大自然探索，1990(01). 见：李贺楠. 中国古代农村聚落区域分布与形态变迁规律性研究[D]. 天津：天津大学博士学位论文，2006：114.

底有多长;这也将涉及测量尺度的问题。前文已经论述过,一个聚落,由于其建筑单体在相互之间是相离的,因而其边界是由建筑单体的实边界与建筑单体之间的虚边界两者共同构成。以建筑单体为依据的实边界一般是清晰的几何体,相对比较明确,问题便是这建筑单体之间虚边界的尺度如何确定——也就是该虚边界线可以允许跨越多大的空间距离,进而在各个建筑单体之间连接形成一个完整的聚落边界线? 很显然,这个虚边界尺度的大小,直接决定着聚落边界图形的大小和形态特征:虚边界尺度越大,聚落边界所围合的面积越大,周长越小,该边界图形也越光滑;反之,虚边界尺度越小,聚落边界所围合的面积越小,周长越大,该边界图形也越凹凸不平。

为了达到一个相对完整的考量,本书设定了三种不同的虚边界尺度,分别从宏观、中观与微观层面来考察一个聚落的边界形态。参考了扬·盖尔所引 T. 霍尔(Edward T. Hall)的《隐匿的尺度》(The Hidden Dimension)一书中的相关数据以及王昀所引佐藤方彦监修的《人间工学基准数值数式便览》中日本人所表现出的个人之间距离关系的相关数据以后,综合了乡村聚落的具体情况,本书设定了 100 m,30 m 以及 7 m 三个尺度层级来作为虚边界可以跨越的最大距离。100 m,是社会性视域的最高限,能够分辨出具体的个人,但是看不清他们是谁或者他们在干什么。30 m,人的面部特征、发型和年纪都能看得见,不常见面的人也能看得出;而这也是日本人所言之"识别域"内的"近接相"的范围(20~35 m)。7 m,是日本人所言之"相互认识域"内的"近接相"范围(3~7 m)与"远方向"范围(7~20 m)的分界点①。同时,由于乡村聚落中的建筑单体,多以两层为主,单体的坡顶平均高度在 7 m 左右,因而水平与高度方向上形成 7 m×7 m 的空间围合,以芦原义信的外部空间理论来说,是一个具有较好围合感的空间尺度。而 30 m,即接近 1:4 的高宽比,是一个相对较弱的空间围合尺度。至此,本书将 100 m、30 m 以及 7 m 三个虚边界尺度层级下的聚落边界分别定义为大边界、中边界与小边界。

2) 聚落外边界闭合图形的形态设定

通过湖州市长兴县和平镇横山村下庄组(村)(以下称"下庄村")②为例来尝试设定一个聚落的边界图形。

(1) 整理聚落建筑单体总平面图

在原始 CAD 总图的基础上建立新层,重新绘制建筑物与院墙等主要构筑物。其中,连体的建筑物,描绘其整体外轮廓。这样,所有独立或连体的主要构筑物都各自形成一个完整的闭合多义线。道路、水塘、山体以及农田等环境要素都暂时忽略,绘制出一份纯粹以建筑单体与院墙等主要构筑物为构成要素的聚落总平面图(图 2.3)。

(2) 设定以 100 m 为虚边界尺度的聚落大边界

第一,以处于聚落边缘的建筑单体的转角顶点为基点建立边界的连接线,不能以建筑单体上任何一条线段中间的某个点来建立联系线,否则很难达成一个统一而明确的依据。

① [丹麦]扬·盖尔.交往与空间[M].何人可,译.北京:中国建筑工业出版社,2002:68-71;王昀,传统聚落结构中的空间概念[M].北京:中国建筑工业出版社,2009:60.
② 原始总图资料来源于浙江大学王竹教授新农村研究团队,其后的一系列分析图皆由作者在此基础资料上的自绘。

图 2.3   下庄村总平面图

(资料来源:作者自绘)

第二,前文已略有论述,边界线是以建筑单体的实边界与建筑之间的虚边界构成。实边界是明确的,虚边界在不同尺度下的具有差异,将在各边缘建筑单体的转角顶点上"跨跃"式连接,连接的最长距离是 100 m。

第三,有时候在两个顶点之间的第三个顶点,会有满足其两侧各 100 m 的多重选择的 a、b 点,此时是以边界能够围合较大面积为原则确定最优先顶点,如图 2.4 中所示的 a 点优于 b 点。

第四,边界线不能穿越建筑本身,因而,会出现如 cd 局部小段那样的实体边界线,以提供边界线在聚落凸状的边缘进行转向。

如此,便可以绘制出聚落大边界图(图 2.4)。值得注意的是,其一,边界线相对还是比较平滑舒缓的;其二,边界线绝大部分由虚线构成。

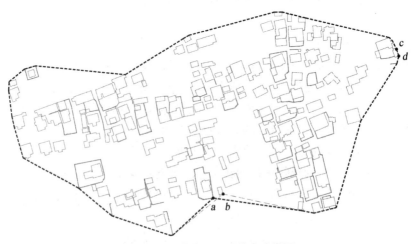

图 2.4   下庄村总平面的大边界图

(资料来源:作者自绘)

（3）设定以 30 m 为虚边界尺度的聚落中边界

设定规则同以上的 100 m 大边界，将最大 100 m 的"跨跃"距离减少到了最大 30 m，便可以得到聚落中边界。值得注意的是，其一，边界线已经开始显示出较为明显的凹凸变化；其二，边界的虚边界部分明显减少，而实边界显著增多，但总体而言，仍然是虚边界长度大于实边界长度。

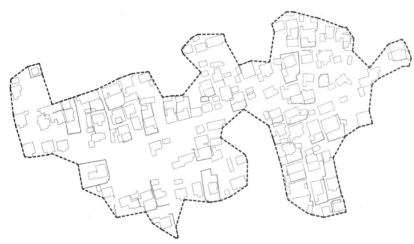

图 2.5　下庄村总平面的中边界图
（资料来源：作者自绘）

（4）设定以 7 m 为虚边界尺度的聚落小边界

设定规则大致同以上的大边界与中边界，将最大"跨跃"距离减少到了 7 m。此外，还有一些细小的区别（图 2.6）：

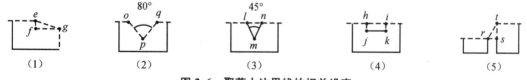

图 2.6　聚落小边界线的相关设定
（资料来源：作者自绘）

第一，还是以处于聚落边缘的建筑单体的转角顶点为基点建立边界的连接线。当建筑单体自身具有一定的曲折或者凹陷的情况下，在大边界与中边界的设定中，是可以通过跨越这些曲折或凹陷的部分从而形成一段虚边界，如（1）中的 eg，以争取最大的边界围合面积。该虚边界与曲折或凹陷的实体边界共同形成了一部分外部空间，如（1）中的 efg 区域。这部分外部空间因为是建筑单体自身曲折形成的，所以与聚落内部主空间相隔离，并且围合意向较弱，且面向聚落的外部发散，是相对比较消极的聚落边缘空间。因而在小边界的设定中面对这一状况作出一定的调整。由于虚边界尺度已经降低到了建筑单体的尺度大小，因而通过虚边界与建筑单体的曲折边界所围合出来的聚落边缘空间，需要具有相对更为明确的限定要求：

类似（1）中的单曲折情况，其实质这是一个角内凹所形成的外部空间，（1）中的角度是

90°,(2)中的角度是 80°,(3)中的角度是 45°。可以看到随着内凹角度的减小,内凹部分的空间围合意向也越来越明确。于是在这个小边界线的建立中,设定内凹角在不大于 45°、开口宽度不大于 7 m 的情况下,该内凹角外部空间可以被虚边界所跨越,即这部分外部空间可以包含在聚落空间中。于是,在(1)中,边界线是 e—f—g;在(2)中,边界线是 o—p—q;而在(3)中,边界线则是 l—n。

类似(4)中的多曲折情况,内凹形成了多(大于 3)边形空间,具有明确的空间限定意向,因而也是可以被不大于 7 m 的虚边界所跨越。

第二,由于这个虚边界尺度已经缩得相对较短了,不可避免某些处于聚落边缘的建筑单体,与其他聚落单体之间,其顶点的距离可能超越了 7 m 的范围,即(5)中的 r—t 已经大于 7 m 了。这时候需要寻求两者之间的最短距离:从 r 点出发,作另一建筑单体轮廓线对向线段的垂线,得到 s 点。这时候,垂线 r—s 即是这两个单体之间的最短距离。不管 r—s 是大于还是小于 7 m,r—s—t 即成为这部分聚落空间的边界线。这也意味着,在小边界线的设定中,7 m 虚边界的长度控制优先于大、中边界线设定中所提及的围合面积最大化原则。

如此,便得到了聚落总平面的小边界图(图 2.7)。值得注意的是,其一,由于虚边界尺度缩小到 7 m,使得一部分边界线内凹入聚落内部以寻求小于 7 m 的跨越距离,边界线因而表现得凹凸不平,显得非常琐碎;其二,边界的虚边界部分大大减少,总体而言,实边界长度已明显大于虚边界长度了。

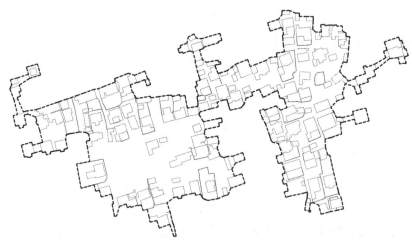

图 2.7　下庄村总平面的小边界图
(资料来源:作者自绘)

(5) 三层边界的叠合

将大、中、小三层边界叠加在同一张图上,形成如下三层边界叠合图(图 2.8)。大致可以看出:

第一,三层边界从大到小以内含的方式层层收缩,面积越来越小,周长越来越大,边界轮廓越来越复杂、琐碎。第二,大边界表达出了该聚落的大体形态特征,大致上是圆形的还是方形或者长方形的,但是由于这个边界包括了太大量的虚边界空间,因而又是非常粗略而精准的。第三,中边界相对精准地显示出了它的形态特征。它既不显得太粗略,也不至过于

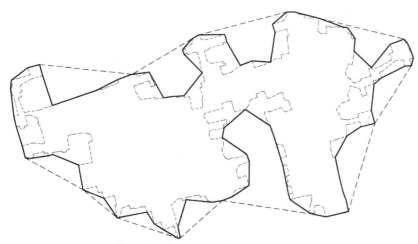

图 2.8　下庄村总平面的三层边界叠合图
（资料来源：作者自绘）

琐碎，是一个尺度相对较为适宜的乡村聚落边界图形。第四，小边界大致上承续了中边界的大轮廓特征，只是边界变得更为琐碎了。

3）22 个乡村聚落的外边界闭合图形的设定

根据以上的设定原则，对 22 个乡村聚落样本的边界进行设定（图 2.9～图 2.32），作为后续进一步分析的基础资料①。

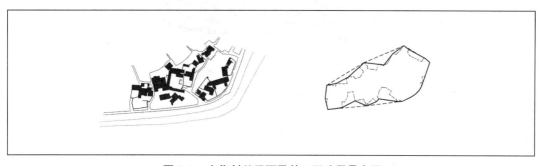

图 2.9　上街村总平面及其三层边界叠合图
（资料来源：作者自绘）

注：本书中加图框的图表示为同一比例尺绘制。

---

① 本书选取了 22 个浙江省的传统乡村聚落作为贯穿全文的研究案例，它们分别是：湖州市长兴县和平镇滩龙桥村；湖州市长兴县雉城镇南石桥村；湖州市长兴县和平镇施家村；湖州市长兴县和平镇东山村；湖州市长兴县和平镇横山村下庄组（村）；湖州市长兴县林城镇石英村；湖州市长兴县煤山镇新川村；湖州市长兴县煤山镇东川村；杭州市三墩镇杜甫村；湖州市安吉县鄣吴镇上街村；湖州市安吉县章village镇郎村；湖州市安吉县高禹镇吴址村；湖州市安吉县石家村；湖州市安吉县山川乡大里村；湖州市安吉县孝丰镇潜渔村；湖州市安吉县鄣吴镇玉华村青坞组（村）；湖州市安吉县报福镇统里寺村；湖州市安吉县溪龙乡凌家村；湖州市安吉县良朋镇西冲村；湖州市安吉县报福镇统里村；湖州市安吉县山川乡高家堂村；金华市磐安县安文镇上葛村。其后的文中均用简称，分别是：滩龙桥村、南石桥村、施家村、东山村、下庄村、石英村、新川村、东川村、杜甫村、上街村、郎村、吴址村、石家村、大里村、潜渔村、青坞村、统里寺村、凌家村、西冲村、统里村、高家堂村、上葛村。这 22 例乡村聚落的基础资料均来源于浙江大学王竹教授的新农村研究团队。

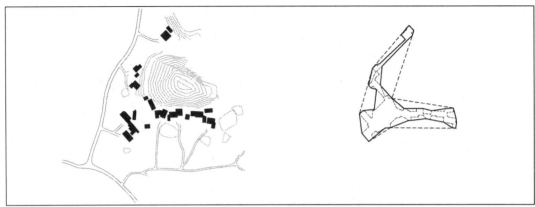

图 2.10   滩龙桥村总平面及其三层边界叠合图

（资料来源：作者自绘）

图 2.11   下庄村总平面及其三层边界叠合图

（资料来源：作者自绘）

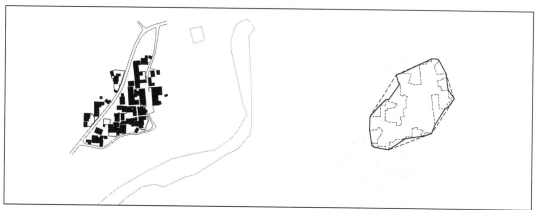

图 2.12　郎村总平面及其三层边界叠合图
（资料来源：作者自绘）

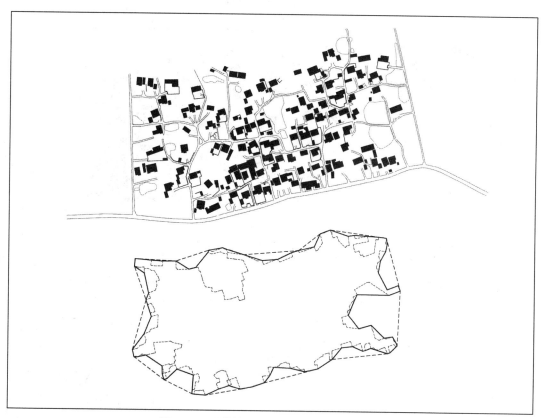

图 2.13　石英村总平面及其三层边界叠合图
（资料来源：作者自绘）

图 2.14   杜甫村总平面及其三层边界叠合图

(资料来源:作者自绘)

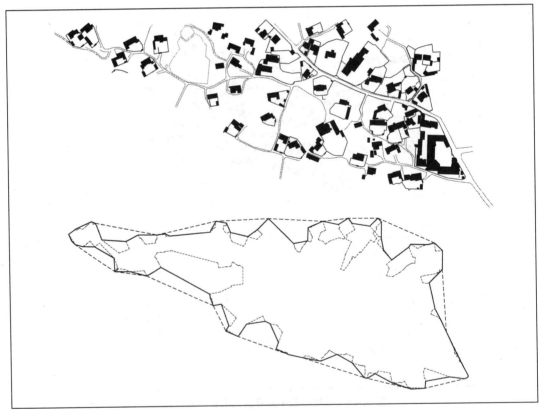

图 2.15   西冲村总平面及其三层边界叠合图

(资料来源:作者自绘)

图 2.16 石家村总平面及其三层边界叠合图

（资料来源：作者自绘）

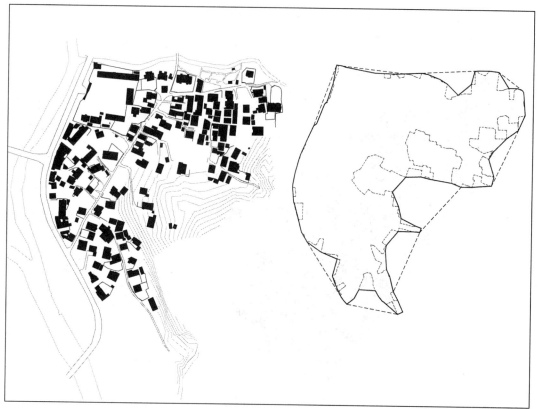

图 2.17 新川村总平面及其三层边界叠合图

（资料来源：作者自绘）

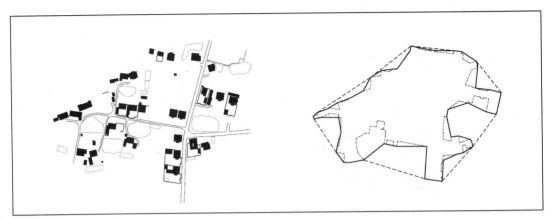

图 2.18 南石桥村总平面及其三层边界叠合图

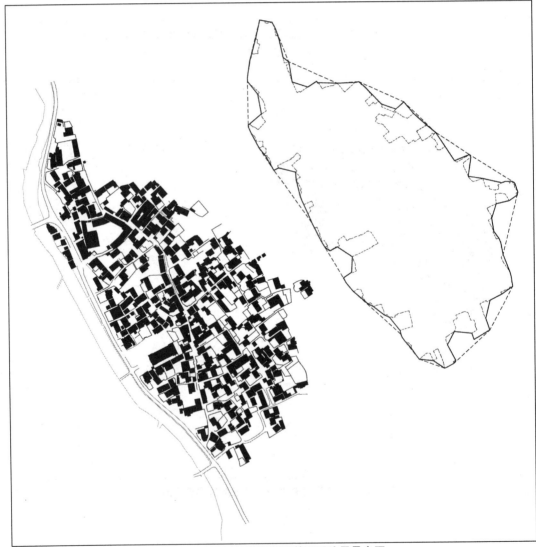

图 2.19 统里村总平面及其三层边界叠合图

（资料来源：作者自绘）

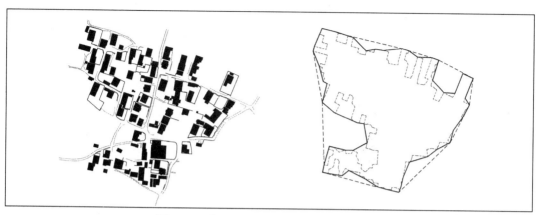

图 2.20 大里村总平面及其三层边界叠合图
(资料来源:作者自绘)

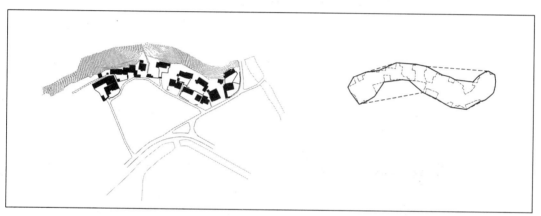

图 2.21 潜渔村总平面及其三层边界叠合图
(资料来源:作者自绘)

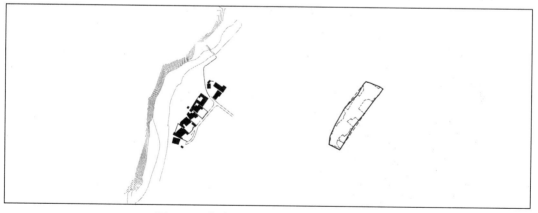

图 2.22 青坞村总平面及其三层边界叠合图
(资料来源:作者自绘)

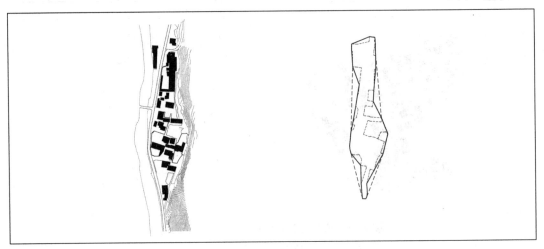

图 2.23 统里寺村总平面及其三层边界叠合图

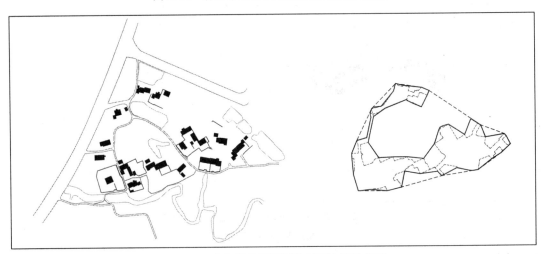

图 2.24 凌家村总平面及其三层边界叠合图

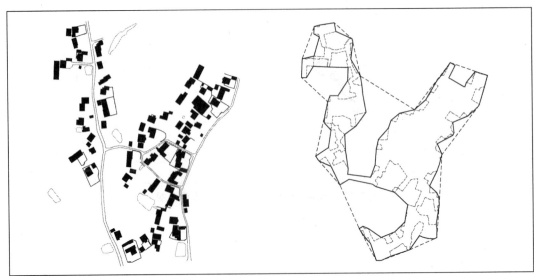

图 2.25 东山村总平面及其三层边界叠合图

（资料来源：作者自绘）

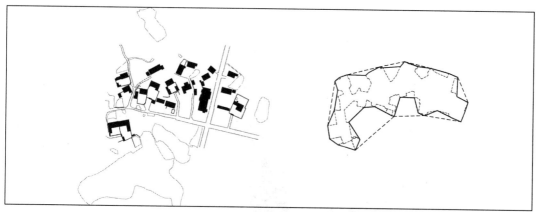

图 2.26　吴址村总平面及其三层边界叠合图

（资料来源:作者自绘）

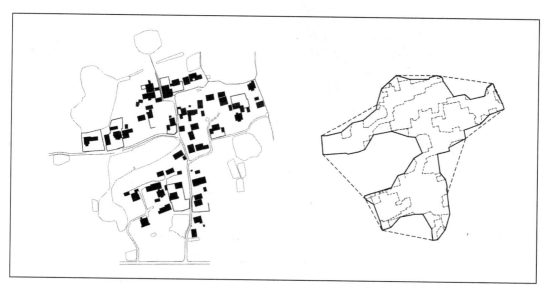

图 2.27　施家村总平面及其三层边界叠合图

（资料来源:作者自绘）

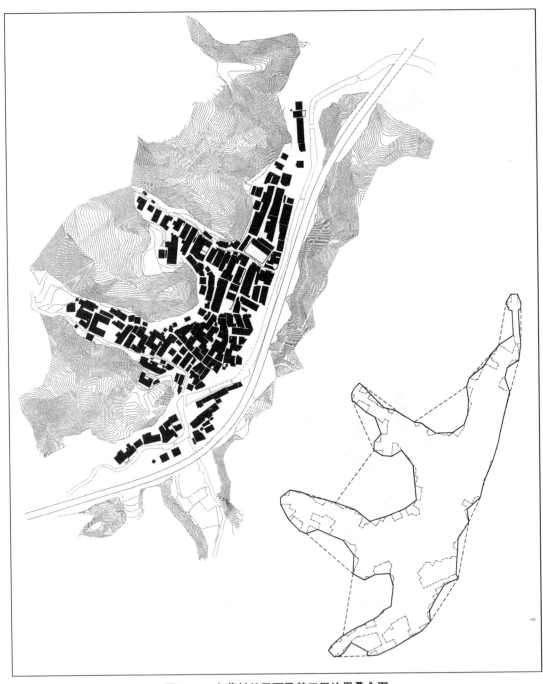

图 2.28   上葛村总平面及其三层边界叠合图

(资料来源:作者自绘)

图 2.29 高家堂村总平面图

(资料来源:作者自绘)

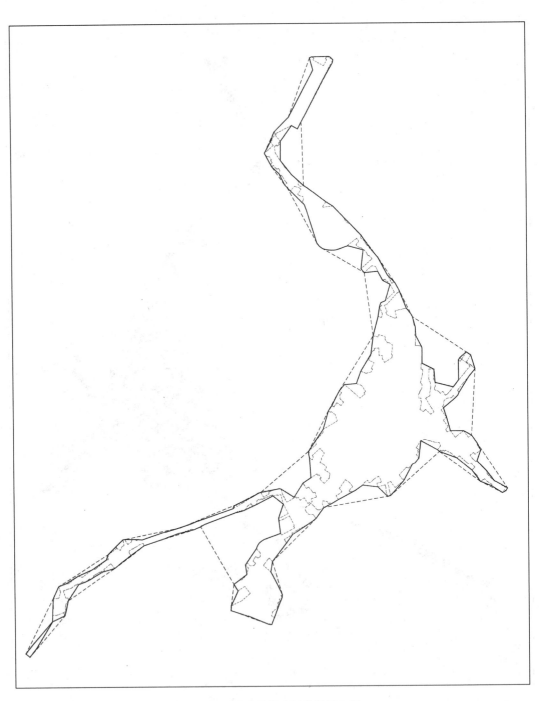

图 2.30   高家堂村三层边界叠合图

(资料来源:作者自绘)

图 2.31 东川村总平面图

（资料来源：作者自绘）

图 2.32　东川村三层边界叠合图

(资料来源:作者自绘)

2.2.2 聚落外边界闭合图形的形态定性分类

根据聚落边界闭合图形的形态特征,可以对聚落进行分类。关于这一分类,前文已略有讨论,在国内学术界众说纷纭①。其中论述相对较多的是区分为集聚型(团状、带状、环状)以及散漫型两大类②。而在道萨迪亚斯的"人类聚居学"的相关论述中,将聚居归结为:圆形、规则线形、不规则线形三类③。

综合以上观点,本书认为道氏的"圆形"可以对应与"团状",意味着该聚落没有一个特别明显的发展轴向;道氏的"线形"亦可对应与"带状",意味着该聚落具有一个明显的发展轴向。而"环状",其实是可以包含在"带状"之中的,其实质为"带状"的一种特殊状态。不管是团状或带状,都是相对比较单纯的聚落形态,实际情况很可能是两者的多样态混合。当某个聚落具有多条发展轴向的时候,也许是一个团状主体与若干个大小长短不一的带状的混合,也许是几个带状的自身混合,将会形成"指状"的聚落形态,也即道氏的"不规则线形"。

因此,根据聚落边界闭合图形的形态特征,本书将其归纳为团状、带状、指状三种类型④。前两种是基本态,第三种是前两种的混合态。

(1)团状聚落

团状聚落的边界闭合图形相对近似于圆形、方形或不规则多边形,长宽比一般不大于1.5,缺乏明确的方向性指向。这是最常见的聚落形式,在地势相对比较平坦的环境中,聚落很容易演变成这种类型。一般而言,其四周具有较为均质的外部环境基质,存在不均衡发展驱动力的可能性较少。

(2)带状聚落

带状聚落的边界形态有且仅有一个方向性外延主导,从而使得边界图形的长宽比大于2;聚落建筑单体通常都是沿着某一个线形要素展开生长,这些线状要素,大部分是具有特定的外在界体的制约或引导:比如,一条比较重要的道路;河流、湖泊等水体的边缘;山体的山脚线与山脊线,或者在山坡上以某一个高程为主的等高线;等等。此外,聚落也有可能通过自身组织起一条线状的街巷交通空间,聚落建筑单体沿着这条主体公共空间聚集与发展,从而使聚落的轮廓呈现出带状特征。

环状聚落是带状聚落的一种比较特殊的形式,通常情况下是聚落沿着一个与其自身尺度较为接近的团状物线形展开,最后可能首尾相接连成一个闭合环状,也可能未相接从而形成半环状。该团状物可以是池塘或者小型山体。闭合环状聚落,也可以看作是中空的团状聚落。

---

① 详见本书"聚落的分类"相关内容。
② 张永辉. 基于旅游地开发的苏南传统乡村聚落景观的评价[D]. 南京:南京农业大学硕士学位论文,2008:36.
③ 吴良镛. 人居环境科学导论[M]. 北京:中国建筑工业出版社,2001:289.
④ 实际上也就是前文"关于国外聚落研究"中所提到的德芒戎(A. Demangeon)把聚落划分成聚集和散布两种形态,进而把法国聚集聚落再细分为线形村庄(linear villages)、团状村庄(squared villages)和星形村庄(star-shaped settlements)。

（3）指状聚落

指状聚落的边界形态具有多个方向性外延主导,如同手指从手掌以不同的方向向外延展。这种类型多为地处山谷之中的聚落,因循山谷的沟壑脉络,在其中自然生长,形成了这种边界呈指状发散的形态特征。平地上也可能出现这种形态的聚落,但一般是由于过大的局部密度差而造成的。

（4）其他非典型形态聚落

尽管对聚落边界闭合图形的形态在理论上进行了明确的类型界定,但实际情况下,存在很多某两种类型的中间状态,从而表现出某种非典型性特征。如同传统绘画,除了工笔与写意这两种最具有代表性的方式之外,也有"兼工带写"这样的中间状态。而传统聚落,也存在着诸如"带有条状(环状)倾向的指状聚落",或者"带有条状倾向性的团状聚落",等等。

2.2.3　聚落外边界闭合图形的形态定量分析

在对聚落边界作了形态生成的设定,并进行了初步的定性分类以后,开始寻求对其进行定量界定的方法。

1）由长宽比（λ）初步筛分

如前文所述,聚落平面形态最基本的即是团状与带状两种,而指状,一方面可以说是两者的混合,另一方面,也可以看作分别是在团状与带状基础上进一步的复杂化,从而形成以团状为主控特征的指状,或者以带状为主控特征的指状。于是,首先便需要在宏观上把团状与带状大致区分出来。而长宽比λ,能够简单而有效地达到这一目的。

长宽比λ,即是聚落边界图形的长轴与短轴的比值,表征着聚落边界图形的狭长程度,也即是带状特征的强烈程度。通常情况下,其长轴与短轴是比较容易确定的,也即是其外接矩形的长宽比(图2.33)。

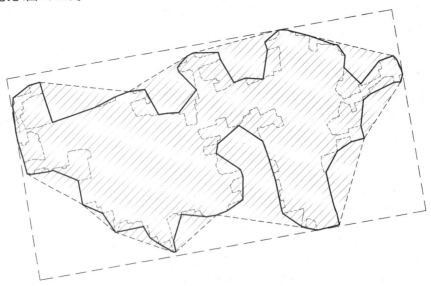

图2.33　下庄村总平面外接矩形

（资料来源：作者自绘）

长宽比 λ 这个数值,在聚落形态中具有较高的灵活性与自由度,也很难具备唯一的准则,对其进行精确而合理的设定,似乎也并不是一件容易的事情,因而会产生一定的歧义性。有时候要综合考虑建筑单体的主导朝向与聚落整体的关系,有时候要考虑尽可能多的边界点处于外接矩形框上,有时候需要寻求外接矩形框在最小面积条件下的比例关系,等等,视具体情况不一而足。

此外,如果聚落形态具有一定的特殊性,比如整体上具有弧度,其长短轴的确定就需要寻求更为合理的方式。如潜渔村所示,这是一个山脚下的小型乡村聚落,整体沿着山脚线蜿蜒展开。前文已经作出了它的大、中、小三层闭合边界线;如果按照普通外接矩形来设定其长宽比,则 $\lambda =$ 3.076 3。(图 2.34)

但是如此设定其长宽比,是否合理呢?前文已经提及,对于判断聚落的整体形态,中边界图形相对较为适中。可以看到在中边界图形之下,聚落呈现蜿蜒的条状,并且各建筑单体的轴向,也大都是沿着这一山体所设定的蜿蜒趋向在逐渐改变方向,排列形成一个柔韧的结构肌理。而聚落边界图形的长轴也应该反应这一典型的肌理特征。以中边界图形为依据,作出其分段折线长轴,然后连接为一条多义线,再适度圆滑;最后通过与该长轴相垂直的短轴,得到一个等宽的弧形框,该等宽弧形框的长宽比即是该聚落边界的长宽比。如此,则 $\lambda = 5.605\ 6$。后者的长宽比明显比前者长,但是对于这个聚落形态而言也更为合理。(图 2.35)

本书设定 $\lambda = 2$ 为临界点,大于 2,则是以带状为主控特征的聚落;小于 1.5,则是以团状为主控特征的聚落;而介于 $1.5 \sim 2$ 之间,则既非典型的团状,也非典型的带状,称之为具有带状倾向的团状聚落。据此对 22 个聚落样本边界图形的长宽比进行设定与计算,并进行初步的筛分,得到聚落边界图形的类型初步筛分表(表 2.1)。

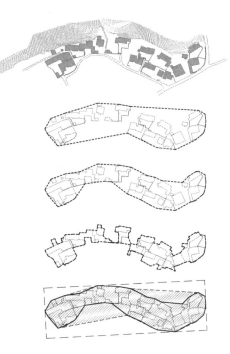

图 2.34 潜渔村的总平面图、三层边界图形及其外接矩形图

(资料来源:作者自绘)

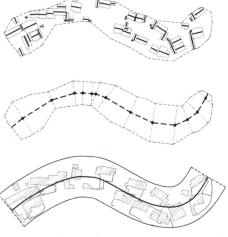

图 2.35 潜渔村的外接弧形图

(资料来源:作者自绘)

表 2.1 22 个聚落边界图形的类型初步筛分表

类型	村名	长轴/m	短轴/m	长宽比 λ
团状	施家村	288.641	254.274 1	1.135 2
	大里村	255.001 8	216.103 8	1.18
	杜甫村	280.304 3	230.870 6	1.214 1
	东山村	364.690 1	290.557 1	1.255 1
	南石桥村	259.269 4	192.813 8	1.344 7
	新川村	420.825 1	301.659	1.395
带状倾向的团状	石家村	261.392 2	155.191 2	1.684 3
	郎村	164.809 8	95.127 6	1.732 5
	石英村	422.266 4	218.465 4	1.932 9
	吴址村	220.973 9	112.976 9	1.955 9
	统里村	582.476 4	293.851 9	1.982 2
	下庄村	411.976 4	206.414 4	1.995 9
带状	上葛村	614.292 1	299.061 2	2.054 1
	上街村	172.674 8	77.149 4	2.238 2
	东川村	1063.414 2	443.512 3	2.397 7
	西冲村	655.491 5	238.377	2.749 8
	青坞村	116.057 1	31.951 6	3.632 3
	滩龙桥村	278.919 4	72.332 6	3.856 1
	统里寺村	243.629	58.993 8	4.129 7
	高家堂村	1323.939 9	298.404 4	4.436 7
	凌家村	402.633 6	78	5.162
	潜渔村	246.646 2	44	5.605 6

（资料来源：作者自绘）

2）由加权形状指数进一步精准量化

（1）形状指数的选择

聚落边界轮廓的闭合图形是一个平面二维形态，对于该几何形态特征的度量，相对比较容易计算，一般都是通过周长、长轴与短轴、面积等基本数据的一些数学转换；但是目前并没有一个普遍接受的方法[1]。因为任何一种数学方法，都难以全面而准确地描绘其平面形态的特征。相关文献中主要提供了以下几种计算方法，其中 P 是周长，A 是面积。

---

[1] 刘灿然，陈灵芝. 北京地区植被景观中斑块形状的指数分析[J]. 生态学报，2000，20(04)：559-567.

① 周长面积比[①]

$$S = \frac{P}{A}$$

该指数对形状的变化其实并不是太敏感,主要能够表征图形的边界效应,也即单位面积中的边界数量。S 随着面积的增大而减小。

② 形状指数

这是一个在景观生态学中得到广泛应用的数学指数(相应,三维形体亦有体形系数的概念),是以紧凑形状(圆、正方形、长方形或者其他正多边形等,视需要而定)的形状指数来作为参照标准的。其中应用最为广泛的是与结构最简单而紧凑的圆形来作为参照,将该图形的周长与等面积圆的周长来比较,得到以图像轮廓周长为基础的圆形度(轮廓比)[②],反映该图形与等面积圆形之间在形状上的偏离程度,也即"形状偏离度"[③]。

设 P 与 A 分别为该图形的周长与面积,则同样以 A 为面积的圆的半径为 $\sqrt{\dfrac{A}{\pi}}$,则该圆周长为 $2\sqrt{\pi A}$,因而形状指数:

$$S = \frac{P}{2\sqrt{\pi A}}$$

该指数 S 最小值为 1,数值越接近于 1,则表示该图形与圆形越接近。数值越大,则形状与圆形相差越大,越复杂越不规则。

也有与正方形来作为参照的,采用该图形的周长与同面积正方形的周长的比值,由此,公式为:[④]

$$S = \frac{P}{4\sqrt{A}}$$

③ 离散度

心理学上采用实验方法研究规则多边形的离散度、图形基边数、显示条件及三因素的交互作用对图形信号认知绩效的影响(图 2.36)。离散度的计算公式如下:[⑤]

$$D = 1 - \frac{2\sqrt{\pi A}}{P}$$

其中,D 为离散度,定义域为 0~1;

其实也就是:

$$D = 1 - \frac{1}{S}$$

其中,S 为形状指数。图形的离散度指数其实是从图形的形状指数中另外衍生出来的一个变量。

① 刘灿然,陈灵芝.北京地区植被景观中斑块形状的指数分析[J].生态学报,2000,20(04):559-567.

② 陆厚根,马魁.用两个形状指数表征粉煤灰颗粒形貌的研究[J].硅酸盐学报,1992,20(04):293-301.

③ 毛亮,李满春,刘永学,等.一种基于面积紧凑度的二维空间形状指数及其应用[J].地理与地理信息科学,2005,21(05):11-14.

④ 邬建国.景观生态学:格局、过程、尺度与等级[M].北京:高等教育出版社,2007:107.

⑤ 曹立人,朱祖祥.规则多边图形的离散度、图基边数及显示条件的交互作用研究[J].心理学报,1996,28(03):290.

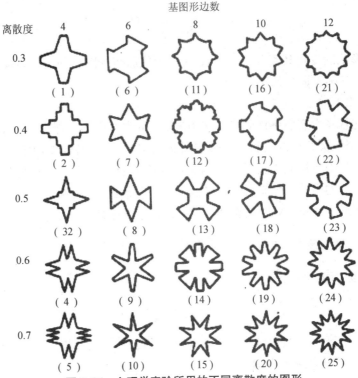

图 2.36 心理学实验所用的不同离散度的图形

（资料来源：曹立人，朱祖详. 规则多边图形的离散度、图基边数及显示条件的交互作用研究[J]. 心理学报，1996,28(03):292.）

④ 二维空间形状指数

有学者指出，前文所提到的一维空间指数，容易产生信息失真，特别是实际应用中需要以非紧凑图形为参照形状时，该一维空间指数将难以满足提取精度的要求。因而提出了一种基于面积紧凑度的二维空间形状指数：①

$$S=\frac{A_P}{A_{min\_ref}}$$

A_P 为该图形的面积；A_{min_ref} 为最小外接参照图形的面积。这个指数反映了该图形相对于其最小外接参照形状的面积紧凑度。

⑤ 分形几何中的分维值：②

$$S=\frac{2\ln P}{\ln A}$$

或

$$S=\frac{\ln A}{\ln\left(\frac{P}{4}\right)}$$

---

① 毛亮，李满春，刘永学，等. 一种基于面积紧凑度的二维空间形状指数及其应用[J]. 地理与地理信息科学，2005，21(05):11-14.

② 刘灿然，陈灵芝. 北京地区植被景观中斑块形状的指数分析[J]. 生态学报，2000，20(04):559-567.

⑥ 小结

上述几个指数中,唯有②中的形状指数(以及以此为基础的离散度)与测量单位无关①,选择这个指数来对聚落边界图形的形状特征进行量化是比较合适的。它可以表征聚落平面形状的饱满度和复杂度。数值越高,边界的凹凸程度就越复杂,形态越琐碎,聚落内部与外部基质之间相互渗透,通常在空间形态上越多样,体验也越丰富;而反之,数值越小,边界的凹凸程度就越简单,形态越平滑,聚落内部与外部基质之间的关系越生硬,通常在空间形态上也越单调。

(2) 形状指数的修正

本书选择了一个以圆为参照的形状指数来继续进行聚落边界图形的量化分析。但是,对于一个二维闭合图形,它越狭长,其形状指数越大;而同时,它的边缘越凹凸,也即越指状化,其形状指数也将变得越大。于是,仅凭前文以圆为参照的形状指数的数值本身,无法判定一个图形的高形状指数是源于其狭长的长宽比还是边界本身的凹凸程度。前文已经通过长宽比 λ 对边界图形作出了团状抑或带状的初步筛分,后续的形状指数,只要能够相对单一地反映出其边界的凹凸状态即可。因而,需要该形状指数能够适当消解掉长宽比 λ 数据的影响。方法是将参照图形由同面积的正圆修正为同面积同长宽比的椭圆,将图形的周长与该参照椭圆的周长来对比②。因为该参照椭圆里也已经包含了长宽比 λ 这一信息,通过比对以后,长宽比 λ 这一数据所带来的影响就被约减过滤掉了,因而新的形状指数就主要反映其边界的凹凸程度,也即指状特征。

设椭圆的面积为 A_0,长半轴为 a,短半轴为 b;则椭圆的面积为:

$$A_0 = \pi ab$$

设椭圆的周长为 P_0;椭圆的周长只有积分式或无限项展开式,没有初等数学表达式,经过查询与比较,本书选取如下的近似简化公式:③

$$P_0 = \pi[1.5(a+b) - \sqrt{ab}]$$

设该图形的面积为 A,周长为 P,长宽比 $\lambda = a/b$,则

$$a = \lambda b$$

$$A_0 = \pi ab = \pi \lambda b^2 = A$$

$$b = \sqrt{\frac{A}{\pi\lambda}} \quad a = \lambda b = \sqrt{\frac{A\lambda}{\pi}}$$

参照椭圆的周长为:

$$P_0 = \pi[1.5(a+b) - \sqrt{ab}] = \pi\left[1.5\left(\sqrt{\frac{\lambda A}{\pi}} + \sqrt{\frac{A}{\pi\lambda}}\right) - \sqrt{\frac{A}{\pi}}\right]$$

$$= \pi\sqrt{\frac{A}{\pi}}\left(1.5\sqrt{\lambda} + 1.5\sqrt{\frac{1}{\lambda}} - 1\right) = \sqrt{\frac{A\pi}{\lambda}}(1.5\lambda - \sqrt{\lambda} + 1.5)$$

① 刘灿然,陈灵芝. 北京地区植被景观中斑块形状的指数分析[J]. 生态学报,2000,20(04):559 - 567.

② 陆厚根,马魁. 用两个形状指数表征粉煤灰颗粒形貌的研究[J]. 硅酸盐学报,1992,20(04):293 - 301.

③ 通过百度搜索,找到四种相对比较简单的椭圆近似公式,另外三个分别是,$P = \pi(a+b)$、$P = 2\pi b + 4(a-b)$、$P = \pi\sqrt{2(a^2+b^2)}$。通过实例验证,文中采用的公式在四者中最为精确。

于是,形状指数为:

$$S=\frac{P}{P_0}=\frac{P}{(1.5\lambda-\sqrt{\lambda}+1.5)}\sqrt{\frac{\lambda}{A\pi}}$$

其中,P 为周长,A 为面积,λ 为长宽比。

表 2.2　南石桥村与统里寺村两种形状指数的数据比较

村　名	南石桥村	统里寺村
面积/m²	27 734.283 0	7 865.395 9
周长/m	982.167 5	540.052 2
长轴/m	290.513 9($a=$111.620 8)	243.629 0($a=$101.746 3)
短轴/m	205.953 5($b=$79.130 1)	58.950 6($b=$24.619 2)
长宽比 λ	1.410 6	4.132 8
圆参照 S_1	1.663 4	1.717 7
椭圆参照 S_2	1.627 2	1.232 5

（资料来源:作者自绘）

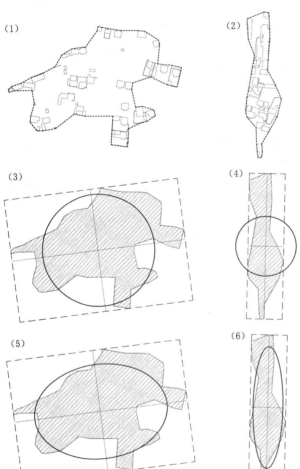

图 2.37　分别以圆与椭圆为参照的形状指数
分析南石桥村与统里寺村

（资料来源:作者自绘）

以南石桥村与统里寺村为例进行验证。如图 2.37 所示,(1) 为南石桥村,(2) 统里寺村;以它们的中边界图为基础,并分别以等面积圆以及与等面积同长宽比椭圆为对照,计算其形状指数 S,得到两组 S 值并汇总(表 2.2)。

在以圆作为参照图形的形状指数 S_1 中,可以看到两者数值相对比较接近,说明总体而言,它们的形状复杂程度是比较接近的。但是从图中的(3)、(4)中可以清晰地看到,南石桥村的指数值 1.663 4 主要来源于图形边缘的凹凸,而统里寺村的指数值 1.717 7 则主要来源于其高达 4.132 8 的长宽比所导致的扁平狭长的体形特征。因而在这里,以圆为参照的形状指数就难以区分上述两种不同的形体特征。

而在图中的(5)、(6)中,以等面积、同长宽比的椭圆来作为参照图形,则能够相对纯粹地反映出边缘的凹凸程度。南石桥村的指数值 1.627 2,明显大于统里寺村的指数值 1.232 5,与图形上的直观表现也较为吻合。

因而,本书选取以等面积、同长宽比椭圆为参照的形状指数公式:

$$S=\frac{P}{(1.5\lambda-\sqrt{\lambda}+1.5)}\sqrt{\frac{\lambda}{A\pi}}$$

作为经由长宽比 λ 的初步区分之后,对边界形态继续进行更为深入的定量分析依据。

(3) 形状指数的加权

前文对每一个乡村聚落分别以 100 m、30 m、7 m 设定了大、中、小三层边界图形。这三个从大到小的图形,层层收缩,使得乡村聚落的边界形态从宏观到中观最后到微观尺度上逐渐清晰和精准起来。虽然说,在这三个边界图形中,中边界相对比较符合乡村聚落的空间尺度,但并非就说其他两个边界就没有意义,其意义就在于,在这三层推进和收缩的过程中,它们形态特征之间的变化关系。一般而言,小边界将延续中边界的主导特征,并且将之推演得更琐碎化;但大边界与中边界之间,却可能会存在一定的差异。通常出现的情况是,大边界的形态比较接近于团状或条状,但是到了中边界,其指状特征才得以显现出来。因而本书希望通过这三个指数的加权平均来获得一个综合性的指数。如果三个指数都比较高,或者都比较低,则加权以后它们还将各自保持高或者低的状态,意味着它们在各层尺度上都显示出了这一明确的形态特征;而大边界与中边界存在形态差异时,则通过加权的数据修正,会使数据在总体上从中边界指数的位置适度降低。

很显然,大边界的 S 值较小,中边界的 S 中等,而小边界的 S 值最大。本书统计了 22 个乡村聚落样本,大边界的平均值为 $S_{大}=1.169\,5$,中边界的平均值 $S_{中}=1.638\,5$,小边界的平均值 $S_{小}=2.919\,9$。因而,如果直接采用这些原始数据进行平均,由于 $S_{小}$ 明显大于 $S_{大}$,将使得 $S_{小}$ 的权重过大,$S_{大}$ 的权重过小。因而本书将它们统一转换到中边界的数据尺度再求均值。由于 $S_{中}/S_{小}=0.561\,1$,$S_{中}/S_{大}=1.401\,0$;于是通过 $S_{大}\times1.401\,0$,$S_{小}\times0.561\,1$,使两者便都转换到中边界的数值尺度。由于中边界相对比较符合乡村聚落的空间尺度,因而本书设定在这三个数值中,还是以 $S_{中}$ 为主,其他两个指数只是对其提出适度修正。分别以 25%、50%、25% 的加权求大、中、小边界图形形状指数的平均值,最后作为这个边界图形的加权平均指数。

于是,本书设定的边界图形的加权平均指数公式如下:

$$S_{权均}=S_{大}\times1.401\,0\times0.25+S_{中}\times0.5+S_{小}\times0.561\,1\times0.25$$

对前文整理的 22 个聚落样本的三层边界闭合图形计算其形状指数并汇总(表 2.3)。由于在任何正态分布中,68—95—99.7 规则近似成立(图 2.38),也即大约有 68% 的数据,落在距平均值一个标准差的范围内[①],均值 $\mu=1.648\,4$,标准差 $\sigma=0.448\,1$,$\mu-\sigma=1.200\,3$,$\mu+\sigma=2.096\,5$。将中间的这部分 68% 的数据区间,1.200 3~2.096 5 定义为中形状指数数据区间;并以此为界,0~1.200 3 定义为低形状指数数据区间,2.096 5 以上定义为高形状

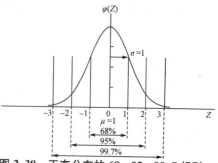

图 2.38 正态分布的 68—95—99.7 规则

(资料来源:柯惠新,沈浩. 调查研究中的统计分析法[M]. 北京:中国传媒大学出版社,2005:71.)

---

① 柯惠新,沈浩. 调查研究中的统计分析法[M]. 北京:中国传媒大学出版社,2005:71.

指数数据区间。

以加权平均指数 $S_{权均}$ 的升序排列数组,构建各级形状指数的变化关系图(图 2.39)。图中表明三层形状指数 $S_大$、$S_中$、$S_小$,平均形状指数 $S_均$,与加权形状指数 $S_{权均}$ 呈现显著的正相关性。

表 2.3 22 个聚落的边界形状指数统计表

村名	长宽比 λ	大边界指数 $S_大$	中边界指数 $S_中$	小边界指数 $S_小$	平均指数 $S_均$	加权平均指数 $S_{权均}$
潜渔村	5.605 6	0.891 5	1.091 6	1.927 1	1.303 4	1.128 4
青坞村	3.632 3	1.038 5	1.070 7	1.755 8	1.288 3	1.145 4
上街村	2.238 2	1.048 8	1.154 1	1.705 4	1.302 8	1.183 6
郎村	1.732 5	1.026 2	1.102 2	2.637 1	1.588 5	1.280 4
统里寺村	4.129 7	1.102 7	1.232 9	2.003 4	1.446 3	1.283 7
石家村	1.684 3	1.068 4	1.263 3	2.232 6	1.521 4	1.319
统里村	1.982 2	1.125 5	1.377 3	2.280 4	1.594 4	1.402 7
凌家村	5.162	0.745 6	1.541 3	2.64 5	1.644	1.402 8
石英村	1.932 9	1.095 4	1.447 8	2.698 7	1.747 3	1.486 1
西冲村	2.749 8	1.153 9	1.484 5	2.439 1	1.692 5	1.488 5
南石桥村	1.344 7	1.077 1	1.636 4	2.337	1.683 5	1.523 3
大里村	1.18	1.098 4	1.517 8	2.908 6	1.841 6	1.551 6
吴址村	1.955 9	1.139 7	1.552 2	2.803 5	1.831 8	1.568 5
杜甫村	1.214 1	1.097 2	1.592 1	2.785 4	1.824 9	1.571 1
新川村	1.395	1.158 7	1.507	2.964 2	1.876 6	1.575 1
滩龙桥村	3.856 1	1.225 7	1.828 1	2.805 3	1.953	1.736 9
下庄村	1.995 9	1.115 7	1.844 4	3.539 4	2.166 5	1.809 5
上葛村	2.054 1	1.500 4	2.228	3.656 9	2.461 8	2.152 5
施家村	1.135 2	1.176 2	2.024 4	5.210 3	2.803 6	2.155
东川村	2.397 7	1.608	2.196 4	3.682 1	2.495 5	2.177 9
东山村	1.255 1	1.407 3	2.731 5	5.243 5	3.127 4	2.594 2
高家堂村	4.436 7	1.986	2.834 9	4.384 2	3.068 4	2.728
均值	2.503 2	1.176 7	1.648 1	2.938 4	1.921 1	1.648 4

(资料来源:作者自绘)

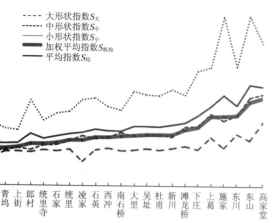
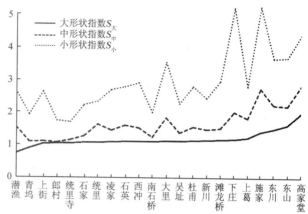

图 2.39　各级形状指数的变化关系图

（资料来源：作者自绘）

图 2.40　三层形状指数的变化关系图

（资料来源：作者自绘）

在以上几组数据关系中，$S_小$ 与 $S_均$、$S_权均$ 与 $S_中$、$S_权均$ 与 $S_均$ 这三组数据各自的相关程度较高。原因在于 $S_小$ 的数值普遍相对较高，$S_均$ 受 $S_小$ 的直接影响较大，因而 $S_均$ 与 $S_小$ 的相关性较高。在 $S_权均$ 的计算公式中，$S_中$ 的权重较高，也就是说 $S_权均$ 是一个以 $S_中$ 为核心，辅以 $S_大$、$S_小$ 的一个统计数据，因而 $S_权均$ 与 $S_中$ 相关性较高。$S_权均$ 与 $S_均$，它们都是关于 $S_大$、$S_中$、$S_小$ 的综合性指数，各聚落大致上保持了较为接近的位序关系，无非具体的计算有一些细部差异从而导致了一些局部位序修正。

$S_大$、$S_中$、$S_小$ 三组数据相互之间的相关性，没有上述三组数据关系的相关性高。以升序排列数组，构建三层形状指数的变化关系图（图 2.40）。

可以看到，三者之间大致上呈正相关性。从 $S_大$ 开始，到 $S_中$、$S_小$，数据的紊乱程度越来越高。意味着当虚边界尺度减小以后，聚落边缘的随机性与复杂性特质越来越有所显现。$S_中$ 与 $S_小$ 在变化趋势上联动性要高于 $S_大$，意味着 $S_中$ 与 $S_小$ 的相关性要高于 $S_大$。大边界形态特征是最为模糊而不明确的，中边界形态特征相对较为明确，因而从大边界到中边界之间的位序差异就可能较大。比如下庄村（图 2.11），大边界之下的形态，基本上是略带有条状倾向的团状，但是到了中边界层面，则呈现出相对比较明确的指状特征来。杜甫村（图 2.14）和南石桥村（图 2.18）也有类似现象。值得注意的是凌家村（图 2.24），偏差幅度最大，大边界的形状是团状，但是在中边界层面，则是半围合的带状。而从中边界到小边界，紊乱度略有下降，这是因为在一般情况下，中边界形态已经相对精准，小边界只是进一步的细致深入，而不会有太大的变动导致不同边界形态类型。

将三层形状指数 $S_大$、$S_中$、$S_小$，平均指数 $S_均$ 以及加权指数 $S_权均$ 的数据各自进行升序排列，得到各数组的位序图。然后再将每一个聚落在位序上的对应点通过联系线连接起来。位序直接对应的以粗实线表示，位序差异越大，则线越细越虚；从而对这些具有不同层级指数的聚落位序关系进行纵向比较，形成了 22 个聚落边界图形的形状指数位序关系纵向比较图（图 2.41）。

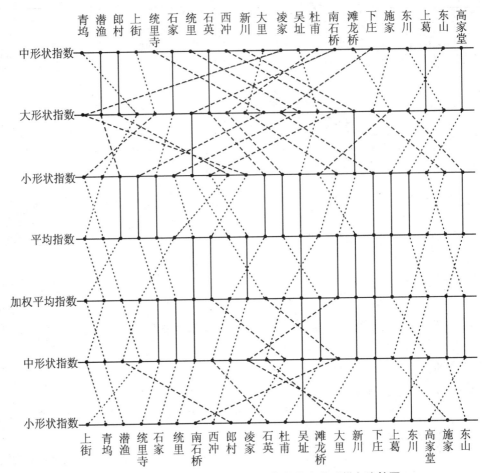

图 2.41   22 个聚落边界图形的形状指数位序关系纵向比较图

(资料来源：作者自绘)

从大边界到中边界再到小边界，边界图形越来越复杂越来越琐碎，从形状指数的数据而言，$S_小$ 大于 $S_中$，$S_中$ 大于 $S_大$。理想状况之下，每一个聚落的边界形状指数在不同纵向层级之间按特定层间比例涨落的同时，在横向的位序关系上也能够保持各自一贯的位置。但是在图 2.41 中看到，边界的实际变化情况比较复杂，上下位序之间具有一定的偏差，使得联系线表现出一定的紊乱性。

其左右两端部分的聚落边界闭合图形指数的上下位序关系都相对比较秩序化，因而它们在形态特征上比较典型。而处于中间部分的聚落则表现得相对紊乱，这是因为通过某种统计的手法，总是倾向于将比较典型的数据离析出来。在前文的相关设定中，形状指数越小的图形越简单光滑，而反之，形状指数越大则图形越复杂凹凸。如果三层图形的指数都比较简单光滑，则可以认为这是一个全方位简单光滑的图形，相应它的平均指数或者加权指数都必然是比较小的。如果三层图形都比较复杂凹凸，则可以认为这是一个全方位凹凸复杂的图形，相应它的平均指数或者加权指数也必然是较大的。于是，最简单光滑和最凹凸复杂的图形被离析出来，排列于数据链的左右两端。而其他的一些聚落在不同层面具有不同的形态特征，使得上下位序关系发生较大的偏差与改变，最后计算平均或者加权平均指数的时候,一部分典型性特征数据必然被消耗掉,使得它们最后落入中间部分相对中庸的数值区间。

按照计算与统计结果,比较明显呈指状的五个乡村聚落,上葛村、东川村、施家村、高家堂村以及东山村,由于三层边界图形均呈现较为明显的指状特征,因而指数数值均较高,均集中于数据链的右侧,导致最后的加权平均指数数值也相对较高。而下庄村,由于大边界图形只是呈现团状特征,指状特征是在中边界才开始显露出来的,因而它并非典型的指状聚落;而从指数数值上来看,由于大边界指数相对较低,也降低了最后的加权指数,从而位列第六。

在前文的计算中,高、中加权形状指数的数据分界为 2.096 5;而在样本实例中,从下庄村(1.809 5)到上葛村(2.152 5)也显示了指状特征从不明确到明确的变化;综上所述,同时为了简化数据识别,本书界定形状指数 $S=2$,作为指状特征的数据标记。

3)聚落外边界闭合图形的定量分类

于是,通过对聚落边界闭合图形的长宽比 λ 及形状指数 S 的数据综合比较,可以对聚落形态的分类进行量化界定。其方法是,先通过加权形状指数 S 值来判断是否为指状聚落,如果不是,再通过 λ 值来区分团状、带状以及具有带状倾向的团状聚落。通过前文的 22 个聚落样本来举例说明:

当 $S \geqslant 2$ 时,为指状聚落。其中,当 $\lambda < 1.5$ 时,为具有团状倾向的指状聚落,如施家村、东山村;当 $\lambda \geqslant 2$ 时,为具有带状倾向的指状聚落,如上葛村、东川村、高家堂村。当 $1.5 \leqslant \lambda < 2$ 时,为无明确倾向性的指状聚落。

当 $S < 2$、$\lambda < 1.5$ 时,为团状聚落,如大里村、杜甫村、南石桥村、新川村。

当 $S < 2$、$1.5 \leqslant \lambda < 2$ 时,为具有带状倾向的团状聚落,如石家村、郎村、石英村、吴址村、统里村、下庄村。

当 $S < 2$、$\lambda \geqslant 2$ 时,为带状聚落,如上街村、西冲村、青坞村、滩龙桥村、统里寺村、凌家村、潜渔村。

进而归纳列表如下:

表 2.4　基于 λ 与加权形状指数 S 值的聚落形态分类表

S 值	λ 值	聚落类型	实　　例
$S \geqslant 2$	$\lambda < 1.5$	团状倾向的指状聚落	施家村、东山村
	$1.5 \leqslant \lambda < 2$	无明确倾向性的指状聚落	
	$\lambda \geqslant 2$	带状倾向的指状聚落	上葛村、东川村、高家堂村
$S < 2$	$\lambda < 1.5$	团状聚落	大里村、杜甫村、南石桥村、新川村
	$1.5 \leqslant \lambda < 2$	带状倾向的团状聚落	石家村、郎村、石英村、吴址村、统里村、下庄村
	$\lambda \geqslant 2$	带状聚落	上街村、西冲村、青坞村、滩龙桥村、统里寺村、凌家村、潜渔村

(资料来源:作者自绘)

2.3　聚落外边界闭合图形的空间分析

以上章节借鉴了广泛运用于景观生态学或材料学上的形状指数概念,对聚落的边界形态进行了量化分析。此外,聚落边界形态还体现着聚落边缘空间的开敞、封闭以及围合变化;以下章节继续对这一聚落边界图形进行空间分析。

2.3.1　外边界闭合图形的密实度

聚落的边界由作为建筑单体外缘的实体部分与实体之间的空隙部分连接而成。具体而言,聚落外边界的闭合图形,由建筑单体外边界所界定的实线以及建筑单体之间的空间所抽象出的虚边界线共同连接而成的一条虚实相间的线段。边界图形的虚实比例关系,反映着聚落边界的闭合程度。建筑单体之间的距离较近,也即虚空的部分较少时,该聚落边界的闭合程度就比较高,反映在边界图形上,也就是实线所占据整个图形周长的比例较高;而反之亦然。

将实线占整个该边界图形周长的百分比定义为该边界图形的密实度,用 W 表示,反映着建筑单体在边界上聚集的密度。基于前文分别以 100 m、30 m 以及 7 m 的虚边界尺度来设定的聚落大、中、小三层边界,可以非常直观地推断出,一个聚落的大边界密实度要小于中边界密实度,继而再小于小边界密实度。

对大里村的边界图形进行统计。将三层边界图形分开,然后将虚边界用虚线表示,建筑单体产生的边界用实线表示,分别统计它们的长度之和,计算该边界图形的密实度(图 2.42):

$$W_大 = 12.40\%, W_中 = 28.00\%, W_小 = 80.70\%。$$

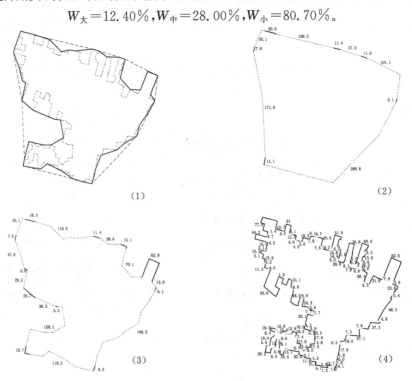

图 2.42　大里村各层边界的密实度统计

(资料来源:作者自绘)

这三个密实度的平均值为 $W_{均}＝40.37\%$。但是,采用三个不同虚边界尺度之下的密实度的简单平均值来表征这个聚落边界的疏密情况并不合理。可以直观地发觉,以 7 m 的小边界尺度为主来判断聚落边界的疏密相对合理,这是基于人的现实体验,7 m 尺度下人对空间疏密的感知更为清晰而准确;30 m 次之,而 100 m 的尺度下,则已经勉为其难。因而,本书采用1:2:3的比例加权大、中、小三种虚边界尺度下的边界图形的密实度,其实质也就是以小边界图形的密实度为主,综合采用其他两个数值进行局部修正。于是,得到聚落边界的加权密实度的计算公式:

$$W_{权均}＝W_{大}\times0.16＋W_{中}\times0.34＋W_{小}\times0.5$$

据此,对 22 个聚落样本的边界密实度进行计算统计,如表 2.5 所示:

表 2.5　22 个聚落的边界密实度统计

村名	大边界密实度 $W_{大}$/%	中边界密实度 $W_{中}$/%	小边界密实度 $W_{小}$/%	平均密实度 $W_{均}$/%	加权平均密实度 $W_{权均}$/%
滩龙桥村	6.90	20.80	63.80	30.50	40.08
石英村	13.30	22.70	69.10	35.03	44.40
南石桥村	11.30	30.80	67.90	36.67	46.23
下庄村	7.50	27.10	73.90	36.17	47.36
郎村	9.80	21.40	77.30	36.17	47.49
凌家村	18.90	26.40	71.20	38.83	47.60
吴址村	13.40	28.00	76.00	39.13	49.66
施家村	8.30	35.50	73.80	39.20	50.30
统里寺村	16.70	28.70	78.20	41.20	51.53
东川村	13.50	33.50	76.40	41.13	51.75
大里村	12.40	28.00	80.70	40.37	51.85
东山村	17.50	35.80	75.40	42.90	52.67
上葛村	20.60	33.50	76.20	43.43	52.79
青坞村	21.20	26.20	83.80	43.73	54.20
新川村	18.30	41.90	74.20	44.80	54.27
高家堂村	16.50	43.50	74.20	44.73	54.53
统里村	13.50	36.30	81.80	43.87	55.40
西冲村	14.00	41.10	78.50	44.53	55.46
潜渔村	24.00	35.00	81.00	46.67	56.24
上街村	31.30	36.30	79.70	49.10	57.20
石家村	33.80	40.60	81.50	51.97	59.96
杜甫村	22.50	43.90	83.60	50.00	60.33
均值	16.60	32.59	76.28	41.82	51.88

(资料来源:作者自绘)

从以上统计表中可以看到:大边界密实度 $W_{大}$ 在以 16.60% 为均值的 6.90%～33.80% 数据区间内;中边界密实度 $W_{中}$ 在以 32.59% 为均值的 20.80%～43.90% 数值区间内;小边界密实度 $W_{小}$ 在以 76.28% 为均值的 63.80%～83.80% 数值区间内。三者大致形成倍数关系。而加权平均密实度 $W_{权均}$ 在以 51.88％为均值的 40.08％—60.33％区间内。加权以后，滩龙桥村的边界密实度最低，为 40.08％；杜甫村的边界密实度最高，为 60.33％。从下面两张图中非常直观地看出这两个乡村聚落在边界密实度上的显著差异(图 2.43,图 2.44)。

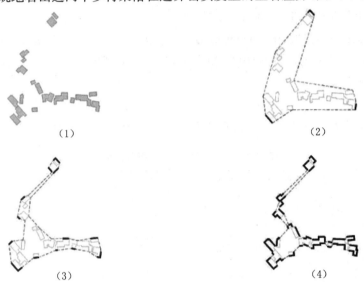

（1）   （2）

（3）   （4）

图 2.43   滩龙桥村各层边界的密实度示意图

（资料来源：作者自绘）

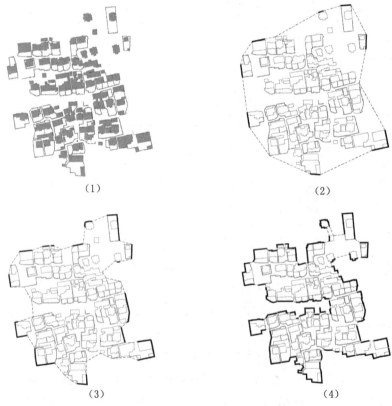

（1）   （2）

（3）   （4）

图 2.44   杜甫村各层边界的密实度示意图

（资料来源：作者自绘）

以 $W_{权均}$ 的升序排列数组,构建各层边界的密实度变化关系图(图 2.45)。其他各项密实度指数与 $W_{权均}$ 表现出正相关。由于采用 1:2:3 的比例加权大、中、小三种虚边界尺度下的边界图形的密实度,因而在数据关系上,$W_{权均}$ 与 $W_{大}$、$W_{中}$、$W_{小}$、$W_{均}$ 的相关程度依次增强。

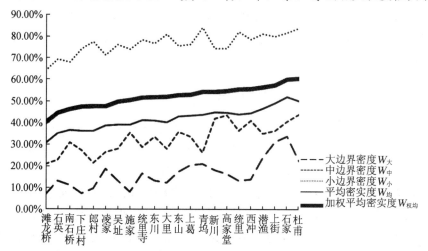

图 2.45 各层边界的密实度变化关系图

(资料来源:作者自绘)

对各列数据进行排序,得到 22 个乡村聚落的各层边界密实度位序关系纵向比较图(图 2.46)。可以看到:

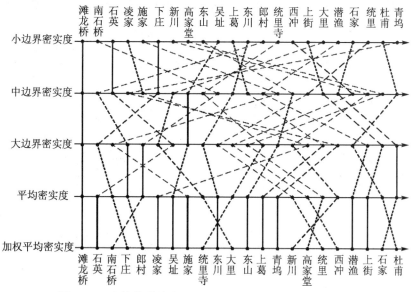

图 2.46 22 个聚落的各层边界密实度位序关系纵向比较图

(资料来源:作者自绘)

(1) 各层之间的边界密实度位序关系的纵向相关度,较之前文的各层形状指数位序关系的纵向相关度(图 2.41)而言相对较低。表明在自然乡村聚落里面,边界上的这种疏密变化,是比较随机而紊乱的。

（2）相对而言,位于两端最大与最小密实度区间的乡村聚落,其位序关系相对比较稳定,因而在各层密实度关系上相对显得较为典型;而处于密实度中间数据区间的乡村聚落,其位序关系变化相对较大,因而在各层密实度关系上显得不太典型。

（3）小、中、大边界密实度以及平均密实度与加权平均密实度,关联性显得越来越强。也即是说,中、小边界的密实度之间,要比大、中边界之间密实度的关联性更大;加权密实度与平均密实度的关联性最强。

2.3.2　外边界闭合图形的边缘空间平均宽度

给聚落设定的大、中、小三条边界闭合图形,相互之间在聚落边界附近围合出了两部分空间。以大里村为例来说明(图 2.47),图中(1)为三层边界,图中(2)为其两两之间形成的两部分聚落边缘空间。其中,大边界与中边界所界定的边缘空间,外向开口的虚边界尺度为100 m,因而围合度相对较弱;实际上这部分空间属于聚落外部空间,但是它们被聚落的边界形成了半围合的限定,是外部空间中比较靠近聚落边缘的空间,称之为聚落外部空间中的边缘空间,简称为外缘空间。中边界与小边界所界定的边缘空间,外向开口的虚边界尺度为30 m,相对而言,围合度稍强,较之前面外层边缘空间的离散性而言,具有一定的内聚性;其实质,这部分空间是属于聚落内部的,是聚落内部空间中靠近聚落边缘的部分,称之为聚落内部空间中的边缘空间,简称为内缘空间。通过这三层边界,将聚落边缘空间进行了界定,区分出了尺度的大小,并且将与聚落相关的空间划分出了四个内外层次:聚落外部环境空间、聚落外部边缘空间(外缘空间)、聚落内部边缘空间(内缘空间)、聚落内部空间。

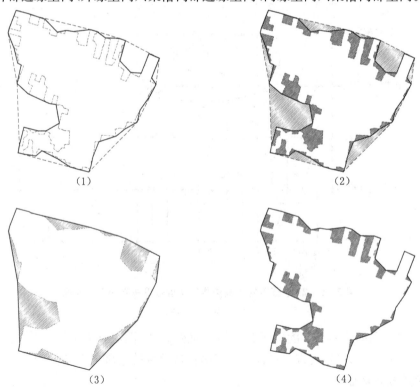

（1）　　　　　　　　　　　　　　　（2）

（3）　　　　　　　　　　　　　　　（4）

图 2.47　大里村的聚落边缘空间示意图

（资料来源:作者自绘）

随着聚落向外扩展,处于边缘的建筑单体将逐渐转化至聚落内部,而这部分边缘空间也将动态地达成向聚落内部空间的转换。聚落边缘空间的大小与多少,意味着处于边缘的聚落单体相互之间在空间上凝聚力的大小,也即体现着边界在空间上的离散程度。如果聚落大边界与小边界接近重合,也就是聚落边缘空间基本不存在或很少,则意味着该聚落边界在空间上显得比较紧凑密实;反之,则比较离散。

对于聚落边缘空间具有两种量化解读方式:

第一种解读,从图2.47(3)中可以形象地认为,聚落外缘空间是附着于大边界闭合图形上的大尺度边缘空间;同样在图(4)中,聚落内缘空间是附着于中边界闭合图形上的中等尺度边缘空间。可以通过各层边缘空间的面积与该层的边界闭合图形的长度比值,来粗略估算该层边界下边缘空间的平均宽度,借此来反映该聚落边界上边缘空间的丰富性。

于是,设定聚落外缘空间的平均宽度值:

$$L_{外}=\frac{A_{外}}{P_{大}}$$

其中,$A_{外}$ 为外缘空间的面积,$P_{大}$ 为大边界的周长。

内缘空间的平均宽度值:

$$L_{内}=\frac{A_{内}}{P_{中}}$$

其中,$A_{内}$ 为内缘空间的面积,$P_{中}$ 为中边界的周长。

第二种解读,从图2.47(2)中,可以形象地认为,外缘空间与内缘空间分别附着于中边界闭合图形的两侧,这部分由大边界与小边界所围合出来的总边缘空间被中边界图形切分,可以粗略地通过这部分总边缘空间的面积与这条中边界长度的比值,来表征以这条中边界线为观察对象所具有的聚落总边缘空间的平均宽度。于是,设定聚落总边缘空间的平均宽度值:

$$L_{总}=\frac{A_{外}+A_{内}}{P_{中}}$$

其中,$A_{外}$ 为外缘空间的面积,$A_{内}$ 为内缘空间的面积,$P_{中}$ 为中边界的周长。

对22个聚落样本的边缘空间进行计算与统计,如表2.6所示。

表2.6　22个聚落的边缘空间平均宽度表

村名	外缘空间的面积 $A_{外}$/m²	大边界周长 $P_{大}$/m	外缘空间平均宽度 $L_{外}$/m	内缘空间的面积 $A_{内}$/m²	中边界周长 $P_{中}$/m	内缘空间平均宽度 $L_{内}$/m	总边缘空间的平均宽度 $L_{总}$/m
滩龙桥村	4 378	585	7.483 8	1 866	651	2.866 4	9.591 4
石英村	11 072	1 159	9.553 1	11 620	1 416	8.206 2	16.025
南石桥村	9 612	750	12.816	4 085	982	4.159 9	13.948
下庄村	15 336	1 056	14.522 7	9 884	1 506	6.563 1	16.746
郎村	952	414	2.299 5	3 533	426	8.293 4	10.528
凌家村	11 351	641	17.708 3	4 411	979	4.505 6	16.1
吴址村	4 158	584	7.119 9	3 889	696	5.587 6	11.562
施家村	14 217	844	16.84 48	11 457	1 172	9.775 6	21.906

续表 2.6

村名	外缘空间的面积 $A_{外}$/m²	大边界周长 $P_{大}$/m	外缘空间平均宽度 $L_{外}$/m	内缘空间的面积 $A_{内}$/m²	中边界周长 $P_{中}$/m	内缘空间平均宽度 $L_{内}$/m	总边缘空间的平均宽度 $L_{总}$/m
统里寺村	1 570	529	2.967 9	2 256	540	4.177 8	7.085 2
东川村	33 495	2 946	11.369 7	20 666	3 678	5.618 8	14.726
大里村	7 701	801	9.614 2	6 132	1 000	6.132	13.833
东山村	18 912	1 139	16.604	10 233	1 755	5.830 8	16.607
上葛村	22 839	1 662	13.741 9	10 426	2 091	4.986 1	15.909
青坞村	163	272	0.599 3	893	273	3.271 1	3.868 1
新川村	13 045	1 212	10.763 2	13 414	1 448	9.263 8	18.273
高家堂村	30 842	3 195	9.653 2	13 437	3 792	3.543 5	11.677
统里村	11 239	1 455	7.724 4	10 306	1 689	6.101 8	12.756
西冲村	14 759	1 488	9.918 7	13 176	1 755	7.507 7	15.917
潜渔村	2 717	523	5.195	2 331	554	4.207 6	9.111 9
上街村	1 085	410	2.646 3	1 482	425	3.487 1	6.04
石家村	3 820	645	5.922 5	4 562	705	6.470 9	11.889
杜甫村	10 757	890	12.086 5	6 815	1 149	5.931 2	15.293
均值	11 092	1 054.5	9.416 1	7 585.2	1 303.7	5.749 5	13.154

（资料来源：作者自绘）

通过对上表数据的分析可以看到：外缘空间的平均宽度 $L_{外}$ 在以 9.416 1 m 为均值的 0.599 3～17.708 3 m 的数值区间内；内缘空间的平均宽度 $L_{内}$ 在以 5.749 5 m 为均值的 2.866 4～9.775 6 m 的数值区间内；总边缘空间的平均宽度 $L_{总}$ 在以 13.154 为均值的 3.868 1～21.906 m 的数值区间内。以 $L_{总}$ 的升序排列数组，构建聚落各级边缘空间的平均宽度变化关系图（图 2.48），可以看到：

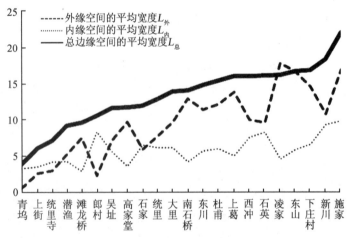

图 2.48　聚落各级边缘空间的平均宽度变化关系图

（资料来源：作者自绘）

（1）外缘空间与内缘空间的平均宽度，能够相对更为精确地表达出该聚落边界的空间状态，与总边缘空间的平均宽度表现出正相关性。后者是一个相对粗糙但综合了前两者的指数。

（2）由于通常是外缘空间的数值相对较大，因而在总边缘空间的平均宽度指数中所占的份额也相对较大，所以总边缘空间平均宽度与外缘空间平均宽度的相关性，要较之与内缘空间平均宽度的相关性大。

对各列数据进行排序，构建边缘空间平均宽度的位序关系纵向比较图（图 2.49），可以看到：

（1）相对而言，位于两端最大与最小数据区间的乡村聚落，其位序关系相对比较稳定，因而在各层边缘空间平均宽度的形态特征上相对显得较为典型；而处于中间数据区间的乡村聚落，其位序关系变化相对较大，因而在各层边缘空间平均宽度的形态特征上显得不太典型。

（2）从这一位序关系图上也可以看出，总边缘空间平均宽度与外缘空间平均宽度的位序关系，要较之与内缘空间平均宽度的位序关系有序很多，也即相关性更强。这与图 2.48 中数据分析中的结论是一致的。

在 22 个乡村聚落样本中，总边缘空间平均宽度最大的施家村为 21.906 m，最小的青坞村为 3.868 1 m。在图 2.50 中可以看出，（1）、（3）为青坞村的总图与边缘空间图，（2）、（4）为施家村的总图与边缘空间图，两者在聚落边缘空间平均宽度数值上的差距源于两点，其一是青坞村的建筑单体之间比较紧凑，凹陷的小尺度边缘空间较少；其二在于青坞村的建筑单体之间的排列比较平直整齐，从而导致大边界缺少曲折，大尺度的边缘空间较少。两者之间在上述两点的显著差异导致了边缘空间的平均宽度在数值上的较大落差。

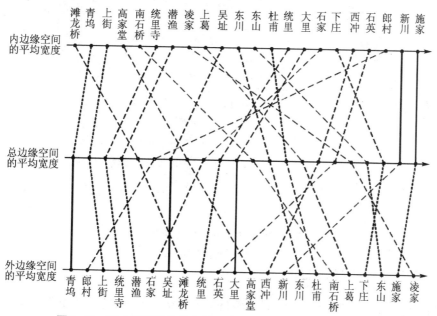

图 2.49　22 个聚落的边缘空间平均宽度的位序关系纵向比较图

（资料来源：作者自绘）

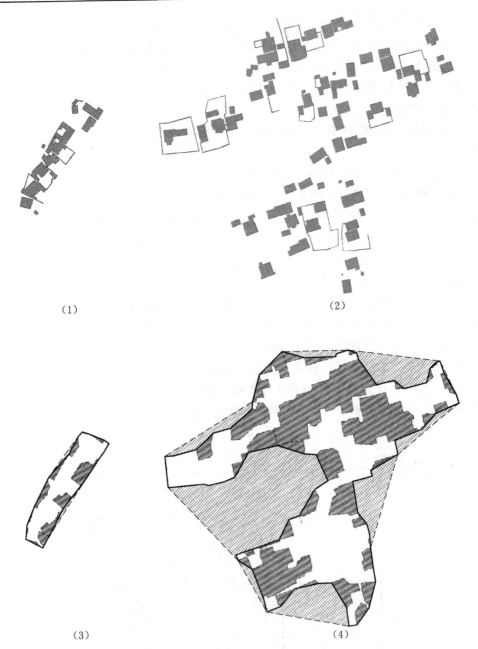

（1）

（2）

（3）

（4）

图 2.50　青坞村与施家村的边缘空间示意图

（资料来源：作者自绘）

2.3.3　外边界闭合图形的离散度

乡村聚落的边缘空间，是位于聚落边缘的建筑单体之间组合所形成的空间，往往并没有明确的界限划分。一般而言，越外围空间尺度越大、限定越弱；而越靠近聚落内部，则空间尺度越小，限定越明确。

前文通过聚落边界闭合图形来对聚落边界空间进行了一定的划分与限定，不同层级的聚落边界闭合图形,从大边界、中边界到小边界,虚边界尺度逐级缩小,导致边界图形逐层向内收缩,越贴近建筑。而这个虚拟的边界空间也从大尺度限定走向小尺度围合,从模糊与含混走向清晰与明确。因而前文通过这些具体空间形态的面积与周长等数据来对这些聚落边缘空间的特征进行计算与比较。

这个闭合图形在面积逐步缩小(周长逐步增大)的过程中,表征其形状复杂程度的形状指数也在逐步增大;这是一个同步的过程,而这个变化过程,其实质就是聚落边界空间限定的变化。因而也可以通过相对抽象的形状指数之间的关系,来考察这个聚落边界的空间变化情况。两层图形之间的形状指数差异越大,则说明两者之间的空间越丰富。因为边缘空间具有从聚落内部向外部离散的倾向性,因而,这部分空间越明确,则意味着聚落边界的离散性特征就越明显。于是,将两层边界图形的形状指数的比值 K,称之为聚落边界图形的离散度。

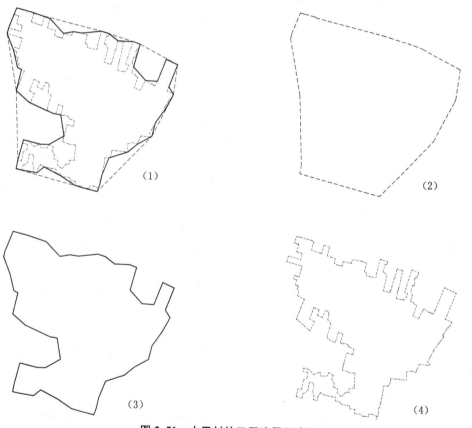

图 2.51　大里村的三层边界示意图
(资料来源:作者自绘)

外边缘空间的离散度 $K_{外}$ 由中边界形状指数 $S_{中}$ 与大边界形状指数 $S_{大}$ 的比值确定,内边缘空间的离散度 $K_{内}$ 由小边界形状指数 $S_{小}$ 与中边界形状指数 $S_{中}$ 的比值确定,总边缘空间的离散度 $K_{总}$ 由小边界 $S_{小}$ 与大边界形状指数 $S_{大}$ 的比值确定:

$$K_{外}=\frac{S_{中}}{S_{大}} \qquad K_{内}=\frac{S_{小}}{S_{中}} \qquad K_{总}=\frac{S_{小}}{S_{大}}$$

对 22 个乡村聚落样本的边缘空间离散度进行计算、汇总,如表 2.7 所示。

表 2.7　22 个乡村聚落的边缘空间离散度

村名	大边界加权形状指数 $S_大$	中边界加权形状指数 $S_中$	小边界加权形状指数 $S_小$	外边缘空间的离散度 $K_外$	内边缘空间的离散度 $K_内$	总边缘空间的离散度 $K_总$
潜渔村	0.891 5	1.091 6	1.927 1	1.224 5	1.765 4	2.161 6
青坞村	1.038 5	1.070 7	1.755 8	1.031	1.639 9	1.690 7
上街村	1.048 8	1.154 1	1.705 4	1.100 4	1.477 7	1.626
郎村	1.026 2	1.102 2	2.637 1	1.074 1	2.392 6	2.569 8
统里寺村	1.102 7	1.232 9	2.003 4	1.118 1	1.624 9	1.816 8
石家村	1.068 4	1.263 3	2.232 6	1.182 4	1.767 3	2.089 7
统里村	1.125 5	1.377 3	2.280 4	1.223 7	1.655 7	2.026 1
凌家村	0.745 6	1.541 3	2.645	2.067 2	1.716 1	3.547 5
石英村	1.095 4	1.447 8	2.698 7	1.321 7	1.864	2.463 7
西冲村	1.153 9	1.484 5	2.439 1	1.286 5	1.643	2.113 8
南石桥村	1.077 1	1.636 4	2.337	1.519 3	1.428 1	2.169 7
大里村	1.098 4	1.517 8	2.908 6	1.381 8	1.916 3	2.648
吴址村	1.139 7	1.552 2	2.803 5	1.361 9	1.806 1	2.459 9
杜甫村	1.097 2	1.592 1	2.785 4	1.451 1	1.749 5	2.538 6
新川村	1.158 7	1.507	2.964 9	1.300 6	1.967	2.558 2
滩龙桥村	1.225 7	1.828 1	2.805 3	1.491 5	1.534 5	2.288 7
下庄村	1.115 7	1.844 4	3.539 4	1.653 1	1.919	3.172 4
上葛村	1.500 4	2.228	3.656 9	1.484 9	1.641 3	2.437 3
施家村	1.176 2	2.024 4	5.210 3	1.721 1	2.573 8	4.429 8
东川村	1.60 8	2.196 4	3.682 1	1.365 9	1.676 4	2.289 9
东山村	1.407 3	2.731 5	5.243 5	1.941	1.919 6	3.725 9
高家堂村	1.986	2.834 9	4.384 2	1.427 4	1.546 5	2.207 6
均值	1.176 7	1.648 1	2.938 4	1.396 8	1.782 9	2.497 2

(资料来源:作者自绘)

　　可以看到,外边缘空间的离散度 $K_外$ 在以 1.396 8 为均值的 1.031～2.067 2 的数值区间内;内边缘空间的离散度 $K_内$ 在以 1.782 9 为均值的 1.428 1～2.573 8 的数值区间内;总边缘空间的离散度 $K_总$ 在以 2.497 2 为均值的 1.626～4.429 8 的数值区间内。以 $K_总$ 的升序排列数组,构建各层边缘空间的离散度变化关系图(图 2.52),可以看到 $K_内$、$K_外$ 与 $K_总$ 呈正相关性;此外,外缘空间的离散度与内缘空间的离散度在局部区间内呈反比关系,原因在于,前者中 $S_中$ 为分子,而后者中却为分母,导致了数值之间的逆反。

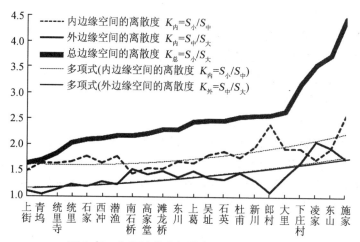

图2.52　各层边缘空间的离散度变化关系图

（资料来源：作者自绘）

对内边缘空间、外边缘空间以及总边缘空间的离散度数据分别进行排序,得到22个乡村聚落的边缘空间离散度位序关系纵向比较图(图2.53),可以看到:

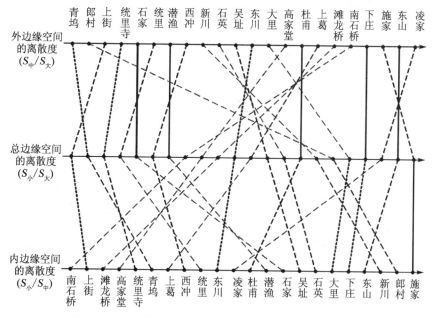

图2.53　22个聚落的边缘空间离散度位序关系纵向比较图

（资料来源：作者自绘）

(1) 外缘空间与内缘空间的离散度,能够相对更为精确地表达出该聚落边界的空间状态,与总边缘空间的离散度表现出正相关性。后者是一个相对粗糙但综合了前两者的指数。

(2) 总边缘空间离散度与外边缘空间离散度的位序关系,要较之与内边缘空间离散度的位序关系有序很多,也就是意味着相关性更强。这与图2.52数据分析中的结论是一致的。这是由于通常外边缘空间的面积比内边缘空间的面积大,从而在总边缘空间的离散度指数中所占的份额也相对较大。

（3）相对而言，位于两端最大与最小数据区间的乡村聚落，其位序关系相对比较稳定，因而在各层边缘空间离散度的形态特征上相对显得较为典型；而处于中间数据区间的聚落，其位序关系变化相对较大，因而在各层边缘空间离散度的形态特征上显得不太典型。

（4）总边缘空间离散度最大的施家村为 4.429 8，最小的上街村为 1.626。从图 2.54 可以看出，其中的(1)、(3)图为上街村的总图与聚落边界图，(2)、(4)图为施家村的总图与聚落边界图，两者在聚落边缘离散度数值上的差距在于两点，其一是上街村的建筑单体之间比较紧凑，凹陷的小尺度边缘空间较少；其二在于上街村的建筑单体之间的排列比较平直整齐，从而导致大边界缺少曲折，导致大尺度的边缘空间较少。两者之间在以上两点上的显著差异导致了边缘空间离散度数值上的较大落差。

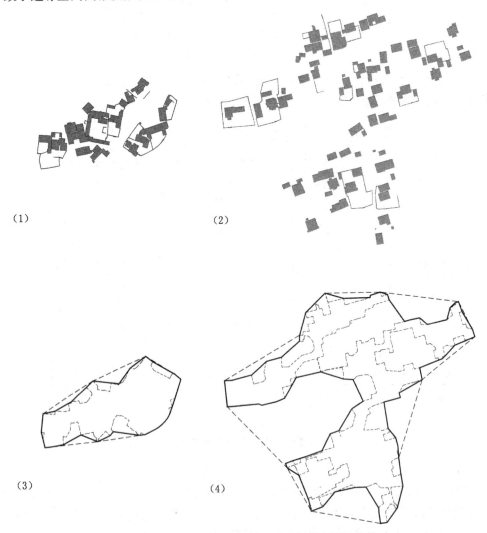

（1）　　　　　　　　　　　（2）

（3）　　　　　　　　　　　（4）

图 2.54　上街村与施家村的三层边界闭合图形比较

（资料来源：作者自绘）

2.3.4 外边界密实度、外边缘空间平均宽度以及外边界离散度之间的关系

1) 聚落边界空间分析三要素及其关联性

基于对聚落的边界设定而阐发的聚落边界空间状态的分析,具有三个数学指数,分别是边界密实度 W、边缘空间的平均宽度 L 以及边界离散度 K。边界密实度 W 包括大边界密实度 $W_\text{大}$、中边界密实度 $W_\text{中}$、小边界密实度 $W_\text{小}$ 以及加权平均密实度 $W_\text{权均}$;边缘空间的平均宽度 L 包括外缘空间平均宽度 $L_\text{外}$、内缘空间平均宽度 $L_\text{内}$ 以及内外缘空间平均宽度 $L_\text{总}$;边界离散度 K 包括外缘边界离散度 $K_\text{外}$、内缘边界离散度 $K_\text{内}$ 以及内外缘边界离散度 $K_\text{总}$。

外缘空间的平均宽度是外缘空间的一个参数,因而与外缘空间的离散度以及大、中边界的密实度可能相关;内缘空间的平均宽度是内缘空间的一个参数,因而与内缘空间的离散度以及中、小边界的密实度可能相关;内外缘空间的平均宽度,是两层空间的一个总体参数,因而与内外缘边界的离散度以及加权平均密实度这两个总体参数可能相关;外缘边界的离散度也可能与大、中边界的密实度相关;内缘边界的离散度也可能与中、小边界的密实度相关。据此,建立了聚落边界空间分析三要素之间的关联图(图2.55)。

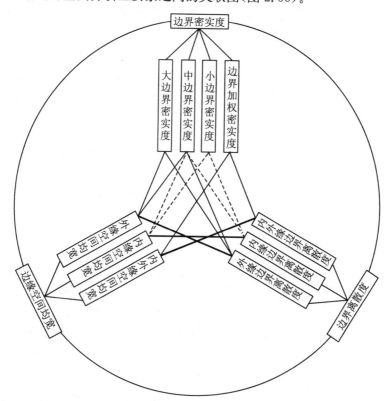

图 2.55　聚落边界空间分析三要素之间的关联图

(资料来源:作者自绘)

2）边缘空间的平均宽度 L 与边界离散度 K 之间的关系

（1）总边缘空间的离散度 $K_{总}$ 与平均宽度 $L_{总}$

以 $K_{总}$ 的升序排列数组，构建22个乡村聚落总边缘空间的平均宽度与边界离散度之间的变化关系图（图2.56）。随着 $K_{总}$ 的显著增长，$L_{总}$ 也表现出了较为显著的增长趋势，两者呈现出较明显的正相关性。

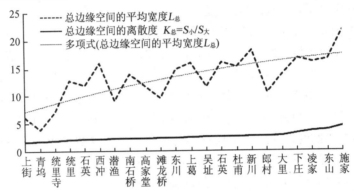

图2.56 22个乡村聚落总边缘空间的平均宽度与边界离散度之间的变化关系图

（资料来源：作者自绘）

（2）外缘空间的离散度 $K_{外}$ 与平均宽度 $L_{外}$

以 $K_{外}$ 的升序排列数组，构建22个乡村聚落外缘空间的平均宽度与离散度之间的变化关系图（图2.57）。随着 $K_{外}$ 的显著增长，$L_{外}$ 也表现出了显著增长的趋势，因而两者呈现出较强的正相关性。

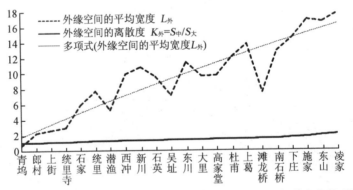

图2.57 22个乡村聚落外缘空间的平均宽度与离散度之间的变化关系图

（资料来源：作者自绘）

（3）内缘空间的离散度 $K_{内}$ 与平均宽度 $L_{内}$

以 $K_{内}$ 的升序排列数组，构建22个乡村聚落内缘空间的平均宽度与离散度之间的变化关系图（图2.58）。随着 $K_{内}$ 的显著增长，$L_{内}$ 也表现出了较为显著的增长趋势，因而两者呈现出较明显的正相关性。

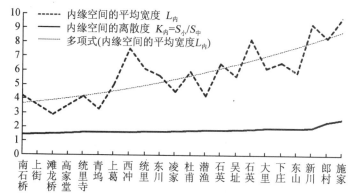

图 2.58　22 个乡村聚落内缘空间的平均宽度与离散度之间的变化关系图

（资料来源：作者自绘）

（4）从总体上而言，边缘空间的平均宽度 L 与离散度 K 之间具有较高的正相关性。乡村聚落边缘空间的离散度越高，意味着两层边界之间的形状指数差异性越大，因而两者之间的空间间隙，也将会越大，从而该边缘空间的平均宽度也就越大。此外，以上三组关系中，相比较而言，$L_外$ 与 $K_外$ 之间的相关性最强；$L_内$ 与 $K_内$ 之间的相关性次之；$L_总$ 与 $K_总$ 之间的相关性最弱。

3）边界密实度 W 与边界离散度 K 之间的关系

（1）边界加权密实度 $W_{权均}$ 与总边缘空间的离散度 $K_总$

以 $W_{权均}$ 的升序排列数组，构建 22 个乡村聚落边界加权平均密实度与总边缘空间的离散度之间的关系图（图 2.59）。随着 $W_{权均}$ 的显著增长，$K_总$ 表现得较为紊乱，显示出微弱下降的趋势，因而两者呈现较弱的负相关性。

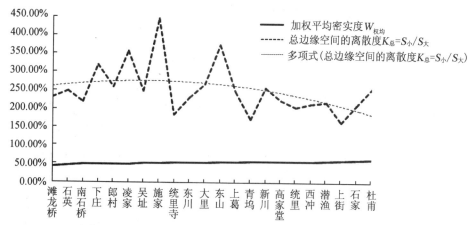

图 2.59　22 个乡村聚落边界加权平均密实度与总边缘空间的离散度之间的关系图

（资料来源：作者自绘）

（2）外缘空间的离散度 $K_外$ 与大、中边界密实度 $W_大$、$W_中$

以 $K_外$ 的升序排列数组，构建 22 个乡村聚落外缘空间的离散度与大、中边界密实度之间的变化关系图（图 2.60）。随着 $K_外$ 的显著增长，$W_大$、$W_中$ 表现出微弱下降的趋势。因而在外缘空间中,$K_外$ 与 $W_大$、$W_中$ 呈现出较弱的负相关性;其中,与 $W_大$ 的相关程度要大于 $W_中$。

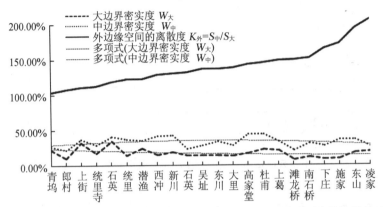

图2.60　22个乡村聚落外缘空间的离散度与大、中边界密实度之间的变化关系图

(资料来源:作者自绘)

(3) 内缘空间的离散度 $K_内$ 与中、小边界密实度 $W_中$、$W_小$

以 $K_内$ 的升序排列数组,构建22个乡村聚落内缘空间的离散度与中、小边界密实度之间的变化关系图(图2.61)。随着 $K_内$ 的显著增长,$W_中$、$W_小$ 表现出极其微弱的下降趋势。因而在内缘空间中,$K_内$ 与 $W_中$、$W_小$ 呈现出较弱的负相关性;其中,与 $W_中$ 的相关程度要大于 $W_小$。

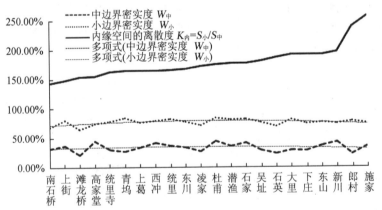

图2.61　22个乡村聚落内缘空间的离散度与中、小边界密实度之间的变化关系图

(资料来源:作者自绘)

(4) 从总体上而言,边界密实度 W 与边界离散度 K 之间,相关性较弱。其中,不管是在外缘空间还是在内缘空间中,离散度 K 与该空间外层界面密实度 W 的相关程度,要略高于内层界面。

4) 边界密实度 W 与边缘空间平均宽度 L 之间的关系

(1) 边界加权密实度 $W_{权均}$ 与总边缘空间平均宽度 $L_总$

将数组以 $W_{权均}$ 的升序排列,构建22个乡村聚落边界加权平均密实度与总边缘空间的平均宽度之间的变化关系图(图 2.62)。随着 $W_{权均}$ 的增长(由于在数据上 $W_{权均}$ 远小于 $L_{总}$,因而在图表上 $W_{权均}$ 折线的斜率不是很明显),$L_{总}$ 始终较为紊乱,但其趋势线大致呈现向下的势态。因而在总边缘空间中,$W_{权均}$ 与 $L_{总}$ 呈现出较弱的负相关性。

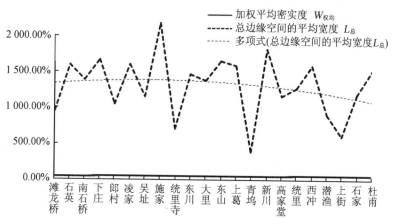

图 2.62　22 个乡村聚落边界加权平均密实度与总边缘空间的平均宽度之间的变化关系图
(资料来源:作者自绘)

(2) 大、中边界的密实度 $W_{大}$、$W_{中}$ 与外缘空间的平均宽度 $L_{外}$

将数组以 $L_{外}$ 的升序排列,构建 22 个乡村聚落外缘空间的平均宽度与大、中边界的密实度之间的变化关系图(图 2.63)。其中,因为 $L_{外}$ 的数据远大于 $W_{大}$、$W_{中}$,因而将 $L_{外}$ 的数据乘以 0.05,将其转换到 $W_{大}$、$W_{中}$ 的数据尺度,使得后者的变化趋势更易于观察。随着 $L_{外}$ 的显著增长,$W_{大}$ 微弱下降,显示出弱负相关性;$W_{中}$ 极其微弱上升,显示出弱正相关性;其中,$L_{外}$ 与 $W_{大}$ 的相关性要高于 $W_{中}$。$W_{大}$ 越低,意味着该大边界越远离建筑实体;而 $W_{中}$ 越高,则意味着该中边界越贴近建筑实体;如此,则大、中两条边界就越反向相离,它们中间围合空间的面积就越大,平均宽度 $L_{外}$ 也就越大。

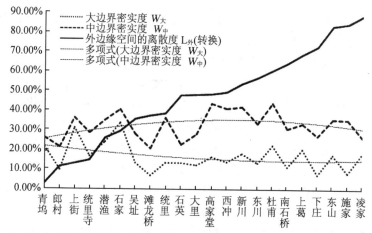

图 2.63　22 个乡村聚落外缘空间的平均宽度与大、中边界密实度之间的变化关系图
(资料来源:作者自绘)

（3）中、小边界密实度 $W_{中}$、$W_{小}$ 与内缘空间的平均宽度 $L_{内}$

　　将数组以 $L_{内}$ 的升序排列，构建 22 个乡村聚落内缘空间的平均宽度与中、小边界密实度之间的变化关系图（图2.64）。由于在数据上 $L_{内}$ 远大于 $W_{中}$、$W_{小}$，因而将 $L_{内}$ 的数据乘以 0.1，将其转化到 $W_{中}$、$W_{小}$ 的数据尺度，使得后者的变化趋势更易于观察。可以看到，随着 $L_{内}$ 的显著增长，$W_{中}$、$W_{小}$ 始终处于较为紊乱的状态，其趋势线缓慢上升然后又缓慢下降，未表现出明显的主导趋向。因而可以认为 $L_{内}$ 与 $W_{中}$、$W_{小}$ 不具有明显的相关性。

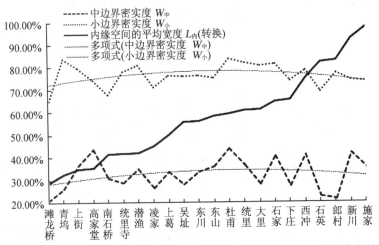

图2.64　22个乡村聚落内缘空间的平均宽度与中、小边界密实度之间的变化关系图
（资料来源：作者自绘）

　　（4）从总体上而言，边界密实度 W 与边缘空间的平均宽度 L 之间的相关性极弱。其中，不管是在外缘空间还是在内缘空间中，平均宽度 L 与该空间外层界面密实度 W 的相关程度，要略高于内层界面。

　　5）小结

　　（1）边缘空间的平均宽度 L 与边界的离散度 K 这两个要素的数据之间呈现出较高的相关性。而边界的密实度 W 与前两者之间呈现出较低的相关性。

　　（2）聚落外边界的密实度 W，其实是统计构成聚落外边界闭合图形的虚、实两种不同状态的线段长度，因而从本质上而言这是一维体系的数据指数。而边缘空间的平均宽度 L 以及离散度 K，则都是同时涉及面积与周长两类数据，体现出某种空间变化的关系，因而从本质上而言它们是二维体系的数据指数。也许正是这一点导致了上述（1）中的现象。

　　（3）聚落外边界的密实度 W，在与平均宽度 L 以及离散度 K 的弱相关性中，强弱秩序依次为：边界加权密实度，大、中边界密实度，中、小边界密实度。这三者其实也就是对应着内外总边缘、外边缘、内边缘这三层空间。因循着这三个逐层缩小的空间层次，该空间的边界密实度与其他两个要素之间的关联性逐渐减弱。边缘空间的观察范围越逐层向内进缩，越贴近建筑实体，其边界的空间关系越复杂，因而诸要素之间直接的对应关系便也越弱。

2.4　本章小结

　　较之现代聚落的界面简洁、空间轮廓明晰,传统乡村聚落则表现为界面复杂、空间轮廓模糊而不确定,也许传统乡村聚落空间界面的复杂性与模糊性、不确定性正是其魅力所在。本章尝试对聚落的边界形态在上述的定性感受与判断之上所进行的量化研究。

　　(1) 采用·100 m、30 m、7 m 三种虚边界尺度来设定聚落的三层边界,作为本章研究的一个基础。

　　(2) 将三层边界的形状指数进行加权平均,得到聚落边界闭合图形的加权平均形状指数 $S_{权均}$,与长短轴之比 λ 一起,共同对聚落平面形态的团状、条状以及指状这三种分类进行量化界定,使得对于一个乡村聚落的平面形态分类具有了严谨的量化指标。

　　(3) 探讨了乡村聚落边界的空间化属性,并研究了空间分析的三种途径,分别是聚落边界的密实度 W、聚落边缘空间的平均宽度 L 以及聚落边界的离散度 K,通过对它们的比较分析发现,聚落边缘空间的平均宽度 L 与聚落边界的离散度 K 之间的相关性较高;而平均宽度 L、离散度 K 两者与密实度 W 之间的相关性较弱。在图 2.55 中,通过实线与虚线来表现了它们之间关联性的强弱。

　　(4) 乡村聚落边界闭合图形的加权平均形状指数 $S_{权均}$ 以及长短轴之比 λ,体现了聚落边界形态的宏观总体特征;而聚落边界的密实度 W、聚落边缘空间的平均宽度 L 以及聚落边界的离散度 K,则反映了聚落边界的微观局部特征。

3　空间——聚集的结构

3.1　聚落空间

3.1.1　聚落空间的界定

在第 2 章,本书给聚落设定了外边界闭合图形;以此为范围,进行图底转换,聚落中的建筑实体与聚落外边界之间的部分,即聚落建筑单体的外部空间,本书称之为聚落空间。图 3.1 中的(1)~(4)小图即表达了一个聚落空间的析出过程;(4)图中为纯粹聚落空间的平面图斑。这些虚空的聚落空间与作为实体的聚落建筑单体一起,构成了一个完整的聚落平面形态。

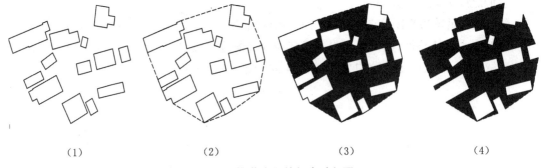

|(1)|(2)|(3)|(4)|

图 3.1　聚落空间的析出过程图

(资料来源:作者自绘)

此处的聚落空间是一个统称,包括了聚落中建筑单体的所有外部空间,可以再区分出两种类型。其一是与聚落外界相通的开放性空间,常见的有道路、节点空间、绿地、水系等,主要担负着聚落内部的交通、生产以及其他公共活动等功能;一般而言,它们在聚落内部是一个相互连通的整体,但偶尔会有少量的局部空间被建筑单体阻隔开,需要通过聚落外部空间才能与聚落主空间相连;这部分空间,称之为聚落公共空间。其二,则是若干建筑单体围合成户内的封闭庭院,主要承担居民较为私密的内部生活功能,包括通风与采光;这部分空间,称之为聚落庭院空间。

由于在乡村聚落中,建筑的高度相对比较同一,因而建筑实体与聚落空间相互交融,使得乡村聚落在整体上成为一个相对比较扁平的疏密相间体。这种疏密相间的状态,也就是多孔状态,是自然界的一种典型物态;在生物学、材料学等自然学科里,称之为"孔隙"。因而也可以说,聚落具有类孔隙化的特征①,但是与材料的三维疏松空隙体类比,聚落的类孔隙化现象相对更为简单,仅类似于疏松孔隙体的单层切片模型。

3.1.2 聚落空间的边界

聚落边缘建筑单体(包括主要构筑物如围墙)的外侧实体边界,以及它们相互之间所形成的外侧虚边界,共同连接形成了虚实相间的聚落外边界,成为了聚落与外在自然环境之间的界限。

聚落公共空间,是聚落单体相互之间的外部空间所形成,其边界由内边界与外边界两部分构成;公共空间内边界是各建筑单体的外边界,而公共空间外边界则是聚落外边界中的虚边界部分,界定了聚落公共空间与聚落外在环境之间的空间界限。聚落庭院空间,是由聚落单体自身围合而成,一般只有外边界,也即是建筑单体的自身内边界;如果庭院空间相对比较复杂,其内部另叠套有建筑单体,则该叠套建筑的外边界便构成了该庭院空间的内边界。

当聚落通过边界扩张的方式生长出去的时候,聚落外边界中的实体边界部分逐渐转变为聚落公共空间的内边界,而聚落公共空间的外边界,也即是聚落边界中的虚边界,则随着聚落的扩张而不断外推。

3.1.3 聚落空间的形态不规则

由于传统乡村聚落一般并未通过自上而下的整体规划,而是自下而上地基于各建筑单体的独立建造,使得聚落整体具有一定程度上的自组织特性。首先,每一幢建筑单体在其自身的形状轮廓、面积大小、朝向等各个方面均具有不同程度的差异;其次,建筑单体在广场、水面、山体等空间异质体的边缘,很自然地会偏离原本的均质性而局部地顺应这些异质体的形态特征,使得局部空间的密度产生波动、秩序关系产生变异;这些都将使聚落空间的边界变得不规则,进而使得聚落空间形态亦显示出相应的不规则性。

一般而言,聚落庭院空间相对较为方正,其空间形态较为规则;而聚落公共空间,虽然由相对比较规则的小尺度局部空间连接而成,但是在较大尺度的整体性上却会形成不规则性。相对来说,整体结构致密、单体之间秩序性较强的聚落,其聚落空间显得相对较为规则;而整体结构疏松、单体之间秩序关系较弱的聚落,其聚落空间则显得较为不规则。这一不规则程度成为了聚落空间形态的一个重要特征。

3.2 从聚落结构到聚落空间结构

3.2.1 聚落结构

聚落建筑单体之间必然存在一定的空间关系,当这种空间关系逐渐变得明确而强烈起来的时候,聚落便能够表现出某种结构性的整体关系。通常情况下,聚落是在生长的过程中

---

① 申青. 孔隙结构——传统小城镇空间的一种解析[D]. 苏州:苏州科技大学硕士学位论文,2007:49.

逐渐显现出结构体系的。"在初始时是很粗陋的,……到了某个阶段,这种自然的布局将会获得一种自我意识"①。从徽州黄氏发展图中也可以看出其在生长之中逐渐显现出来的结构性:起初只是一些少量建筑单体,形成零星的肌理,这些肌理逐渐被日益生长的空间组织化,最终形成相对比较固定的聚落空间结构体(图3.2)②。

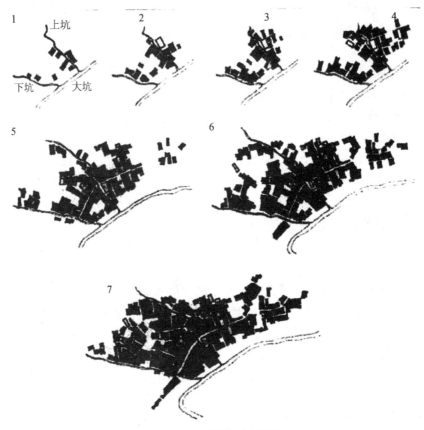

图3.2　徽州黄氏发展图

(资料来源:唐力行.徽州宗族社会[M].合肥:安徽人民出版社,2005;孙静.人地关系与聚落形态变迁的规律性研究——以徽州聚落为例[D].合肥:合肥工业大学硕士学位论文,2007:36.)

不同的聚落或同一个聚落的不同阶段,其结构形态存在差异,具有强结构化与弱结构化之分。一般而言,都是从弱结构化阶段发展进化到强结构化阶段。有学者将中国古代聚落空间的层次变迁划分为三个阶段:点状层次体系阶段、树状层次体系阶段和网状层次体系阶段③,也表达出了聚落空间在结构层次上的程度差异。

---

① [美]斯皮罗·科斯托夫.城市的形成:历史进程中的城市模式和城市意义[M].单皓,译.北京:中国建筑工业出版社,2005:64.
② 唐力行.徽州宗族社会[M].合肥:安徽人民出版社,2005;孙静.人地关系与聚落形态变迁的规律性研究——以徽州聚落为例[D].合肥:合肥工业大学硕士学位论文,2007:36.
③ 李贺楠.中国古代农村聚落区域分布与形态变迁规律性研究[D].天津:天津大学博士学位论文,2006:69.

3.2.2 建筑密度与聚落结构

1) 局部空间的密度差与聚落结构的形成

每一个聚落都具有特定的建筑疏密关系。建筑单体相互之间的间距越大,其间的聚落空间就越大,密度就越小,聚落因而也就越疏松;反之则越紧凑。建筑单体在聚集的过程中,相互之间形成了一系列的局部空间,大多体现在交通巷道、小型室外空间节点上,也可能是水塘、山体等异质性要素,它们最后整合成为聚落的整体空间结构。

这些局部空间的边界,也就是聚落的局部内边界,是由聚落单体的一部分实边界与相邻建筑单体之间的虚边界共同构成。当两个相邻聚落单体的距离越近,则虚边界越短,该边界的密实度也将越大,从而使得该局部空间的边界越清晰而强烈、整体并连续,所形成的围合度越高,空间形态与空间关系也越明确。当然,并非据此可以简单地认为,聚落单体相互之间的距离越小,也就是建筑密度越高,一定意味着聚落的结构性越强。因为局部空间关系明确,只是一个最初的基本条件,是否能够进一步得以形成清晰明确的整体空间关系,还需要考察更高层级的形态控制。

一方面,聚落局部空间内边界形成的前提,是建筑单体在局部空间附近聚集的时候,相互之间的距离具有差异性,也即是具有明显的密度差,形成某种疏密关系。在较高密度部分的单体之间,其边界具有较高的密实度、较强的连续性,能够在聚落内部形成具有一定组织性的局部连续内边界,如图 3.3(2)中首尾相接的 a、b、c、d、e、f 这几条实边界使然;几条类似的内边界通常能够围合出一些聚落空间,最常见的便是巷道与小广场,在聚落中具有明确的空间意义。另一方面,该密度差需要有一定的组织性,也就是富有结构化的疏密关系,才能使得该密度差所形成的一系列内边界也具有相应的组织性。通过这些组织化的内界面将聚落空间进行有组织的分化与界定,进而使得聚落形态在整体上具有了组织结构性。

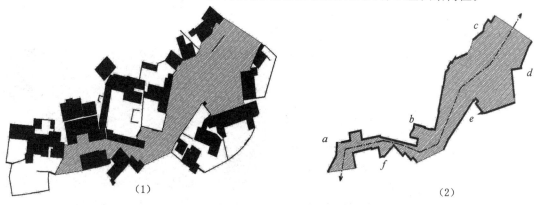

（1）　　　　　　　　　　　　　　　　　　（2）

图 3.3　上街村中的局部密度差形成丰富的聚落空间

(资料来源:作者自绘)

因而,聚落的结构性与建筑密度具有如下关系:其一,聚落的建筑密度需要到达一定程度,才可能在建筑之间开始形成较为明确的空间感受;其二,聚落内部要具有显著的局部密度差,才可能逐步形成清晰的局部内边界,这些局部内边界才能够界定出较为清晰的局部聚落空间;其三,一系列的局部密度差相互之间具有一定的组织性,才能使得这些局部内边界相互之间亦形成富有结构性的整体关系,进而使得聚落整体,通过这些有组织的局部聚落空间,表现出较为清晰的结构性。

2)聚落样本的建筑密度统计

计算 22 个乡村聚落样本的建筑密度 M,并通过统计软件 SPSS17.0 对数组进行统计分析,数组近似地服从正态分布。求得均值 $\mu=0.311\,8$,标准差 $\sigma=0.088\,7$,并得到数组的正态分布曲线图(图 3.4)。

由于在任何正态分布中,68—95—99.7 规则近似成立,也即大约有 68% 的数据,落在距平均值一个标准差的范围内[①],$\mu-\sigma=0.223\,1$,$\mu+\sigma=0.400\,5$。将中间的这部分 68% 的数据区间,$0.223\,1\sim0.400\,5$ 定义为中建筑密度区间;并以此为界,$0\sim0.223\,1$ 定义为低建筑密度区间,$0.400\,5$ 以上定义为高建筑密度区间,汇集为 22 个聚落的建筑密度排序表(表 3.1)。

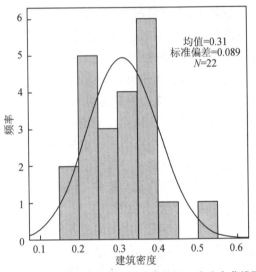

图3.4　22个乡村聚落样本的建筑密度正态分布曲线图
(资料来源:作者自绘)

从该表中可以看到,建筑密度最小的是南石桥村,最大的是上葛村;中间数据区域选择大里村,将这三者进行直观的对比。很明显,低密度且相对比较均匀松散的南石桥村显示出了弱结构化特征;高密度的上葛村显示出了强结构化特征;而中密度的大里村的结构化特征则处于两者之间。由此可以看到,在等级差距较大的情况之下(这三者的两对建筑密度的比值均接近 1:2),建筑密度与乡村聚落的结构强度具有正相关性。乡村聚落作为一个有机生命体,建筑密度值成其为一个重要的参考指数。

但是将密度值较为接近的不同聚落进行比较的时候,却会发现它们的结构化特征具有明显的差异。如图 3.5,西冲村的密度为 0.174 1,南石桥村的密度为 0.156 4,比较接近。但是可以看到,南石桥村相对比较均质、散漫而缺乏结构性;而西冲村则从左至右,密度逐渐增大,形成了较为明显的密度差,尤其由院墙所限定出来的一条线形巷道贯穿其中(图 3.6),加强了它的结构化特征。

图 3.6　西冲村主要由围墙构成的巷道
(资料来源:作者自摄)

再如图 3.7,杜甫村的密度为 0.347 9,上街村为 0.324 4,也相对比较接近。但可以看到杜甫村具有大量的封闭庭院空间,由于院墙使然,聚落空间被挤压成较为明确的巷道空间,

① 柯惠新,沈浩.调查研究中的统计分析法[M].北京:中国传媒大学出版社,2005:71.

使得聚落整体具有更为明显的结构化特征。而上街村,一方面院落空间较少,另一方面,建筑之间的秩序关系相对较为杂乱,未能形成更为秩序化的空间关系,进而使其整体结构化特征不是非常明晰。

表 3.1 22 个乡村聚落样本的建筑密度排序表

聚落名称	建筑密度	分类	南石桥村(上)、大里村(中)、上葛村(下)
南石桥村	**0.156 4**	低密度	
西冲村	0.174 1		
凌家村	0.208 4		
石英村	0.217 4		
石家村	0.228	中密度	
吴址村	0.236 1		
施家村	0.239 1		
东山村	0.291 9		
新川村	0.294 3		
大里村	**0.296**		
下庄村	0.308 6		
上街村	0.324 4		
东川村	0.339 2		
杜甫村	0.347 9		
统里寺村	0.36		
滩龙桥村	0.366 4		
潜渔村	0.367 8		
郎村	0.387 1		
统里村	0.391 5		
高家堂村	0.396 4		
青坞村	0.402 8	高密度	
上葛村	**0.524 9**		

(资料来源:作者自绘)

图 3.5　西冲村(上)与南石桥村(下)比较图

(资料来源:作者自绘)

图 3.7　杜甫村(左)与上街村(右)的比较图

(资料来源:作者自绘)

3) 建筑密度描述的不足

　　由以上分析可知,建筑密度是一个抽象的量,是考察聚落整体结构性的一个初步指标,但未能精准地反应聚落的结构化程度。如图 3.8 所示,建筑密度都是 50%,但显然它们相互之间的空间状态具有很大的差异。平面上每一个形体轮廓都具有面积和周长这两个数据。从(1)～(4)的过程中,建筑(或外部空间)的总面积没有变,但由于形体的破碎化,虽然每一个建筑单体的周长变小了,但是由于数量激增,总的周长之和越来越大。如果一直这么微分下去,周长之和将趋向于无穷大。总建筑面积 $A_1=A_2=A_3=A_4=3\ 200\ \text{m}^2$;周长 $P_1=240$,$P_2=160×2=320\ \text{m}$;$P_3=80×8=640\ \text{m}$;$P_4=40×32=1\ 280\ \text{m}$。尽管总建筑面积相等没有变化,但是建筑数量越来越多,每一个建筑的面积越来越小,相互之间的距离越来越短,总周长也越来越长,其实质就是图斑呈现出越来越破碎化的趋势。

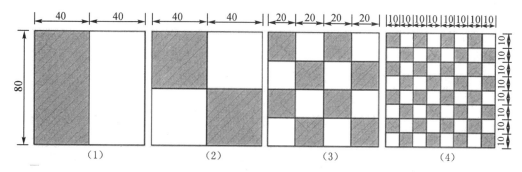

图 3.8　相同密度之下的空间比较图
(资料来源:作者自绘)

3.2.3　聚落空间与聚落结构

以聚落建筑为关注对象的建筑密度未能有效而精准地表征聚落的整体结构化特征。通过图底关系的逆转,来考察聚落空间与聚落结构的关系。

聚落建筑之间大部分是相离的,并没有连接成为一个真正意义上的整体,需要借助建筑之间的虚边界来共同参与建构一个格式塔式的建筑完形体,如图 3.9 中的(1)图所示。但是,聚落空间中的公共空间部分,通过相互联系与贯通(交通功能使然),已经形成为一个真正意义上的空间完整体,如图 3.9 中的(2)图所示。仔细看图能够发现有少量的局部公共空间被阻隔在主体公共空间之外,需要通过聚落边界以外的环境空间得以联系。如果建筑相互之间的间距减小,建筑密度增大,则聚落建筑所建构的建筑完形体将越紧凑而明确;而聚落空间所形成的空间完整体,在整体上将越破碎化,但是在局部空间的几何秩序指向性(街巷化倾向)上也将越清晰。建筑完形体与空间完整体,随着建筑密度的变化,在形态清晰性

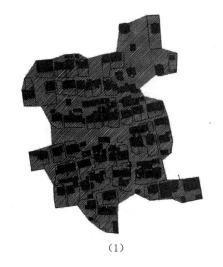

(1)

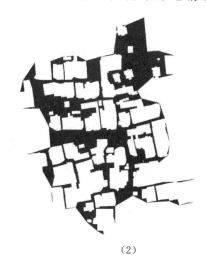

(2)

图 3.9　杜甫村的建筑完形体与空间完整体
(资料来源:作者自绘)

上的变化是一致的,而非此消彼长的关系。当聚落的建筑密度达到一定程度以后,聚落空间完整体的几何秩序指向性较之聚落建筑完形体更清晰而明确,更易于作为聚落的结构主体来看待。而当聚落的建筑密度较为稀疏的时候,聚落空间完整体的面积越大,形态越完整而丰满,但是空间的几何秩序指向性却越弱,于是聚落的建筑完形体(此刻也是较为松散的)更易于作为聚落的结构主体来看待,聚落结构也主要表现为建筑实体所呈现出的某种疏松的整体性秩序关系。

也可以从另一个角度来阐释。所谓聚落的结构,也即是聚落单体在聚集的过程中所形成的某种整体关系。聚落单体之间具有两种关系,实体的秩序关系(如两两建筑之间在大小、远近、或者角度上的差异)与实体之间所形成的空间关系(建筑之间所围合的外部空间在形态上的特征)。随着建筑密度的变化,它们同样也在增强或者减弱。但是,当建筑单体之间的间距变得较小的时候,它们之间的局部空间形态较为明确,局部空间关系也较为清晰,这些局部空间关系最终能够整合成较为明确的整体空间关系,形成某种空间结构,并且很自然地成为了聚落的结构主体。也就是说,此刻,聚落单体之间形成的结构关系,通过空间体系更清晰地表现了出来。反之,当聚落单体之间的间距较大,它们之间的局部空间形态不明确,局部空间关系也不清晰,未能形成明确的聚落空间的内界面,因而它们之间的关系主要体现为建筑实体之间的秩序关系,最终这些局部秩序关系整合为聚落整体的秩序关系,进而形成聚落的结构主体。事实上,在这种情况下,实体之间的秩序关系所构成的聚落结构,其程度也是及其微弱的,因而聚落本身也处于弱结构化状态。在前文的实例中,南石桥村等聚落的密度低于 0.223 1,显示为弱结构化特征;而从石家村等聚落开始,密度大于 0.223 1,逐渐开始显示出一定的结构化特征。于是,可以初步将低密度聚落与中密度聚落之间的界限 0.223 1,作为聚落结构主体显现与否的阈值,也就是逐渐开始形成结构化特征的临界点。

因而,可以通过研究聚落空间结构来表征聚落结构。在聚落结构的通常描述中,树枝型、放射型、线轴型等称谓[①],显然就是针对聚落的公共交通空间而言的。

3.3 聚落空间结构

3.3.1 聚落空间的两种类型

在密度比较接近的情况下,由于聚落空间总的数值是一定的,那么庭院空间与公共空间之间的比例,便存在着此消彼长的关系。在前文比较的例子中,西冲村与杜甫村,它们的庭院空间均相对较多,这也意味着它们公共空间所占的比例相对较低,这便使得公共空间被挤压得较为破碎化。但是在聚落中,由于功能属性使然,这些公共空间必须连接为一个整体(也许会有少量的局部公共空间被阻隔在主体公共空间之外,需要通过聚落边界以外的环境空间得以联系);因而它们在挤压之下,为求连续只能变得更为狭窄,于是形成了不同曲折程度的线性空间;这些线性空间与低密度下更为整体的面状空间相比,具有更为明确的空间秩

---

① 见第 1 章绪论 1.2.2"聚落的形态分类"中的相关概述。

序指向性,因而也就具有更为清晰的秩序感;所以,聚落整体的空间结构也就相对更为清晰。

因而可以认为,在具有一定建筑密度的集聚型聚落中,主要是聚落的公共空间建构了聚落的整体空间结构。而庭院空间,封闭于通常以户为单位的建筑群内部,只是建构了该建筑群的局部空间结构,难以对聚落整体结构产生较大影响。

如果将聚落空间视作一个"负实体",通过 $M'=(1-M)$ 的简单计算,可以得到一个负密度 M',或者说聚落空间率。当然,这个数据与建筑密度其实是同一的,并未体现出更进一步的意义。由于公共空间与庭院空间在聚落空间结构中具有不同的意义,那么需要将两者进行剥离,分别进行解析。一个最初步的分离方式是将空间率的数值分化为两个部分,将公共空间与庭院空间的面积数值分别除以聚落面积,即得到基于聚落总面积的公共空间率与庭院空间率。但是,可以看到由于分母是聚落总面积,这两个空间的面积共同参与了分母的组成,因而这两组数据其实并非各自独立而是相互牵扯的,仍然达不到将两者真正剥离的目的。

由于庭院空间是被封闭在建筑内部的,庭院空间在聚落内的意义更多的是与限定它的建筑群(即一户)相关联,因而可以将庭院空间与建筑实体作为一个研究对象,而余下的则是公共空间。如是,对两部分聚落空间进行了分离,使它们各自成为了两个相互独立的研究对象。图 3.10 中,对杜甫村的聚落空间进行了分解,得到了两个部分,左边的是相互连接为一个整体的公共空间,右边的是被封闭围合在建筑实体内部的庭院空间。建筑实体,是这两类聚落空间的中介,庭院空间体现了它的内在空间关系,而公共空间则体现了它的外在空间关系。

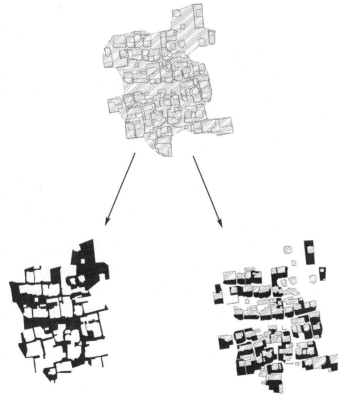

图 3.10　杜甫村的聚落空间分解图

(资料来源:作者自绘)

3.3.2 庭院空间的数理分析

由于庭院空间被封闭于通常以户为单位的建筑群之内,相互之间是独立的(在少量的多庭院建筑群内部,庭院之间存在贯通),因而它们之间难以形成有效的结构体系。庭院空间与建筑实体共同组合成一个研究对象,它们之间的虚实比例关系便成为了一个非常直观的空间差异现象。于是本书定义以户为计算单位的庭院空间率$=\dfrac{庭院空间面积}{庭院空间面积+建筑实体面积}$

这个数值直观地显示了某一组通常以户为单位的聚落单体组合是否含有庭院以及含量的大小。如果将这个数值在整体聚落所有的建筑单体之间平均,则显示了这个聚落中建筑单体围合庭院的平均水平。于是,本书定义聚落的庭院空间率G:

$$G=\frac{庭院空间面积之和}{庭院空间面积之和+建筑单体面积之和}$$

计算 22 个乡村聚落样本的庭院空间率 G,并通过统计软件 SPSS17.0 对数组进行统计分析,数组近似地服从正态分布。求得均值 $\mu=0.319\,7$,标准差 $\sigma=0.149\,2$,并得到数组的正态分布曲线,如图 3.11 所示。

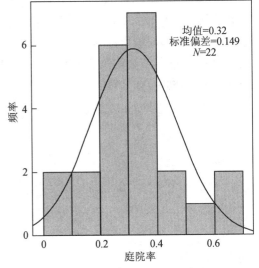

由于在任何正态分布中,68—95—99.7 规则近似成立,也即大约有 68% 的数据,落在距平均值一个标准差的范围内[①],$\mu-\sigma=0.170\,5$,$\mu+\sigma=0.468\,9$。将中间的这部分 68% 的数据区间,0.170 5~0.468 9 定义为中庭院率聚落数据区间;并以此为界,0~0.170 5 定义为低庭院率聚落数据区间,0.468 9 以上定义为高庭院率聚落数据区间。分类列表如下(表 3.2)。

图 3.11   22 个乡村聚落样本庭院
空间率的正态分布曲线图

(资料来源:作者自绘)

从表 3.2 右侧的例图中,在上葛村、大里村、石家村三个比较典型的低、中、高庭院率的聚落中可以直观地看到,建筑实体与庭院空间的关系差异非常明显。这些空间形态之间的差异有些是地理原因造成的,比如上葛村是山村,可建用地很有限,因而鲜有庭院;而石家村是平原地带,用地相对比较宽裕。此外也可以看到,除非是用地特别紧张的山体环境,一般在比较传统的聚落中,庭院是一个比较普遍的建筑单体空间组合模式,而且其庭院率会处于中庭院率数据区间,毕竟这是一个相对比较经济合理的范围,比如统里村的 0.370 3。

---

① 柯惠新,沈浩. 调查研究中的统计分析法[M]. 北京:中国传媒大学出版社,2005:71.

表 3.2 22 个乡村聚落样本的庭院空间率排序表

聚落名称	庭院空间率	分类	上葛村(上)、大里村(中)、石家村(下)
滩龙桥村	0	低庭院率	
上葛村	**0.052 6**		
郎村	0.164		
高家堂村	0.190 4	中庭院率	
石英村	0.251 6		
青坞村	0.257 2		
下庄村	0.266		
东山村	0.269 5		
潜渔村	0.288 6		
南石桥	0.3		
统里寺村	0.302 9		
东川村	0.307		
大里村	**0.337**		
施家村	0.357 2		
吴址村	0.361		
新川村	0.366 2		
统里村	0.370 3		
杜甫村	0.429 6		
上街村	0.431 8		
凌家村	0.516 2	高庭院率	
石家村	**0.606 2**		
西冲村	0.608 7		

(资料来源:作者自绘)

3.3.3 公共空间的数理分析

1) 聚落公共空间的活力

聚落公共空间的活力主要体现在空间中人的活动是否富有生机;或者虽暂时没有人的活动,但是具有人活动的某些痕迹,这种线索同样能够引起生机感;再或者具有一些能够诱发人活动的兴趣以及潜在的活动动机①。凯文·林奇在论及城市空间的时候,认为空间质

---

① 徐震. 小型聚落的人态和谐分析——以邻里层次为例[D]. 合肥:合肥工业大学硕士学位论文,2003:29-30.

量是由思想和环境两者所构成的,所以达到这种空间质量的方法自然也分为两个不同的行动方案:一方面改变城市形态,而另一方面则改变人的心理认知概念;而设计师则注重于前者①。这对于乡村聚落公共空间也同样适用。但是,如何通过聚落公共空间的形态来对其空间特征进行鉴别、对其空间质量进行评判呢?

公共空间的活力与密实度具有一定的关系:公共空间达到相对适宜的密实度以后,空间相对比较明确,具有清晰的指向性,又有一定的差异性与自由度,富有人情味;人均占有空间面积的减少,也易于产生被动式交往,空间易被(感觉)充满,易生发多样的生活事件,从而产生空间活力与生机。

公共空间的活力与空间边界具有一定的关系:适中的边界尺度有利于良好的空间感受,开放、半开放半封闭、封闭等不同的类型的边界开口造就了丰富多样的局部空间联系,适度曲折的边界形态更是营造了某种心理期待。

公共空间的活力与空间的路径具有一定的关系:其实质就是空间的穿越以及被穿越的程度;可穿越产生了空间的便捷性、可达性与渗透性;被穿越的适宜程度,也会给空间带来了一定程度的迷宫般效应。

2)分形学

继续以杜甫村为例探讨聚落公共空间的形态。前文将公共空间从聚落中单独解析出来以后,得到一个支离破碎而又略带有一定结构性特征的聚落公共空间的平面图斑(图3.12)。对于破碎化图形的形态描述,分形几何学为之提供了启示。

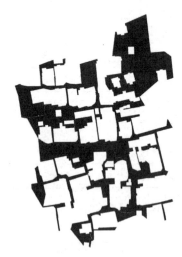

图 3.12 杜甫村的聚落公共空间图斑

(资料来源:作者自绘)

---

① [美]凯文·林奇.城市形态[M].林庆怡,陈朝晖,邓华,译.北京:华夏出版社,2001:103.

（1）分形理论概述

分形理论由美国科学家 B. B. Mandelbrot 于 20 世纪 70 年代中期创立[①]，在此理论基础上发展出一种非欧几何，即分形几何学。所谓分形，原意为破碎和不规则，用以指那些与整体以某种方式相似的部分所构成的一类形体，其基本特征是自相似性（Self-similarity），其大小难以用一般测度（如面积、长度、体积等）来度量，需要通过分形维数（Fractal Dimension，简称分维）来描述其形态特征。

到目前为止，分形还未形成一个严密的定义。Mandelbrot 于 1982 年提出，如果一集合在欧氏空间中的 Hausdorff 维数 D_H 恒大于其拓扑维数 D_T，即 $D_H > D_T$，则称该集合为分形集，简称为分形。这一定义并不严格，它排除了一些不具备上述条件，但是也有明显分形特征的集合。于是，Mandelbrot 于 1986 年又提出，组成部分以某种方式与整体相似的形体叫分形。这个定义突出了分形的自相似性。这一观点很受实验科学家的欢迎，但也有学者认为自相似性不能概括分形的全部属性。分形几何学家 Falconer 给出了分形的基本特性，他认为如果某一集合 F 具有下列所有或者大部分性质，它就是一个分形集：① F 具有精细的结构，即有任意小比例的细节；② F 是如此的不规则，以至于它的整体与局部都不能用传统的几何语言来描述；③ F 通常具有某种形式的自相似性，可能是近似的或是统计的；④ F 的"分形维数"（以某种方式定义）一般大于它的拓扑维数；⑤ 在大多数令人感兴趣的情形下，F 可以由非常简单的方法来定义，可能由迭代产生。[②]

分形几何分为线性分形与非线性分形两类，而前者又分为有规分形与无规分形两类[③]。有规分形指严格满足自相似条件的分形，也称为数学分形，是一种理想情况，必须具备两个条件：首先必须具有无穷的层次结构，其次是任何一个局部放大后，都和整体完全相似。Koch 曲线就是典型的有规分形（图 3.13）。但是自然界的许多事物和现象表现出极为复杂的形态，比如频繁演变的海岸线（图 3.14）、变幻莫测的布朗微粒运动轨迹等，不是数学分形所显示的那么理想化，自相似性往往以统计方法表示出来，即当改变尺度时，在该尺度包含的部分统计学的特征与整体是相似的。这种分形是数学分形的一种推广，称为统计分形或无规分形[④]。

（2）分维概述

维数是几何对象的一个重要特征量，是为了确定几何对象中一个点的位置所需要的独立坐标的数目，或者说独立方向的数目。欧氏几何中的这种维数是拓扑维，整数维数构成了欧氏几何的法则：点的维数是零，线的维数是 1，面的维数是 2，空间的维数是 3。一个 d 维几何对象的每一个独立方向，都增加为原来的 l 倍，结果得到 N 个原来的对象，于是 $l^d = N$，两边取对数，写成：

① 其实科学界对分形的研究早就开始了，1875 年至 1925 年间，人们已经提出了典型的分形对象及其问题，如 1910 年，德国数学家豪斯道夫（F. Hausdorff）就开始了奇异集合性质与量的研究，提出了分数维的概念。1926 年至 1975 年间，人们实际上对分形集的性质做了深入的研究，特别是维理论的研究已经获得了丰富的成果。1975 年至今，分形几何在各领域的应用取得了全面发展，并成为独立的学科。岳文辉. 基于 GIS 的空间分形分析组件开发[D]. 上海：华东师范大学硕士学位论文，2005：8.

② 张济忠. 分形[M]. 北京：清华大学出版社，1995：55-56；岳文辉. 基于 GIS 的空间分形分析组件开发[D]. 上海：华东师范大学硕士学位论文，2005：9、13；蒋祺. 基于空间分形分维的丘陵型城镇用地布局规划研究[D]. 长沙：中南大学硕士学位论文，2008：9.

③ 张济忠. 分形[M]. 北京：清华大学出版社，1995：66.

④ 陈颙、陈凌. 分形几何学[M]. 北京：地震出版社，2005：76.

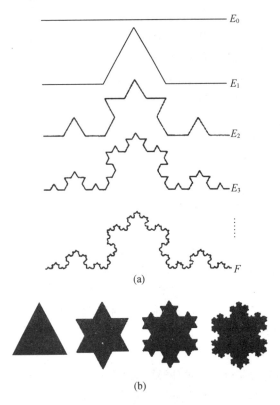

尺子长100 km　　　　　尺子长50 km

图 3.13　(a) 三次 Koch 曲线

(b) 由 Koch 曲线构成的 Koch 雪花

（资料来源：张济忠.分形[M].北京：清华大学出版社，1995：85.）

图 3.14　用多边形近似去测量海岸线

（左边多边形边长为 100 km，右边为 50 km）

（资料来源：陈颙，陈凌.分形几何学[M].北京：地震出版社，2005

$$d=\frac{\ln N}{\ln l}$$

上式的拓扑维 d 在欧氏几何中都是整数，但若将公式作为维数的定义，对其不加以取整数的限制，推广定义的维数称为分维，用 D 表示：[①]

$$D_s=\frac{\ln N}{\ln l}$$

上式即为最易理解的相似维数（Similarity Dimension）[②]。图 3.13 中的三次 Koch 曲线，由于 $N=4,l=3$，相似维数：

$$D_s=\frac{\ln 4}{\ln 3}=1.261\ 8$$

无论分形的生成机制和构造方法多么不同，它们都可以通过分维这一特征量来测定其不平整度、复杂度和卷积度，描述分形集的不规则度和破碎度。因而，分形维数是贯穿分形理论的主线[③]。

---

① 陈颙，陈凌.分形几何学[M].北京：地震出版社，2005：3-4.

② 张济忠.分形[M].北京：清华大学出版社，1995：45.

③ 于雅琴.分形建筑设计方法研究[D].大连：大连理工大学硕士学位论文，2008：27.

由于分形理论正处于发展阶段,因而往往笼统地把取非整数值的维数统称为分形维数。至今,数学家们已经发展了多种不同的维数,相似维数、Hausdorff 维数、信息维数、关联维数、容量维数、谱维数、填充维数、分配维数等。①

(3) 分形的主要应用

目前分形理论广泛运用于数学、物理学、化学、生物学、地球物理学、天文学、材料科学、地质科学、水文科学、气象科学、地震科学、计算机图形学、经济学、语言学与情报学等各个学科领域②。

在地貌学领域,基于分形理论的研究主要集中在海岸地貌、喀斯特地貌、流水地貌等方面。艾南山、李后强研究了分形地貌(主要是流水地貌及地貌的分形模拟)并提出了分形地貌学的概念,以分形理论为基础对地表现象进行了描述,并以分数维为中介参数建立地貌现象与其内部机制之间的联系③。

在景观生态学领域,通过分形方法揭示斑块及斑块组成景观的形状和面积大小之间的相互关系,反映了在一定的观测尺度上,斑块和景观格局的复杂程度④。

在城市规划领域基于分形理论的研究方兴未艾,普遍认为分维是反映空间现象的重要参数。早在 1985 年,英国著名学者 Batty 和 Longley 就用分形结构来模拟伦敦的空间结构,到 1994 年,两人合著了《分形城市》(*Fractal Cities : A Geometry of Form and Function*);同年,法国学者 Frankhauser 出版法文专著《城市结构的分形性质》(*La Fractalitédes Stuctures Urbaines*)。这两部专著为分形理论在城市研究中的应用开创了历史⑤。国内的分形城市研究主要集中在城市规模分布⑥、城市体系空间结构⑦、城市形态⑧、城市化评价⑨、土地利用⑩、交通网络⑪等方面。陈彦光总结了分形城市的研究框架、内容、方法,提出了分形城市包括宏观、中观和微观三个层次的研究:宏观是指分形城市体系;中观是指城市形态分形;微

① 张济忠. 分形[M]. 北京:清华大学出版社,1995:58-64,111.

② 张济忠. 分形[M]. 北京:清华大学出版社,1995:294-347;辛厚文. 分形理论及其应用[M]. 合肥:中国科学技术大学出版社,1993:Ⅱ-Ⅵ.

③ 岳文辉. 基于 GIS 的空间分形分析组件开发[D]. 上海:华东师范大学硕士学位论文,2005:16-17.

④ 于淼,李建东. 基于 RS 和 GIS 的桓仁县乡村聚落景观格局分析[J]. 测绘与空间地理信息,2005,28(05):50-54.

⑤ 齐立博,王红扬,李艳萍. 基于"分形城市"概念的"分形住区"设计思想初探[J]. 浙江大学学报(理学版),2007,34(2):233-240.

⑥ 陈勇,陈嵘,艾南山,等. 城市规模分布的分形研究[J]. 经济地理,1993,13(03):48-53;刘继生,陈彦光. 东北地区城市规模分布的分形特征[J]. 人文地理,1999,14(03):1-6.

⑦ 陈勇,艾南山. 城市结构的分形研究[J]. 地理学与国土研究,1994,10(04):35-41;刘继生,陈涛. 东北地区城市体系空间结构的分形研究[J]. 地理科学,1995,15(02):23-24;刘继生,陈彦光. 东北地区城市体系分形结构的地理空间图式——对东北地区城市体系空间结构分形的再探讨[J]. 人文地理,2000,15(06):9-16.

⑧ 姜世国,周一星. 北京城市形态的分形集聚特征及其实践意义[J]. 地理研究,2006,25(02):204-213;陈彦光,刘继生. 城市形态分维测算和分析的若干问题[J]. 人文地理,2007(03):98-103;陈彦光,刘继生. 城市形态边界维数与常用空间测度的关系[J]. 东北师大学报(自然科学版),2006,38(02):126-131;陈彦光,黄昆. 城市形态的分形维数:理论探讨与实践教益[J]. 信阳师范学院学报(自然科学版),2002,15(01):62-67.

⑨ 张伟. 分形理论在城市化评价中的应用[J]. 新疆大学学报,2001(03):257;岳文辉,基于 GIS 的空间分形分析组件开发[D]. 上海:华东师范大学硕士学位论文,2005:17.

⑩ 赵晶,徐建华,梅安新,等. 上海市土地利用结构和形态演变的信息熵与分维分析[J]. 地理研究,2004,23(02):137-146.

⑪ 刘继生,陈彦光. 交通网络空间结构的分形维数及其测算方法探讨[J]. 地理学报,1999(05):471-478;陈彦光,罗静. 河南省城市交通网络的分形特征[J]. 信阳师范学院学报(自然科学版),1998,11(02):172-177.

观是指城市建筑分形；至此，分形城市的概念框架逐渐成形[1]。

在建筑学领域，也开始了分形理论的研究。1995年，美国数学家、建筑理论家 Nikos A. Salingaros 发表了《一个物理学家眼里的建筑法则》(*The Laws of Architecture from a Physicist's Perspective*)，将复杂理论、分形理论、热力学理论的研究成果引入建筑学，认为不仅建筑需要足够的尺度分级，而且各尺度之间应该按照一定的数学规律分布。在《新建筑中的分形》(*Fractal in the New Architecture*)一文中认为，建筑或城市同生物群落、复杂的计算机程序一样遵从相似的组织法则，新建筑将建立在科学定律的基础上而不再是风格的讨论。1996年，Carl Bovill 在《建筑设计中的分形几何》(*Fractal Geometry in Architecture and Design*)一文中，认为许多现代建筑过于"穷干"(flat)因而难以被大众接受；建筑设计可以通过分形几何生成复杂的韵律。国内的建筑分形研究中，赵远鹏阐述了分形几何在建筑学中应用的两个方面——尺度层级分析和在设计中引入复杂韵律[2]。于雅琴探索了分形在建筑中的运用，分类、比较、归纳了具有典型性分形的成功案例，并论述了分形几何在世界观与审美意识层面对建筑发展的深层影响[3]。冒亚龙探讨了分形理论与山地城市形态、建筑美学、建筑设计、园林设计的关系[4]。

3）公共空间的分维计算

（1）分形理论与乡村聚落空间形态

关于城市是自组织的论述相当多。波图戈里(J. Portugali)于2000年发表了专著《自组织与城市》(*Self-Organization and the City*)系统阐述了城市的自组织属性，称"所有的城市都是自组织的"。陈彦光也借助三个定量判据：时间尺度的 $1/f$ 涨落、空间尺度的分形结构和等级尺度的 Zipf 定律支撑了城市是自组织系统的命题[5]。传统乡村聚落是自下而上地基于个体的建造而逐渐发展起来的，较之城市更具有自组织的生成机制与内在属性。而分形理论是自组织理论系统中的一个分支[6]，因而可以借助于分形理论来研究作为自组织系统的乡村聚落空间形态。

在传统乡村聚落中，建筑单体相互之间的相似化程度较高；而在建筑群体布局的空间结构形态上，从建筑单体到庭院组合，再到局部街巷，乃至最后的聚落整体，其内外虚实的类孔隙化形态构成的在各层级之间具有某种自相似性。此外，聚落公共空间的平面图斑也呈现

① 齐立博,王红扬,李艳萍.基于"分形城市"概念的"分形住区"设计思想初探[J].浙江大学学报(理学版),2007,34(2):233-240.

② 赵远鹏.分形几何在建筑中的应用[D].大连:大连理工大学硕士学位论文,2003:30,31,48.

③ 于雅琴.分形建筑设计方法研究[D].大连:大连理工大学硕士学位论文,2008:i.

④ 冒亚龙,欧阳梅娥.山地城市的分形美学特征[J].山地学报,2007,24(02):148-152;冒亚龙,何镜堂.分形建筑审美[J].华南理工大学学报(社会科学版),2010,12(04):55-62;冒亚龙,雷春浓.生之有理,成之有道——分形的建筑设计与评价[J].华中建筑,2005,23(02):16-18,33;冒亚龙,雷春浓.分形理论视野下的园林设计[J].重庆大学学报(社会科学版),2005,11(02):23-26.

⑤ 罗跃.城市规划与城市空间系统自组织的认识论耦合[J].室内设计,2010(02):3-7.

⑥ 自组织作为一个理论群,包括普里戈金等创立的"耗散结构"理论,哈肯等创立的"协同学",托姆创立的"突变论",艾根等创立的"超循环"理论,以及曼德布罗特创立的分形理论和洛伦兹创立的"混沌"理论等。吴彤.自组织方法论研究[M].北京:清华大学出版社,2001:12-179;程开明,陈宇峰.国内外城市自组织性研究进展及综述[J].城市问题,2006(07):21-27.

出了复杂而破碎的几何形态特征。因而,聚落公共空间,作为聚落形态的重要构成部分,具有分形几何的特性。

基于以上两方面的分析,可以看到,借助于分形理论来研究传统乡村聚落公共空间是成立的。

（2）分维计算方法

城市形态的分维测算通常有三种方法:其一,是面积-周长关系法（Area-Perimeter Relation）;其二,是盒子计数法（Box Counting Method）;其三,是面积-半径关系法（Area-Radius Relation）。在特定情况下,前面两种方法是等价的,面积-半径关系法有助于从动态的角度刻画城市生长与形态[1]。在本书乡村聚落的形态研究中,也借鉴这些分维测算方法。由于本书并非要研究聚落的动态生长,因而可以诉诸于前两种算法。其中盒子计数法是使用较多的一种,但是过程相对较为繁琐;而第一种面积—周长关系法,则相对比较简单,而且面积与周长也都是建筑学的常用量纲,因而本书借助于这一方法来计算公共空间平面形态的分维,其计算公式为:[2]

$$D = \frac{2\lg\left(\frac{P}{4}\right)}{\lg(A)}$$

其中,D 表示分维数值,P 表示斑块周长,A 表示斑块面积。

D 的理论值为 1.0~2.0,1.0 代表的形状是最为简单的正方形图形斑块,而 2.0 所代表的形状是面积周长最为复杂的图形斑块。

上述公式适用于单个图形斑块的分维计算,但是聚落公共空间,前文也有所提及,有时并非是一个完整的图斑,而是会被分隔成几个部分,一个主体空间附带着几个处于边缘区域的附属空间,它们之间的联系,需要适当借助于聚落边界以外的部分环境空间。如果对这些相互分离的几个图斑进行分维测算,需要分别测算每一个图斑的面积与周长,然后建立基于变量 A 与 P 的双对数坐标图,基于其点列分布的特征进行回归分析才可以得到总分维值[3]。

因而,最好能够使这些公共空间组合成一个图斑。于是,本书假设,在并不影响聚落内部空间结构的情况下,在每个聚落边界线（30 m 虚边界尺度下的中边界）2.5 m 以外虚设一圈半人高的围墙。当然这圈围墙并非封闭,应该有许多豁口以提供村民们的便捷出入。其实它的具体形态本书并不关心,关键是在概念上,使得聚落的公共空间增加了这外缘的2.5 m 的宽度[4],从而使得所有的公共空间图斑能够连成为一体,并且它并未改变聚落内部

---

① 陈彦光,罗静.城市形态的分维变化特征及其对城市规划的启示[J].城市发展研究,2006,13(05):35-40.

② 王青.城市形态空间演变定量研究初探——以太原市为例[J].经济地理,2002,22(05):339-341;张宇,王青.城市形态分形研究——以太原市为例[J].山西大学学报（自然科学版）,2000,23(04):365-368;傅伯杰.景观多样性分析及其制图研究[J].生态学报,1995,15(04):345-350.

③ 罗宏宇,陈彦光.城市土地利用形态的分维刻画方法探讨[J].东北师大学报（自然科学版）,2002,34(04):107-113.

④ 笔者曾统计过一个数据,即将一个聚落中公共空间的面积之和除以这些公共空间的实体边界之和,得到一个以实体边界长度为基准的聚落公共空间平均宽度,这个平均宽度比较接近于抽象的聚落建筑单体之间的平均距离（但不精确）。统计这 22 个乡村聚落之后,最小的是统里村,为 2.6677,最大的是南石桥村,为 13.6718。尽管借助于这一数据可以对这些乡村聚落进行虚实疏密的区分,但由于缺乏明确的理论意义而未写入正文。此处聚落边界外推 2.5,即是参考这一最小数据 2.6677 并取整数而来。

的空间状态。此外,从现实的角度而言,在聚落的外缘的确也经常存在一些步行通道,是聚落公共交通的重要组成部分;聚落边界的外推,顺理成章地将它们纳入了聚落公共空间的体系。在浙江永嘉楠溪江的古村落中,也有采用卵石在聚落外围砌筑半人高围墙的传统。于是,在图 3.15 中,对杜甫村的公共空间的界定进行了调整,(1) 为原始边界图,(2) 为外推 2.5 m 之后的边界图,(3) 为原始边界之下的聚落公共空间图斑,(4) 为边界外推 2.5 m 之后的公共空间图斑。可以看到,边界外推之后的公共空间图(4)中,其空间结构要较之原始边界之下的公共空间图(3)更具有完整性。基于这一新的图斑计算,杜甫村的公共空间的分维 $D=1.486\,7$。

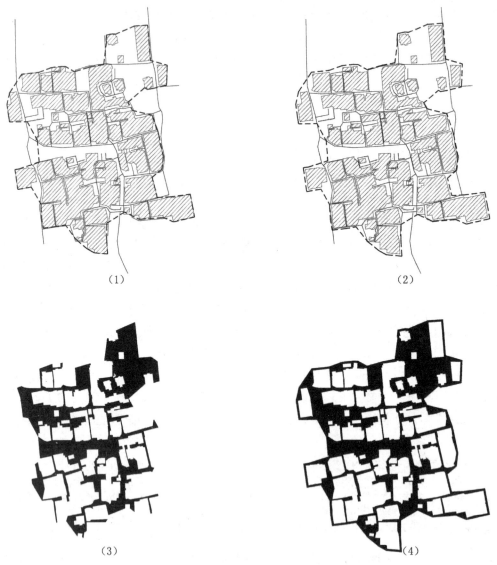

图 3.15 杜甫村两种聚落公共空间图斑的比较图

(资料来源:作者自绘)

4）聚落结构与公共空间图斑的分维

分维值的科学意义是表征图斑的复杂、破碎程度。图斑越复杂、破碎，则分维值越高。当一个图斑面积不变，破碎化的实质是不断地裂变从而产生更多的边界。面积与边界周长两个数据是这一分维的核心所在，而这两者也是聚落空间在二维平面图底关系上的核心要素，因而通过这一分维来解析公共空间的破碎化程度是一个比较理想的方法。当分维值越高，意味着这一定面积的公共空间越破碎，也就是具有更多的界面围合，空间受到建筑界面的挤压而变得越狭窄，使得空间结构的致密化程度提高[①]，于是空间关系变得多样而复杂，空间体验也将更为丰富。

由于分维值越高，说明同等面积条件之下，其边界的长度越长，从这个现象而言，分维值也体现了这一图斑凭借着空间边界，对于整体空间的某种填充能力。这一填充能力也表征，在一个聚落中，通过一定容量的公共空间组织了一定容量的建筑。填充能力高，则意味着通过较少的公共空间就可以组织起较多的建筑，以形成一个聚落整体；同时，也意味着其组织的效率，或者说结构化程度较高。于是，可以通过聚落公共空间图斑的分维值来间接反映聚落空间结构的致密化程度与结构化程度。分维值越高，其聚集的结构性越强，反之，则结构性越弱。

通过这一分维值表征的聚落结构化程度并不涉及聚落规模，仅仅表示其内部的建筑单体在聚集的过程中，相互之间所形成的空间结构性强弱。因而，一个很小的聚落，其结构性也可能比一个很大的聚落要强。在聚落形态关于结构的话题中，结构化程度只是一个初步的判定，更为深入的还有结构层次、结构形态等概念。结构层次显然与聚落的规模大小有关；在同等结构化程度之下，较大规模聚落的结构层次一般要比较小规模聚落的结构层次高；此外，通常以户为单位的建筑组合中，其内边界的分层叠套越多，意味着其自身层级也越多，局部空间结构关系也越复杂，等级也越高。而聚落结构形态，则又是另外一个概念，如前文所提到的点状、线状与网状结构之分。聚落结构层次与聚落结构形态不是本书所关注的对象，本书仅关注初步的聚落结构化程度。

5）22个乡村聚落样本的公共空间分维统计

将22个乡村聚落样本的中边界外推2.5 m，分别绘制它们的公共空间图斑如下：

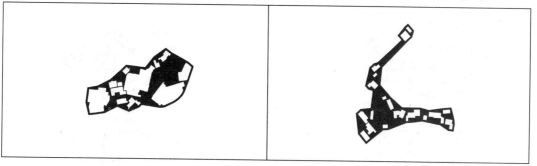

图3.16 上街村、滩龙桥村公共空间图斑

（资料来源：作者自绘）

---

① 相类似，刘承良等认为分维值大小在一定程度上反映都市圈以中心城市为核心展布的地域结构紧凑度、空间结构紧致度。见：刘承良，熊剑平，张红. 武汉都市圈城镇体系空间分形与组织[J]. 城市发展研究，2007,14(01)：44－51.

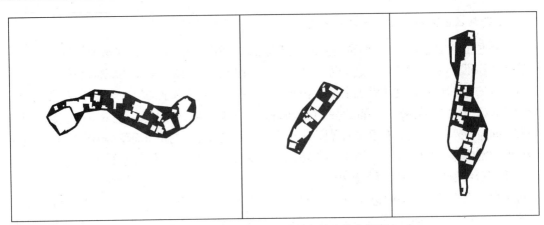

图 3.17 潜渔村、青坞村、统里寺村公共空间图斑

（资料来源：作者自绘）

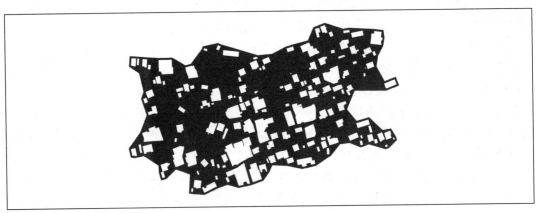

图 3.18 石英村公共空间图斑

（资料来源：作者自绘）

图 3.19 杜甫村、施家村公共空间图斑

（资料来源：作者自绘）

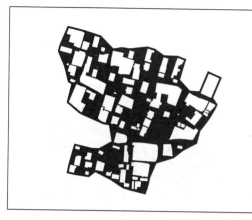

图 3.20 大里村、凌家村公共空间图斑

（资料来源：作者自绘）

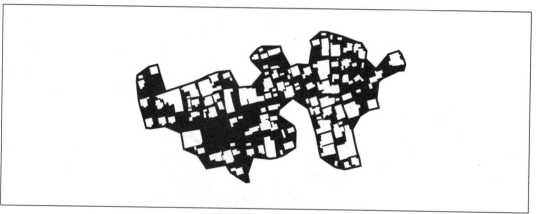

图 3.21 下庄村公共空间图斑

（资料来源：作者自绘）

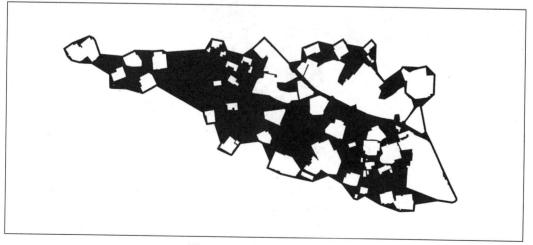

图 3.22 西冲村公共空间图斑

（资料来源：作者自绘）

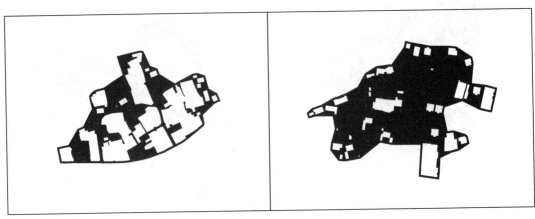

图 3.23   石家村、南石桥村公共空间图斑

（资料来源：作者自绘）

图 3.24   上葛村公共空间图斑

（资料来源：作者自绘）

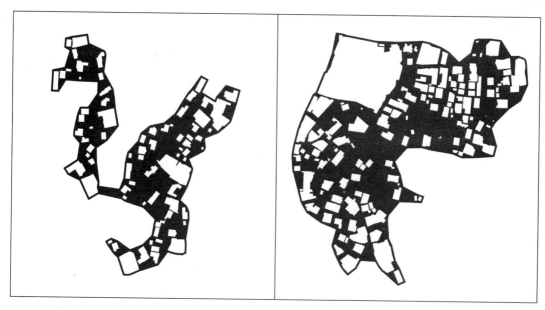

图 3.25 东山村、新川村公共空间图斑

（资料来源：作者自绘）

图 3.26 统里村公共空间图斑

（资料来源：作者自绘）

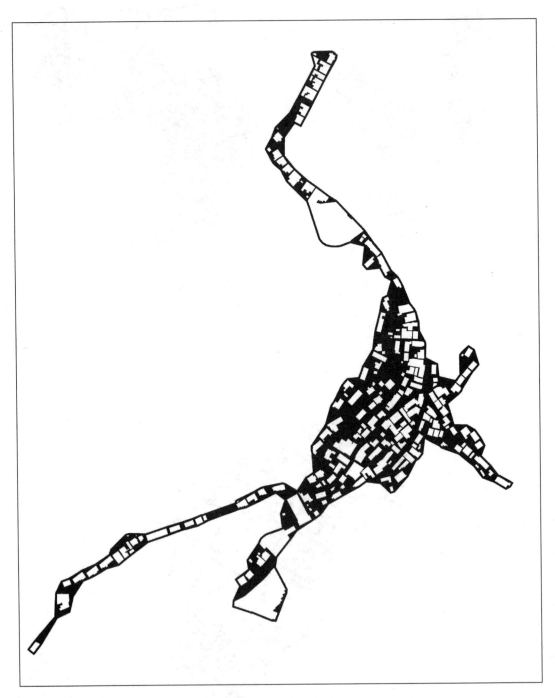

图 3.27   高家堂村公共空间图斑

（资料来源:作者自绘）

图 3.28　东川村公共空间图斑

（资料来源：作者自绘）

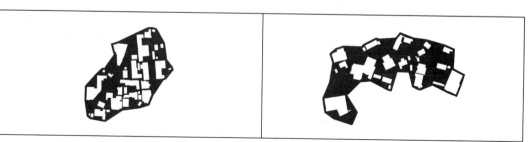

图 3.29　郎村、吴址村公共空间图斑

（资料来源：作者自绘）

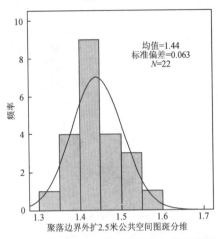

图 3.30　22 个乡村聚落公共空间图
斑分维的正态分布曲线图
（资料来源：作者自绘）

计算上述 22 个聚落样本的公共空间图斑分维 D，并通过统计软件 SPSS17.0 对数组进行统计分析，数组近似地服从正态分布。求得均值 $\mu=1.442$，标准差 $\sigma=0.0626$，并得到数组的正态分布曲线，如图 3.30 所示。

由于在任何正态分布中，68—95—99.7 规则近似成立，也即大约有 68% 的数据，落在距平均值一个标准差的范围内[1]，$\mu-\sigma=1.3794$，$\mu+\sigma=1.5046$；将中间的这部分 68% 的数据区间，1.3794—1.5046 定义为中分维数据区间；并以此为界，0—1.3794 定义为低分维数据区间，1.5046 以上定义为高分维数据区间，并分类列表（表 3.3）。

表 3.3　22 个乡村聚落的公共空间分维排序表

聚落名称	公共空间分维	分类	南石桥村（上）、东山村（中）、统里村（下）
南石桥村	**1.307 3**	低分维	
吴址村	1.378 7		
滩龙桥村	1.390 6		
西冲村	1.391 5		
上街村	1.398 8		
青坞村	1.400 8		
凌家村	1.407 6		
施家村	1.411 8		
石英村	1.412 3		
统里寺村	1.419	中分维	
石家村	1.425 7		
郎村	1.428 5		
潜渔村	1.433 9		
东山村	**1.449 8**		
新川村	1.459 7		
大里村	1.465		
下庄村	1.473 5		
杜甫村	1.486 7		
高家堂村	1.534 2	高分维	
东川村	1.536 4		
上葛村	1.547 4		
统里村	**1.563 9**		

（资料来源：作者自绘）

①　柯惠新，沈浩.调查研究中的统计分析法[M].北京：中国传媒大学出版社，2005：71.

以上统计的各乡村聚落中,公共空间分维值从1.307 3 到 1.563 9,均值为 1.442。理论上,分维值的可变区间还可以更大,如果聚落的建筑更稀疏,其分维值将更低;而反之,如果聚落的建筑更加密集,则其分维值将更高。但是,从分析的这 22 个乡村聚落样本的现状来看,如果分维值低于 1.3,则该聚落将过于松散,空间感太弱,分析它的公共空间可能意义不太大;而分维值为 1.563 9 的统里村,其空间结构已经非常致密,比之更致密的聚落应该相对较少了。在统里村公共空间内景中,可以看到它的庭院与街巷系统非常成熟而发达,空间指向性比较明确,但又富有很多变化,空间场所感较好。(图 3.31)

因而,可以通过公共空间图斑分维的三个数据区间,即小于 1.379 4 的低分维数据区间,1.379 4～1.504 6 的中分维数据区间、大于 1.504 6 的高分维数据区间,分别对应于弱结构化、中结构化以及强结构化的乡村聚落。

图 3.31　统里村公共空间内景

(资料来源:作者自摄)

3.4　本章小结

（1）对于聚落空间状态的描述中，建筑密度是一个最为常见的指标，本章首先对这一指标进行了研究。在对22个乡村聚落样本的统计分析之后，本书界定了低密度聚落（密度小于0.223 1），中密度聚落（密度在0.223 1～0.400 5之间），高密度聚落（密度大于0.400 5）。

（2）由于建筑密度这一指标的抽象与粗略性，本书将聚落的整体空间分化为公共空间与庭院空间两个相互独立的部分，分别进行研究，以希望能够对聚落内部的空间状态获得更为精准的量化描述。

（3）通过建筑单体及其组合的外轮廓所限定的面积为基数，进行庭院空间率的统计，以这一指数来描述聚落空间中通常以户为单位的建筑组合体中的虚实关系，反映了微观视野下的居住空间状态。按照庭院率数值的三个数据区间，将聚落划分为低庭院率聚落（庭院率小于0.170 5），中庭院率聚落（庭院率在0.170 5～0.468 9之间），高庭院率聚落（庭院率大于0.468 9）。

（4）通过将聚落中边界外推2.5 m，在平面上获得一个具有适当外延的聚落公共空间图斑；基于这一公共空间图斑的面积周长关系，统计了22个乡村聚落样本的公共空间分维，大致区分出低分维区（小于1.379 4）、中分维区（1.379 4～1.504 6）以及高分维区（大于1.504 6），分别对应于弱结构化、中等结构化以及强结构化的聚落。

（5）对于聚落空间结构而言，公共空间分维的数值，能够比建筑密度达成更为精准的量化描述。以公共空间分维的升序排列数组，构建22个乡村聚落样本的公共空间分维、庭院率、建筑密度的变化关系图（图3.32），观察聚落公共空间分维值与建筑密度、庭院率的关系。随着公共空间的分维的显著增长，建筑密度呈较为显著的上升趋势，而庭院率则大致呈下降趋势。密度上升，意味着聚落越致密，从而公共空间的分维值上升，其内部的组织结构性就越强；这意味着建筑密度与聚落的组织结构性大致上呈正相关性。此外，虽然庭院率的数据变化波动的幅度比建筑密度大，但是两者的波动频率是比较接近的，而且经常处于互为逆反的状态。原因在于，建筑密度的增高，是以减少聚落空间为代价的，庭院空间，作为聚落空间的一个部分，必然也要受到影响。

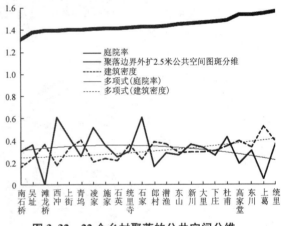

图3.32　22个乡村聚落的公共空间分维、庭院率、建筑密度的变化关系图

（资料来源：作者自绘）

4 建筑——聚集的秩序

4.1 聚落单体的秩序化聚集

4.1.1 秩序与秩序化

聚落源于建筑单体的聚集。在聚集的过程中,一方面,建筑单体之间形成了特定的组织结构关系;另一方面,建筑单体之间也形成了聚落空间,这一空间具有特定的形态。如图4.1所示,此两者在平面图上互为图底关系。因而也可以说,建筑之间的组织结构关系限定了聚落的空间形态,或者说,聚落空间形态是聚落建筑之间组织结构关系在空间上的体现。

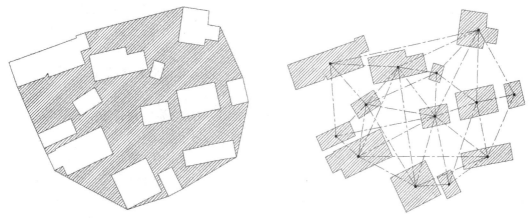

图4.1 聚落空间形态是聚落建筑秩序化的结果

(资料来源:作者自绘)

上述建筑单体之间的组织结构关系,其实质是建筑单体相互之间所形成的一系列局部秩序关系的整合,因而聚落整体所显现出来的结构与肌理(空间的或是建筑实体的)亦来源于聚落建筑之间的秩序化聚集。聚落结构,偏向于聚落整体的审视;而秩序,则着眼于相对微观的聚落建筑单体之间所形成局部空间关系的考察。

此处,秩序是一个关键性要素;当一个事物被构成的时候,其实质亦就是构成这一事物的各元素之间被秩序化的过程。"所有表现着的事物都是被秩序化的事物。在这个世界上几乎只存在秩序。所有的聚落与建筑都已经被秩序化"①。因而,聚落的生长也是建筑单体

---

① [日]原广司.世界聚落的教示100[M].于天祎,刘淑梅,译.北京:中国建筑工业出版社,2003:24.

不断被秩序化的过程,或者说,秩序化是聚落生长的一个必然环节①。一个聚落的生长,总是从形成初步的秩序开始,随着聚落的生长演进,这一结构性秩序会动态地改变,一般来说是逐渐加强,最后达成一个相对成熟而稳定的状态。

通常所说的秩序与非秩序②,并非是不存在秩序,实质是显性秩序与隐性秩序之分。当秩序关系足够扬显的时候,便可能产生具有某些特定指向性的结构化表象。任何一个聚落均有其特定的秩序,并且通过建筑单体的秩序化表现出聚落整体形式的结构化特征。

秩序不仅仅存在于物质形态之中,非物质形态也有其秩序,如社会秩序、经济秩序、宗法秩序等,这些非物质形态秩序会对物质形态秩序形成一定的控制力与驱动力。

4.1.2 聚落的秩序化过程

总体而言,聚落的秩序化源于内在与外在两方面的驱动力,即聚落内在的自组织建造生长与聚落外在的环境影响力控制,这两者此消彼长。

1) 个体建造与聚落形态秩序的自组织

经由建筑单体的聚集(建造),聚落不断生长扩张,并且在形态上逐步获得了某种秩序特征,通常是从初期的弱秩序而逐渐增强。由于聚落是一种自下而上的自组织生成过程,不同于自上而下基于总图设计的规划控制,因而每一幢建筑单体的聚集(建造),一般都基于以下过程:

(1) 聚落建筑单体的聚集主要有两种方式,其一是在聚落边缘新建,表征为聚落的空间扩张;其二是在内部新建(包括拆建),表征为聚落的空间填补。

(2) 周围的既有建筑以及重要的物质环境(比如山体、河流等)③对拟建造的基地在空间形态上形成了一定的影响与控制力。

(3) 建造者基于个体的微观视角得以感受这一空间形态特征,然后结合具体的需求形成自我判断,决定选择一个合适的大小、适宜的方位,并且与周围的既有建筑或重要的物质环境保持恰当的距离来建造。

(4) 由于拟建造的基地在空间形态上的特征是独一无二的,而建造本身又是基于个体的自发行为,其大小、方向以及距离等关系都是基于建造者的个体意志而非统一自上而下的规划,导致每一个建成后的建筑单体都是独一无二的。因而建筑单体两两之间在形态秩序上都形成了一定程度的差异性;这一普遍存在的差异性使得聚落整体的结构肌理在形态秩序上体现出某种柔韧性,以区别于自上而下的总图规划在形态秩序上所极易导致的生硬性。

(5) 建造完成以后,这个建筑单体与周围的既有建筑或者重要的物质环境之间形成了

---

① "聚落的形成,首先是选址,其次是如何使聚落内部'秩序化'的问题,以及决断内部的等级制度如何设定的问题,最后考虑的是聚落的全体构成以及单体建筑的形态要表象什么这个'符号化'的问题,虽然聚落的空间构成图式经过上述三个过程而得以完成……"见:李东,许铁铖. 空间、制度、文化与历史叙述——新人文视野下传统聚落与民居建筑研究[J]. 建筑师,2005(03):8.

② 有研究提及的艺术家聚落无句法,是与一般规划社区的句法控制相对的。见:李莎,杭程. 艺术家聚落景观探究[J]. 山西建筑,2007,33(25):342-343.

③ 非物质性要素对聚落形态生成也会形成影响,由于本书主要研究物质性的空间形态,因而非物质性的要素暂不探讨。

一定的空间关系,这些空间关系也都不尽相同,相互之间可能是富有秩序感进而显得协调,也可能是缺乏秩序感进而显得紊乱。

2) 界体的多向量影响与控制力

一般而言,聚落的界体有山峦、河流湖泊、道路、农田等。不同的界体对于一个聚落的形态影响力也有差异。比如,农田是一个比较容易改造的界体,聚落通常都是侵占农田而得以扩张。而道路的影响力度要稍强,当道路的交通等级较低的时候,也有将道路外移或者跨越道路而扩张聚落的情形。河流湖泊以及山峦这些界体,影响力就更强了,被改造的可能性也较小,通常情况下聚落是因循着它们边缘的形态特征而建立自己的形态秩序。因而可以看到,首先,这些不同的界体对聚落的形态秩序将会产生不同程度的影响力;其次,这些不同程度的影响力最后汇集成了一种综合的多向量控制力。界体情况越复杂,则这一多向量的控制力也就越复杂,也必然产生较为复杂而多样的聚落形态秩序。有时候这些多向量的秩序关系之间会产生某种过渡与渐变,使得聚落整体秩序关系偏向于略带柔韧的协调;而有些则可能会产生某种"肌理旋涡"般的效应,使得聚落局部秩序关系偏向于略带冲突的紊乱。

3) 界体控制力对聚落形态秩序的影响深度

聚落外在环境界体具有形态秩序的诱导力;从图面上来看,它首先影响了聚落边缘建筑单体的秩序关系,这些建筑单体又通过相互之间的局部空间关系,进而影响了它内侧的建筑单体;如此往复,通过这些建筑单体多米诺骨牌效应般的传递,界体的影响力逐渐渗透到了聚落内部[1]。于是,这一渗透力的高低,决定着对聚落形态秩序影响距离的远近,本书称之为对聚落整体结构的影响深度。有些影响距离会比较大,而有些则会较小,具体情况相对较为复杂;但是一般来说,都会表现出一定的深度值。

但是,随着距离的深入,这一界体形态诱导力的强度会逐渐衰减,在对聚落结构的影响达到一定深度以后,就逐渐消失了;取而代之的,也许是另外一个界体形态诱导力的影响;或者没有具体的界体影响力,而是源于聚落局部空间的自组织逻辑秩序。这就是前文所述的多向量控制,每一个向量都具有一定的结构深度,而在各向量之间出现突变的情况比较少;一般都存在着不同秩序向量关系的渐变与过渡区间,使得聚落整体结构显现出从一种向量影响到另一向量影响的变化与过渡,从而使得聚落整体结构显得较为柔韧。如图4.2中,接近山体边缘的建筑单体呈弧形排列,但是离开一定距离逐渐扩散开以后,建筑之间的秩序关系便呈现为相对简单的行列式。

这一现象在传统聚落中较为普遍;因为其秩序关系主要建立在自下而上的自组织生成机制以及"顺应"外在界体的秩序原则之上的。

而在现代聚落的营建中,视域、技术与手段都发生了变化,通常是基于自上而下的规划去"赋予"其秩序;并且多以简单划一的正交网格体系为主,环境界体仅仅影响了聚落的边缘,而未能渗透到聚落的内部。这表明现代聚落对于环境的改造控制力增强了,但使得聚落整体结构丧失了自然有机的特质从而显得较为生硬。

---

① 需要说明的是,真正的建造过程,可能是从贴邻界体开始然后逐渐远离之;也有可能是由远及近地接近该界体,直到止于该界体。

图 4.2　哥伦比亚麦德林的棚户区俯瞰

(英国摄影师杰森·霍克森航拍;资料来源:网络搜索)

4.1.3　聚落建筑单体之间的秩序要素

王昀教授在其《传统聚落结构中的空间概念》一书中提出了"空间概念图≌聚落配置图＝住居的面积＋住居的方向＋住居之间的距离"的观点①。也就是说,聚落是由一系列的建筑单体构成,它们通过自身的面积大小、方位角度,以及与其他建筑单体之间的距离这三个基本向量,在聚集成一个整体网络的过程中,建构了聚落整体的空间结构。王昀教授基于这三个基本向量对聚落的空间结构进行量化研究。因而,本书认为上述三个基本向量,也正是聚落中建筑单体最基本的空间秩序向量。从变幻莫测的围棋棋局中可以看到简单的规则能够产生如此丰富无穷的变化;而聚落形态亦然,通过聚落建筑单体的这三个秩序要素,可以构成丰富而多样的聚落形态。

4.2　聚落建筑节点网络图

4.2.1　一定影响距离内的聚落建筑节点网络图

以图 4.3 为例来说明聚落建筑节点网络图的生成过程。

如图 4.3(1)中所示,选取聚落中的建筑 1 为观察对象。它周围分布着很多其他建筑单体。这些建筑中,除了建筑 12,其余建筑均有若干个面与建筑 1 直接可视,也即具有直接的

---

① 王昀. 传统聚落结构中的空间概念[M]. 北京:中国建筑工业出版社,2009:34.

空间关系。

假设建筑1还有待建造,那么这些直接可视的建筑界面将形成一个将要容纳建筑1的空间界域,这个界域的空间形态对建筑1形态的生成可能产生显著的外在物质性影响(内在影响来自于前文所述之建造者的个体意志等),比如形体轮廓、面积大小、方向以及位置等。而在直接可视区域以外的建筑,无法与之形成直接的空间关系,只能通过中间被遮挡的建筑以形成相对较弱的间接关系。

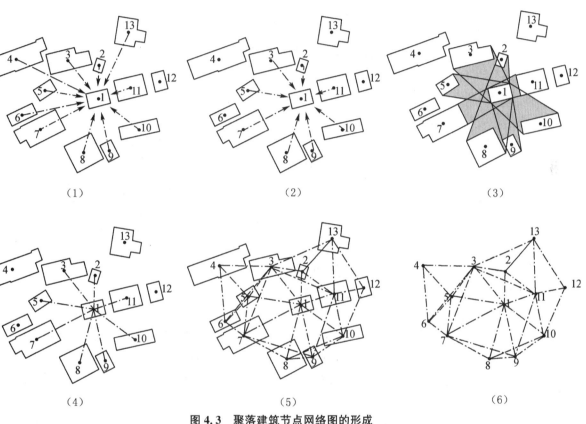

(1)　　　　　　　　　　　(2)　　　　　　　　　　　(3)

(4)　　　　　　　　　　　(5)　　　　　　　　　　　(6)

图4.3　聚落建筑节点网络图的形成

(资料来源:作者自绘)

如果建筑1已经存在,那么这些直接可视建筑单体的界面将与建筑1的界面共同构成外部空间,形成一个以建筑1为环绕核心的空间场。在传统乡村聚落中,不管是建造之前的空间影响还是建造完成以后的空间体验,主要都是基于个体的身体性直观感受;如果超越了这个可视范围,建造者就无法获得身体性的直观感受,也难以构成直接的相互影响①。

当然,还存在一个影响距离的问题。也就是说,在这些可视空间关系中,如果两个建筑之间的距离过于遥远,则它们之间的空间感自然非常微弱,因而相互之间的秩序关系也就同

---

① 由于本书目前是以平面二维为研究视角,以聚落总平面图为研究对象,在二维平面上探究聚落建筑之间的可视关系;在实际情况中,A、B两个建筑在平面图上被建筑C遮挡了,但也许建筑C较低矮而建筑A、B较高,A、B之间的视线越过C的顶部仍然可以产生可视关系。这种可视关系超越了二维平面的视角,暂不在本书的讨论范围之内。

样显得非常微弱。在此处的原理分析阶段,影响距离暂以 15 m 计(具体计算将在后文论述),超过 15 m 距离的空间关系,笔者认为过远而将之排除。如图中(2)所示,将超出 15 m 距离的关联删除。

如图中(3)所示,首先可以界定出在这些建筑中与建筑 1 产生可视关系的面,并且可以画出这些面与建筑 1 之间所产生的可视空间场。人们体验建筑 1 与这些周围建筑单体之间的空间关系,就是在这一系列的连续或不连续的空间场中完成。

如图中(4)所示,以建筑 1 为观察点,分析其与周围建筑单体的秩序关系时,与影响距离内的建筑单体建立起了两两之间的关联,以点画线的连接来标示。

如图中(5)所示,当逐一以每个建筑单体为观察点,可以分析出每一个建筑单体在其影响距离内与其他建筑单体的秩序关联。当观察点在不同建筑单体之间逐一轮换时,将不断形成新的形态秩序关联组。聚落的整体形态,便借由着这些局部而小尺度的关联组及其控制域逐步聚集、链接、建构成为一个整体的结构网络。

如图中(6)所示,当把建筑单体的具体形态消隐,便留下了一个抽象的(建筑)节点网络图。每一个节点包含着建筑轮廓形态、面积大小、方向性这些信息;而节点间的网络连线,则包含着相互之间的距离信息。对于一个聚落中建筑整体秩序形态的分析,可以转换为对这个以两两节点关系为基础的包含了诸多信息的节点网络图的分析。比如,两两之间的关系如果都是平行的,那么整体秩序关系都是以平行为主,必然显得秩序井然;而如果两两之间的关系都是杂乱无章的,那么聚落整体的秩序关系也必然显得比较紊乱。

可以看到,聚落建筑节点网络图的生成,基于两个重要的设定。其一,聚落中建筑单体之间的秩序关系,是以可视空间的方式传递的;这也是传统乡村聚落与现代聚落的一个重要的差异。在经过自上而下规划的现代聚落中,在建筑单体之间大量存在着超越了可视空间的范围但仍然具有诸多特定的空间秩序关系,比如在间隔开多个遮挡建筑以后,两个建筑单体仍然可能被设计赋予某种显著的几何关联。这样,便使得现代聚落失却了传统聚落那种小尺度下的渐变所带来的建筑秩序关系的柔韧性。其二,便是建筑节点之间秩序关系的影响距离,目前暂定为 15 m。

4.2.2　节点网络图的理论意义

在图 4.1 中已经看到,建筑单体与聚落空间在平面图上互为图底关系。前一章借助于分形理论对聚落空间形态进行了分析,现在借助于这一聚落建筑节点网络图,在较为抽象的层面上来分析建筑单体之间的秩序关系。聚落建筑的结构肌理是通过可视空间的方式产生进而传递的,而节点网络图的核心也正是基于可视空间范围内的建筑单体两两关联所编织而成的抽象网络,也即是可视空间关系的抽象化。因而,聚落内部的建筑秩序,可以看作是通过这一节点网络图来传递的。不同的聚落所具有的建筑秩序也是不一样的,节点网络图能够反映它们之间的内在差异,以图 4.4 为例来分析说明。

如图 4.4(1)图中所示,12 个建筑有规律地排列成一个圈,可以在(5)图中绘出节点网络图。由于这个排列较为简单而特殊,因而网络图极其准确地表达出了它的形态特征。而当保持它们每一个建筑单体的形状、大小以及角度不变,仅移动它们的位置以获得(2)图中的一个随机布局,相应节点网络图也变为如(6)图中所示。

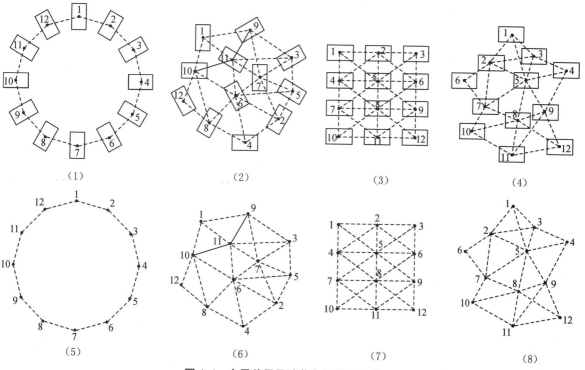

(1)   (2)   (3)   (4)

(5)   (6)   (7)   (8)

图 4.4 布局差异导致节点网络图的差异

(资料来源:作者自绘)

再如(3)图所示的行列式布局,可以在(7)图中绘出同样行列式的节点网络图。保持(3)图中建筑单体的形状、大小以及角度不变,仅移动它们的位置以获得(4)图中的随机布局,相应节点网络图也变为如(8)图中所示。

在(1)、(2)、(3)、(4)四图中,尽管建筑数量相同均为 12 个,但由于排列方式不一样,使它们的空间秩序关系也不一样,最后抽象出来的节点网络图,如(5)、(6)、(7)、(8)图所示,也不尽相同,并且所具有的联系线数量也不同。显然,(1)图中的建筑单体排列成一个较为特殊的圆圈,联系线与节点数相等都是 12,是四个例图中最为简洁而特殊的一组。

由以上的图解分析可知,每一个节点包含了建筑自身的形状、面积以及角度等个体信息,通过节点网络图中的联系线所建立的两两关系,可以通过数理分析,在整体的角度、量化的层面,来探究它们所形成空间秩序关系的群体效应:

其一,两两个体之间的信息可以进行联系与比较,比如两者之间的面积差或者所形成的角度差(夹角)等。如(1)图中,建筑两两之间的角度差(夹角)都是相等的,而在重新随机布局以后的(2)图中,建筑两两之间又形成了多种角度差(夹角),使得局部空间关系变得更为复杂。

其二,通过这一两两建筑之间的联系线关联,又产生了一个新的变量,即两者之间的距离,表征了这两者之间空间关系的强弱。距离越近,则围合的空间越明确,两者之间的空间关系越强;而距离越远,则围合的空间越模糊,两者之间的空间关系越弱。

于是,对于一个聚落中建筑单体节点信息的统计分析具有两种方式。其一,就是不管它们之间的任何关联,将每一个数据进行采集,统一平均,以形成一组绝对而超然的均值。其二,通过节点网络图中的联系线,分析两两节点之间的数据关系,以形成一组组相对的、局部空间化的分析结果。空间结构本身就是来源于一系列两两关系的链接与整合,因而通过网络联系线来分析一定影响距离内节点的秩序信息,更接近于结构化的本源。

4.2.3　基于节点网络图的建筑秩序分析原理

基于前文的借鉴与分析,聚落中建筑单体最基本的空间秩序向量为方向性角度、面积大小,以及与其他建筑单体之间的距离这三个要素;以下基于节点网络图的视角,逐一对这三个要素进行分析,以考察聚落形态中的建筑群体秩序。

1) 以各节点的方向性角度差所表征的秩序关系

(1) 建筑节点的方向性

聚落建筑单体平面轮廓多为(或接近)矩形,或者可以拆分为若干个矩形,因而具有长向与短向两个轴线。在此处的原理分析阶段,暂时设定其通过形心的长向轴线表征其方向性,其后所称轴线,均为长轴线之意。

平行并置与垂直相交是建筑空间形态中的两种基本的结构原型[①],这两种方式也是建筑单体在建构聚落整体形态的过程中,两两之间秩序关系的典型状态。聚落建筑单体之间的方向角度差源于两个建筑之间形成的夹角;当夹角等于0°时建筑相互平行;当夹角等于90°时建筑相互垂直。当建筑相互之间以平行或垂直关系汇集为聚落,将形成整齐的正交格网秩序,从而使聚落空间形态显得较为完整而规则。建筑之间的夹角从平行到垂直的渐变过程中,45°处于两者之间的临界状态;小于45°则偏向于平行,大于45°则偏向于垂直。当建筑相互之间都以接近45°汇集为聚落时,将使聚落空间形态显得较为破碎而不规则。因而在建筑聚集过程中,平行与垂直是两种最为有序的方向性关系;而45°则最为紊乱。当然,建筑单体之间纯粹平行、垂直或者形成45度夹角的理想化聚落是不存在的,但是每一个聚落的建筑单体之间或多或少都会相对偏向于某一种秩序关系。可以通过统计与分析节点网络图中两两节点之间在方向性上的秩序关系,进而获知整个聚落在建筑单体方向性上的总体特征。

如图4.5所示,两个建筑单体的轴线形成三种状态。(1)图为平行,(2)图为垂直,(3)图即为前面两种理想状态之间的中间状态,形成0~90°之间的锐角 α 角。(4)图情况下,两者形成钝角 β 时,仍然只需要考察其锐角 $\alpha=180-\beta$,也就是说,在这里表征两者之间的方向性秩序关系,只需要记录两者之间的锐角 α。

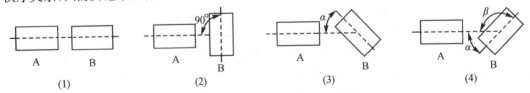

图4.5　建筑节点之间角度差的四种情况

(资料来源:作者自绘)

---

① 张毓峰,崔艳. 建筑空间形式系统的基本构想[J]. 建筑学报,2002(09):55.

进一步来看,所需要考察的是 α 与 45° 之间的关系,也即对于最为紊乱的 45° 方向的角度偏离程度 $(\alpha-45)$ 的数值。当 $(\alpha-45)=0$ 的时候,α 为 45°,两个建筑之间的方向性关系最为紊乱;当 $(\alpha-45)$ 大于 0 的时候,也即是 α 大于 45°,两者之间的角度关系趋向于垂直;当 $(\alpha-45)$ 小于 0 的时候,也即是 α 小于 45°,两者之间的角度关系趋向于平行。

由于 α 为锐角,在 0~90° 的数据区间内,因而 $(\alpha-45)$ 的数值将在 -45° 到 45° 之间,表示两两建筑物之间从平行到 45° 紊乱再到垂直这一系列秩序关系的变化过程。所有关联数组中 $(\alpha-45)$ 的均值,可以大致表达整个聚落组合中建筑单体两两之间在总体上倾向于何种秩序关系。而 $(\alpha-45)$ 绝对值的均值,在 0~45° 的数据区间内,由于消除了平行或者垂直之间的数据差异,仅仅体现了偏离 45° 的程度,因而大致表达了从紊乱(45°)到秩序(平行或者垂直)的总体倾向性。

(2) 例图统计

以图 4.6 的模拟聚落来尝试建筑方向性秩序的分析。图中一共有 12 个建筑单体,在(1)图中建筑单体排列成为一个严整的行列式;在(4)图中重新排列成一个圆形发散的结构;将(4)图中建筑单体的角度保持不变,移动位置重新排列成类似(1)图中的严整行列式结构,得到(3)图;再保持(3)图中建筑的位置不变,将每一个建筑单体与水平线之间的夹角减小一半,得到(2)图。

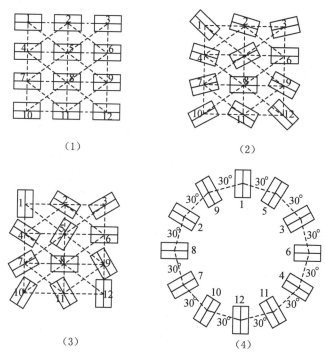

图 4.6 建筑节点之间方向性秩序分析例图
(资料来源:作者自绘)

于是,(1)、(2)、(3)图中的排列结构是相同的,(3)、(4)图中建筑的方向性角度是相同的,(2)图中各建筑单体的方向性角度是(3)图中各建筑单体方向性角度的 1/2。以 15 m 的影响距离分别绘制它们节点网络图。

将图 4.6 中的四个例图,按网络图中节点联系线所确定的关联将各组节点编号列出,并分别统计它们的角度差锐角 α,最后计算数组的均值与标准差(反映一组数据基于均值的离散程度),分别列表如下:

表 4.1 (1)图中建筑节点之间的轴线角度差锐角 α 统计表

建筑节点间联系线序号	建筑节点1编号	建筑节点2编号	节点间角度差锐角 $\alpha/°$	$(\alpha-45)/°$	$(\alpha-45)$绝对值/°
1	1	2	0.000 0	−45.000 0	45.000 0
2	1	5	0.000 0	−45.000 0	45.000 0
3	1	4	0.000 0	−45.000 0	45.000 0
4	2	3	0.000 0	−45.000 0	45.000 0
5	2	4	0.000 0	−45.000 0	45.000 0
6	2	5	0.000 0	−45.000 0	45.000 0
7	2	6	0.000 0	−45.000 0	45.000 0
8	3	5	0.000 0	−45.000 0	45.000 0
9	3	6	0.000 0	−45.000 0	45.000 0
10	4	5	0.000 0	−45.000 0	45.000 0
11	4	7	0.000 0	−45.000 0	45.000 0
12	4	8	0.000 0	−45.000 0	45.000 0
13	5	7	0.000 0	−45.000 0	45.000 0
14	5	8	0.000 0	−45.000 0	45.000 0
15	5	9	0.000 0	−45.000 0	45.000 0
16	5	6	0.000 0	−45.000 0	45.000 0
17	6	8	0.000 0	−45.000 0	45.000 0
18	6	9	0.000 0	−45.000 0	45.000 0
19	7	8	0.000 0	−45.000 0	45.000 0
20	7	10	0.000 0	−45.000 0	45.000 0
21	7	11	0.000 0	−45.000 0	45.000 0
22	8	10	0.000 0	−45.000 0	45.000 0
23	8	11	0.000 0	−45.000 0	45.000 0
24	8	12	0.000 0	−45.000 0	45.000 0
25	8	9	0.000 0	−45.000 0	45.000 0
26	9	11	0.000 0	−45.000 0	45.000 0
27	9	12	0.000 0	−45.000 0	45.000 0
28	10	11	0.000 0	−45.000 0	45.000 0
29	11	12	0.000 0	−45.000 0	45.000 0
均值			0.000 0	−45.000 0	45.000 0
标准差			0.000 0	0.000 0	0.000 0

(资料来源:作者自绘)

表 4.2 (2)图中建筑节点之间的轴线角度差锐角 α 统计表

建筑节点间联系线序号	建筑节点 1 编号	建筑节点 2 编号	节点间角度差锐角 α/°	(α−45)/°	(α−45)绝对值/°
1	1	2	30.000 0	−15.000 0	15.000 0
2	1	5	75.000 0	30.000 0	30.000 0
3	1	4	30.000 0	−15.000 0	15.000 0
4	2	3	30.000 0	−15.000 0	15.000 0
5	2	4	0.000 0	−45.000 0	45.000 0
6	2	5	45.000 0	0.000 0	0.000 0
7	2	6	15.000 0	−30.000 0	30.000 0
8	3	5	15.000 0	−30.000 0	30.000 0
9	3	6	15.000 0	−30.000 0	30.000 0
10	4	5	45.000 0	0.000 0	0.000 0
11	4	7	30.000 0	−15.000 0	15.000 0
12	4	8	15.000 0	−30.000 0	30.000 0
13	5	7	15.000 0	−30.000 0	30.000 0
14	5	8	30.000 0	−15.000 0	15.000 0
15	5	9	60.000 0	15.000 0	15.000 0
16	5	6	30.000 0	−15.000 0	15.000 0
17	6	8	0.000 0	−45.000 0	45.000 0
18	6	9	30.000 0	−15.000 0	15.000 0
19	7	8	15.000 0	−30.000 0	30.000 0
20	7	10	15.000 0	−30.000 0	30.000 0
21	7	11	45.000 0	0.000 0	0.000 0
22	8	10	30.000 0	−15.000 0	15.000 0
23	8	11	30.000 0	−15.000 0	15.000 0
24	8	12	45.000 0	0.000 0	0.000 0
25	8	9	30.000 0	−15.000 0	15.000 0
26	9	11	0.000 0	−45.000 0	45.000 0
27	9	12	12.000 0	−33.000 0	33.000 0
28	10	11	60.000 0	15.000 0	15.000 0
29	11	12	15.000 0	−30.000 0	30.000 0
均值			27.827 6	−17.172 4	21.310 3
标准差			18.334 3	18.334 3	13.085 2

(资料来源:作者自绘)

表 4.3 (3)图中建筑节点之间的轴线角度差锐角 α 统计表

建筑节点间联系线序号	建筑节点 1 编号	建筑节点 2 编号	节点间角度差锐角 $\alpha/°$	$(\alpha-45)$ /°	$(\alpha-45)$ 绝对值/°
1	1	2	60.000 0	15.000 0	15.000 0
2	1	5	30.000 0	−15.000 0	15.000 0
3	1	4	60.000 0	15.000 0	15.000 0
4	2	3	60.000 0	15.000 0	15.000 0
5	2	4	0.000 0	−45.000 0	45.000 0
6	2	5	90.000 0	45.000 0	45.000 0
7	2	6	30.000 0	−15.000 0	15.000 0
8	3	5	30.000 0	−15.000 0	15.000 0
9	3	6	30.000 0	−15.000 0	15.000 0
10	4	5	90.000 0	45.000 0	45.000 0
11	4	7	60.000 0	15.000 0	15.000 0
12	4	8	30.000 0	−15.000 0	15.000 0
13	5	7	30.000 0	−15.000 0	15.000 0
14	5	8	60.000 0	15.000 0	15.000 0
15	5	9	60.000 0	15.000 0	15.000 0
16	5	6	60.000 0	15.000 0	15.000 0
17	6	8	0.000 0	−45.000 0	45.000 0
18	6	9	60.000 0	15.000 0	15.000 0
19	7	8	30.000 0	−15.000 0	15.000 0
20	7	10	30.000 0	−15.000 0	15.000 0
21	7	11	90.000 0	45.000 0	45.000 0
22	8	10	60.000 0	15.000 0	15.000 0
23	8	11	60.000 0	15.000 0	15.000 0
24	8	12	90.000 0	45.000 0	45.000 0
25	8	9	60.000 0	15.000 0	15.000 0
26	9	12	30.000 0	−15.000 0	15.000 0
27	10	11	60.000 0	15.000 0	15.000 0
28	11	12	30.000 0	−15.000 0	15.000 0
均值			49.285 7	4.285 7	21.428 6
标准差			24.784 8	24.784 8	12.535 7

（资料来源：作者自绘）

表 4.4 　（4）图中建筑节点之间的轴线角度差锐角 α 统计表

建筑节点间联系线序号	建筑节点1编号	建筑节点2编号	节点间角度差锐角 α/°	$(\alpha-45)$/°	$(\alpha-45)$绝对值/°
1	1	5	30.000 0	−15.000 0	15.000 0
2	5	3	30.000 0	−15.000 0	15.000 0
3	3	6	30.000 0	−15.000 0	15.000 0
4	6	4	30.000 0	−15.000 0	15.000 0
5	4	11	30.000 0	−15.000 0	15.000 0
6	11	12	30.000 0	−15.000 0	15.000 0
7	12	10	30.000 0	−15.000 0	15.000 0
8	10	7	30.000 0	−15.000 0	15.000 0
9	7	8	30.000 0	−15.000 0	15.000 0
10	8	2	30.000 0	−15.000 0	15.000 0
11	2	9	30.000 0	−15.000 0	15.000 0
12	9	1	30.000 0	−15.000 0	15.000 0
均值			30.000 0	−15.000 0	15.000 0
标准差			0.000 0	0.000 0	0.000 0

（资料来源：作者自绘）

　　首先观察 $(\alpha-45)$ 的均值，宏观上判断这个模拟聚落中建筑物两两之间在方向性角度上所表现出来的秩序关系。（1）、（2）、（3）、（4）图分别为 −45.000 0、−17.172 4、4.285 7、−15.000 0，从数值上而言，（3）图的 4.285 7 大于 0，因而在整体上相对偏向于垂直关系；而（1）、（2）、（4）图均小于 0，因而在整体上相对偏向于平行关系，并且在平行关系的程度上渐次减弱。这与图中的直观表现相吻合。

　　其次观察 $(\alpha-45)$ 绝对值的均值。（1）、（3）、（2）、（4）图分别为 45.000 0、21.428 6、21.310 3、15.000 0，数值越大，意味着整体上偏离 45 度的累计数量越大，秩序感越强。因而仅从这一数据可以认为，图（1）、（3）、（2）、（4），方向性秩序渐次减弱。但是，由于这是假设的状况，（1）、（4）两图的标准差为 0，意味着它们各自遵循着一个恒定不变的角度关系，也意味着它们在空间结构上具有某种特殊性。事实上，（1）图为全平行关系，（4）图中建筑首尾相接构成了一个圆环。此外，虽然从图中直观地感觉图（3）要较之图（2）显得紊乱，但是事实上两组数据的均值几乎相当，意味着整体上对 45 度的偏离程度是相当的，但是通过 $(\alpha-45)$ 的均值可以进一步看到在整体上它们两者又具有不同的角度倾向性。

　　从以上四个例图中可以看出，即使如（3）、（4）两图中每一个建筑单体的绝对角度都相同，但是基于不同的排列组合，它们可以呈现出不同的整体方向性秩序。此外，（1）图与（4）图也表现出了建筑单体组合上的特殊性。所有这些组合状态下的方向性秩序关系，都可以通过节点网络图中的 $(\alpha-45)$ 的数据统计得到合理的解释，可以反映出聚落中建筑单体秩序关系的方向性紊乱度,数值越小越紊乱,反之则越有序。

2) 以各节点的面积差所表征的秩序关系

聚落建筑平面轮廓的形状大小,也是影响聚落内部秩序关系的一个重要方面。其中,形状直接影响了公共空间的形态(关于这一点,可以认为在前一章的聚落空间研究中有所涉及);建筑形状难以简单量化,因而此处仅通过其建筑平面轮廓面积来进行量化分析,最为简单而直观的便是面积差的比较。如果各建筑的面积差很小,则聚落形态将会显得较为秩序化;而如果各建筑的面积差很大,也即聚落建筑单体大小不等,则聚落形态将会显得较为杂乱。

通过图4.7中四个例图来分析面积差所界定的面积秩序关系。(1)图以整齐的方式排列建筑单体,且建筑面积是相等的。(2)图采用相同的布局结构,但是建筑单体的面积按照建筑的排列分成四组并形成规律的大小渐变。(3)图将(2)图中有规律渐变排布的建筑单体打散组合。(4)图是规则的圆环布局。

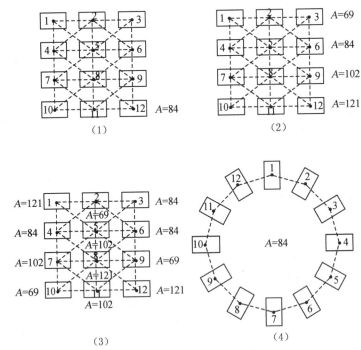

图 4.7　建筑节点之间面积大小秩序分析例图

(资料来源:作者自绘)

以15 m的影响距离分别绘制它们的节点网络图,并将图4.7中四个例图按网络图中节点联系线所确定的关联将各组节点编号列出,并分别统计它们的面积差数据,最后计算数组的均值与标准差(反映一组数据基于均值的离散程度),分别列表如下:

表 4.5 节点面积差统计表

(1)图		(2)图		(3)图		(4)图	
节点关联	面积差/m²	节点关联	面积差/m²	节点关联	面积差/m²	节点关联	面积差/m²
1—2	0.000 0	1—2	0.000 0	1—2	52.000 0	1—2	0.000 0
1—5	0.000 0	1—5	15.000 0	1—5	19.000 0	2—3	0.000 0
1—4	0.000 0	1—4	15.000 0	1—4	37.000 0	3—4	0.000 0
2—3	0.000 0	2—3	0.000 0	2—3	15.000 0	4—5	0.000 0
2—4	0.000 0	2—4	15.000 0	2—4	15.000 0	5—6	0.000 0
2—5	0.000 0	2—5	15.000 0	2—5	33.000 0	6—7	0.000 0
2—6	0.000 0	2—6	15.000 0	2—6	15.000 0	7—8	0.000 0
3—5	0.000 0	3—5	15.000 0	3—5	18.000 0	8—9	0.000 0
3—6	0.000 0	3—6	15.000 0	3—6	0.000 0	9—10	0.000 0
4—5	0.000 0	4—5	0.000 0	4—5	18.000 0	10—11	0.000 0
4—7	0.000 0	4—7	18.000 0	4—7	18.000 0	11—12	0.000 0
4—8	0.000 0	4—8	18.000 0	4—8	37.000 0	12—1	0.000 0
5—7	0.000 0	5—7	18.000 0	5—7	0.000 0	均值	0.000 0
5—8	0.000 0	5—8	18.000 0	5—8	19.000 0	标准差	0
5—9	0.000 0	5—9	18.000 0	5—9	33.000 0		
5—6	0.000 0	5—6	0.000 0	5—6	18.000 0		
6—8	0.000 0	6—8	18.000 0	6—8	37.000 0		
6—9	0.000 0	6—9	18.000 0	6—9	15.000 0		
7—8	0.000 0	7—8	0.000 0	7—8	19.000 0		
7—10	0.000 0	7—10	19.000 0	7—10	33.000 0		
7—11	0.000 0	7—11	19.000 0	7—11	0.000 0		
8—10	0.000 0	8—10	19.000 0	8—10	52.000 0		
8—11	0.000 0	8—11	19.000 0	8—11	19.000 0		
8—12	0.000 0	8—12	19.000 0	8—12	0.000 0		
8—9	0.000 0	8—9	0.000 0	8—9	52.000 0		
9—11	0.000 0	9—11	19.000 0	9—11	33.000 0		
9—12	0.000 0	9—12	19.000 0	9—12	52.000 0		
10—11	0.000 0	10—11	0.000 0	10—11	33.000 0		
11—12	0.000 0	11—12	0.000 0	11—12	19.000 0		
均值	0.000 0	均值	12.551 7	均值	24.517 2		
标准差	0	标准差	8.020 4	标准差	15.740 4		

（资料来源：作者自绘）

　　由于(1)图与(4)图中的建筑面积相等,因而在它们的统计中,面积差的均值以及标准差都是 0,表现出了极其有序的空间状态。(2)图与(3)图中的建筑之间具有面积差,将产生建筑单体秩序关系的面积紊乱度,这在面积差的均值中表现出来:(2)图的面积差均值为 12.551 7,(3)图的面积差均值为 24.517 2,意味着后者两两建筑之间的面积差数值更大,秩序关系的面积紊乱度也更大。这在图中非常直观地表现了出来,(3)图大小建筑是随机排列的,显得较为紊乱;而(2)图在纵向关系上等差排列,在横向关系上等值排列,相对较有秩序。

　　由以上分析可以看到,通过面积差的均值,可以反映出聚落中建筑单体秩序关系的面积紊乱度,均值越大越紊乱,反之则越有序。

　　3) 以各节点之间的最小距离所表征的秩序关系

　　聚落建筑单体之间最小距离的远近,对于聚落空间的秩序具有重要的意义。一方面它体现着建筑单体相互之间从密集到疏松的变化关系,另一方面决定着建筑单体相互之间所形成的外部空间形态从破碎到规整的变化关系,这些构成了秩序与紊乱的差异。

　　通过图 4.8 中四个例图的建筑单体排列,来考察建筑单体之间最小距离所界定的远近秩序关系。(1)图中建筑单体排列成为一个严整的行列式;(2)图维持(1)图的组织结构,使建筑单体之间在竖向上形成等差渐变的距离关系;(3)图将建筑单体平移打散,形成疏密相间的随机布局;(4)图是一个规律性的圆环布局。

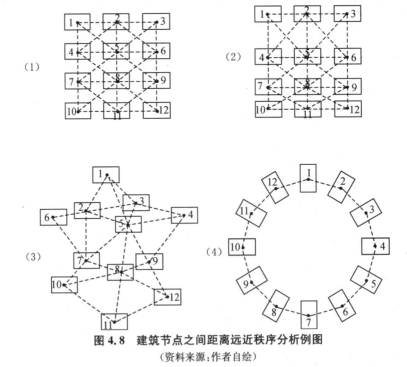

图 4.8　建筑节点之间距离远近秩序分析例图

(资料来源:作者自绘)

　　以 15 m 的影响距离分别绘制它们的节点网络图,并将图 4.8 中四个例图按网络图中节点联系线所确定的关联将各组节点编号列出,并分别统计它们的最小距离数据,最后计算数组的均值与标准差(反映一组数据基于均值的离散程度),分别列表如下(表 4.6):

表 4.6 节点距离统计表

\(1\)图		\(2\)图		\(3\)图		\(4\)图	
节点关联	最小距离/m	节点关联	最小距离/m	节点关联	最小距离/m	节点关联	最小距离/m
1—2	6.000 0	1—2	6.000 0	1—2	8.880 8	1—2	5.661 8
1—5	8.485 3	1—5	13.416 4	1—5	14.928 3	2—3	5.661 8
1—4	6.000 0	1—4	12.000 0	1—3	5.969 8	3—4	5.661 8
2—3	6.000 0	2—3	6.000 0	2—3	10.791 0	4—5	5.661 8
2—4	8.485 3	2—4	13.416 4	2—5	6.937 3	5—6	5.661 8
2—5	6.000 0	2—5	12.000 0	2—6	3.317 1	6—7	5.661 8
2—6	8.485 3	2—6	13.416 4	2—7	14.965 3	7—8	5.661 8
3—5	8.485 3	3—5	13.416 4	3—5	2.110 9	8—9	5.661 8
3—6	6.000 0	3—6	12.000 0	3—4	9.891 9	9—10	5.661 8
4—5	6.000 0	4—5	6.000 0	4—5	13.745 6	10—11	5.661 8
4—7	6.000 0	4—7	6.000 0	4—9	14.063 4	11—12	5.661 8
4—8	8.485 3	4—8	8.485 3	5—7	11.371 2	12—1	5.661 8
5—7	8.485 3	5—7	8.485 3	5—8	14.275 4	均值	5.661 8
5—8	6.000 0	5—8	6.000 0	5—9	9.727 9	标准差	0
5—9	8.485 3	5—9	8.485 3	6—7	12.679 0		
5—6	6.000 0	5—6	6.000 0	7—8	3.408 4		
6—8	8.485 3	6—8	8.485 3	7—10	3.755 6		
6—9	6.000 0	6—9	6.000 0	8—10	14.024 0		
7—8	6.000 0	7—8	6.000 0	8—11	14.796 3		
7—10	6.000 0	7—10	3.000 0	8—12	10.051 1		
7—11	8.485 3	7—11	6.708 2	8—9	1.252 6		
8—10	8.485 3	8—10	6.708 2	9—12	8.229 2		
8—11	6.000 0	8—11	3.000 0	10—11	14.633 9		
8—12	8.485 3	8—12	6.708 2	11—12	12.836 6		
8—9	6.000 0	8—9	6.000 0	均值	10		
9—11	8.485 3	9—11	6.708 2	标准差	4.528 4		
9—12	6.000 0	9—12	3.000 0				
10—11	6.000 0	10—11	6.000 0				
11—12	6.000 0	11—12	6.000 0				
均值	7.028 4	均值	7.773 8				
标准差	1.245 7	标准差	3.220 9				

(资料来源:作者自绘)

聚落建筑之间最小距离的均值可以表现一个聚落的整体致密度。由于所设定的影响距离15 m是一定的,如果聚落中建筑之间的最近距离均较小,则意味着建筑与建筑之间相对比较致密,聚落空间比较狭小,能够产生远距离关联的情况较少。就图4.8而言,最小距离的均值,(4)图小于(1)图小于(2)图小于(3)图。它们的致密关系与图中的直观表现较为吻合。

由于建筑之间最近距离并非是一个差值,无法表现相互之间的变化。因而本书转而考察这一数组的标准差,它反映了在一个最小距离的数组中,各数据围绕着均值的偏离程度。

标准差越高,则意味着建筑之间的最小距离的数值基于均值具有较大的波动,也就意味着建筑单体之间,从最小距离的角度出发,处于较为紊乱的状态。从标准差的数据来看,(4)图小于(1)图小于(2)图小于(3)图,紊乱程度逐渐增强,这与图中的直观表现较为吻合。

由以上分析可以看到,通过建筑之间最小距离的标准差,可以反映出聚落中建筑单体秩序关系的距离紊乱度,数值越大越紊乱,反之则越有序。

4) 小结

从以上分析可以看到,聚落建筑单体秩序关系中,方向性秩序、面积差秩序两项数据,均可以通过各自数组的均值得以判断;而在距离秩序的相关统计中,最小距离的均值只能大致表现一个聚落的致密度,其中距离秩序需要通过标准差来得到判断。这是因为,前两组数据,均已经是两两建筑基于各自基本数据的差值,因而已经能够表现其变化;而最近距离并非是一个差值,因而无法表现相互之间的变化,需要对这个数组进行标准差的计算,才能够表现其数据变化。

4.3 基于节点网络图的聚落建筑秩序分析

4.3.1 影响距离以及方向性轴线的重新设定

前文原理分析阶段,影响距离暂设 15 m。在实际聚落分析中,综合考虑了多方面的因素,采用 50 m 为限。首先,聚落建筑是以空间的方式在传递秩序关系,这涉及人对于空间的知觉感受。从人的视觉感受而言,50 m 是日本研究者所言之"识别域"中"远方相"的上限(35～50 m)[①],距离再大可能对空间的感知会过于微弱。其次,建筑之间的平均距离,与聚落的密度有关。密度较低的聚落,建筑之间的相互距离就相对较大;反之,密度较高的聚落,建筑之间的相互距离就相对较小。从 22 个乡村聚落样本来看,密度较低的南石桥村与西冲村,建筑之间的距离相对较远,存在着大量的 30～50 m 的空间距离,如果这些空间距离未纳入到数据的采集与计算中,将可能影响其实际状态的分析。最后,在后文所述的编程计算中,设定的影响距离越大,纳入采集与统计的数据量就越大。如最大的东川村,有 859 个建筑单体,在 30 m 影响距离下程序采集到了 6 290 组数据,而在 50 m 影响距离下程序采集到 8 886 组数据关系,运算量非常大,已接近于一般个人 PC 的运算极限。因而,综合考虑了各方面现实因素,将影响距离设定为 50 m。

前文原理分析阶段,将建筑单体矩形的长轴作为其方向性轴线的表征。事实上,在传统乡村聚落的民居中多为坡顶建筑,其屋脊线在建筑群体形态上具有比较强烈的秩序特征(图 4.9)。此外,屋脊线通常与檐面平行,主要门窗都在檐面上;山墙面的门窗较少,一般是辅助性的。因而,檐面在乡村聚落的民居建筑中具有一定的文化礼仪性。综合以上在视觉形态与文化礼仪两方面的原因,本书选取建筑单体的屋脊线作为其方向性的表征。少量的平顶建筑,一般是主体建筑的附属物,其轴线仍然按照矩形的长轴来定义。此外,在大多数

---

① [丹麦]扬·盖尔. 交往与空间[M]. 何人可,译. 北京:中国建筑工业出版社,2002:68-71;王昀. 传统聚落结构中的空间概念[M]. 北京:中国建筑工业出版社,2009:60.

坡顶建筑单体中,开间长度一般都要大于进深,也就是说屋脊线与其平面矩形轮廓的长轴线是合一的;但是仍然有少量的建筑,屋脊线与其平面矩形轮廓的短轴是合一的,也就是建筑的开间比进深要小。浙江省温州地区有很多这样的现象,有的甚至只有一个开间;浙江的部分地区山多地少,形成了这种较为节约建设用地的习俗(图 4.10)。

图 4.9　坡顶的屋脊线方向体现了建筑群体形态的秩序特征

(上图为浙江省温州市永嘉县黄南乡林坑村,下图为浙江省温州市永嘉县碧莲镇;图片来源:作者自摄)

图 4.10　浙江省温州地区的窄开间民居建筑

(资料来源:作者自摄)

4.3.2　节点网络图的程序生成

聚落的建筑节点网络图,在前文原理分析阶段的理想化例图中,由于假定的建筑数量较少,因而可以手工绘制建筑节点网络图、收集整理基础数据。但是一旦涉及实际聚落,特别是规模较大的情况下,比如有几百栋建筑单体,则数据关系将会有上千组,手工绘制并收集整理数据的工作量会变得非常庞大,因而本书诉诸计算机编程。计算机编程解决这个问题可以有多种途径,比如采用 GIS 或者 AutoCadLISP 软件的二次开发编程,都可以实现。本书此次采用的是犀牛软件 Rhinoceros 4.0 中基于 Monkey 插件进行的 Script 语言编程。以潜渔村为例,工作步骤大致分解为以下几个过程:

(1) 绘图整理

在前面两章"边界"与"空间"中,聚落总图描绘的是建筑的整体外轮廓,如果几个建筑单体是组合连接在一起的,特别是围合了庭院的情况下,是描绘它们的连体内、外轮廓。这一章中考察的是建筑单体之间的秩序关系,需要把所有的建筑单体分离开来,并且去除院墙等构筑物,因而需要重新将每一个建筑单体以闭合 Pline 线来绘制;如果是 L 形、U 形或者口字形的组合体,则还需要将它们断开为平接的矩形;如此,使得聚落总平面图成为一个全部以(类)矩形建筑单体为最小观测单位所构成的集合。

(2) 绘制轴线

在每一个建筑单体平面内绘制轴线;如果是坡顶建筑,则以屋脊线为准,如果是平顶建筑则以长轴线为准。

(3) 建筑编号

将整理好的 AutoCAD 聚落平面图导入 Rhinoceros 4.0,在 Monkey 插件下运行程序。点选一个建筑,通常是一个比较富有特征性位置的建筑,比如处于正中心、左上角或者右下角的某一个建筑等,程序以与它的距离远近为判断依次给每个建筑单体进行编号。

(4) 生成联系线

绘制出在 50 m 影响距离内,两两具有空间关联的建筑之间的空间联系线。绘制空间联系线的过程,其实质是在每一个建筑的四周 50 m 范围内,筛选与它能够在平面上建立直接空间(可视)关联的建筑。具体的过程是,程序从编号为 1 的建筑单体开始,首先删选聚落平面图上与它的最小距离在 50 m 以内的建筑,然后依次判断这些建筑与 1 号建筑两两之间有没有被完全遮挡,如果完全被遮挡,则意味着它们之间未建立直接的空间关联;如果它们之间没有被完全遮挡,程序便会在这两个建筑的形心之间绘制一条联系线。1 号建筑运算完毕以后彻底退出运算序列,依次开始以 2 号建筑为中心开始运算,直至所有的建筑循环运算完毕。(图 4.11)

(5) 数据输出

程序运行完毕后自动输出两个数据表(表 4.7),其一是每个建筑单体的基本信息,包括建筑编号、建筑面积、轴线角度以及联系线数量(左半侧表格一);其中的轴线角度,是以该轴线的左端点为原点,与水平线之间在正负 90°范围内的夹角。其二是每一条联系线所联系的两个建筑的编号以及这两个建筑之间的最小距离(右半侧表格二)。

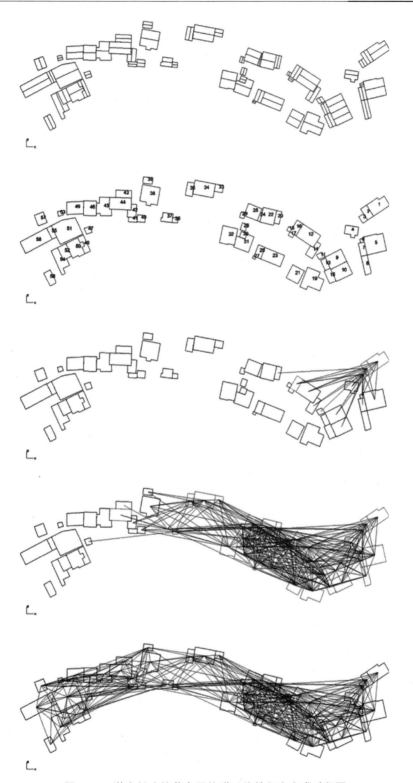

图 4.11　潜渔村建筑节点网络联系线的程序生成过程图

（资料来源：作者自绘）

表 4.7 潜渔村建筑单体数据以及联系线信息汇总表

建筑编号	建筑面积/m²	轴线角度/°	联系线数量/条	建筑节点间联系线序号	建筑节点1编号	建筑节点2编号	建筑节点间最小距离/m
1	85.611 2	32.718 5	7	1	1	2	0.007 8
2	32.327 1	−57.273 5	12	2	1	4	10.790 3
3	14.631 9	−57.277 0	12	3	1	5	10.391 8
4	42.620 7	−8.540 3	15	4	1	6	14.044 4
5	125.799 8	12.468 2	11	5	1	9	27.117 3
6	4.891 0	12.893 6	13	6	1	12	32.621 6
7	27.324 0	−77.259 2	12	7	1	16	39.247 4
8	39.972 9	−76.527 1	9	8	2	3	0.003 8
9	83.323 8	25.071 8	17	9	2	4	6.594 8
10	84.666 0	25.163 3	9	10	2	5	8.965 9
11	11.926 6	−56.644 1	13	11	2	6	10.743 0
12	99.058 4	−33.260 6	22	12	2	9	23.020 9
13	21.077 2	−64.223 7	14	13	2	10	26.711 7
14	38.364 6	58.461 0	25	14	2	11	33.076 8
15	33.147 9	−64.196 7	15	15	2	12	28.412 8
16	34.237 4	57.569 3	21	16	2	14	31.043 2
17	6.307 9	−31.520 3	16	17	2	16	35.230 6
18	5.347 1	58.115 2	11	18	2	20	47.000 6
19	115.143 9	−21.816 4	21	19	3	4	3.281 8
20	23.626 5	77.221 3	21	20	3	5	7.791 1
21	66.755 2	−27.765 4	19	21	3	6	8.656 4
22	72.758 9	−13.052 7	23	22	3	7	10.829 6
23	88.834 8	−21.039 4	19	23	3	9	19.790 1
24	8.735 4	72.523 0	17	24	3	10	23.863 8
25	63.615 2	−21.360 3	22	25	3	12	25.273 7
26	29.308 0	68.330 0	18	26	3	14	27.703 4
27	2.608 9	−22.715 3	10	27	3	16	33.364 2
28	13.289 6	72.289 5	23	28	3	20	46.043 3

建筑编号	建筑面积/m²	轴线角度/°	联系线数量/条	建筑节点间联系线序号	建筑节点1编号	建筑节点2编号	建筑节点间最小距离/m
29	8.379 2	73.004 4	21	29	3	22	49.188 9
30	12.433 7	−19.367 4	17	30	4	5	3.477 7
31	76.399 8	−19.875 7	19	31	4	6	2.443 5
32	89.387 4	−12.234 8	18	32	4	7	3.797 4
33	20.560 9	−10.988 1	10	33	4	8	11.203 1
34	98.152 2	−10.567 5	15	34	4	9	8.928 9
35	32.592 1	78.542 4	12	35	4	10	13.980 8
36	9.095 4	−5.813 3	14	36	4	11	17.431 6
37	32.271 2	−6.938 5	17	37	4	12	14.315 6
38	108.721 0	−10.147 3	12	38	4	14	15.495 5
39	20.470 8	−6.598 3	12	39	4	16	25.097 2
40	18.758 3	−5.550 4	14	40	4	20	38.907 9
41	13.884 5	−2.695 1	14	41	4	22	42.091 9
42	32.270 7	85.870 1	16	42	5	6	0.007 1
43	40.358 9	−1.731 3	9	43	5	7	0.007 8
44	88.968 3	−2.184 7	10	44	5	8	0.013 2
45	78.432 7	−1.091 9	12	45	5	9	12.556 0
46	65.778 2	−1.026 7	11	46	5	11	24.770 0
47	13.270 2	17.355 9	14	47	5	12	25.435 2
48	33.165 0	−64.807 8	13	48	5	14	25.710 2
49	73.701 5	2.912 4	12	49	6	7	0.004 8
50	81.842 0	25.663 4	8	50	6	9	12.088 9
51	176.558 4	24.348 1	17	51	6	10	13.403 0
52	44.689 3	−63.874 5	6	52	6	11	22.802 5
53	7.602 6	14.649 4	9	53	6	12	23.480 7
54	68.873 7	−64.570 4	10	54	6	14	23.528 3
55	22.229 8	−63.201 5	8	55	6	16	34.793 8
56	36.150 5	−63.438 7	5	56	6	20	48.885 7
57	37.093 2	−68.849 5	9	……			
58	131.582 5	27.404 0	9	410	57	58	2.794 1

（资料来源：作者自绘）

（6）计算统计

将两个数据表导入 EXCEL，通过第二个数据表交叉引用第一个数据表中的相关数据，进行计算与编辑，获得最终的建筑节点网络数据表（表 4.8）；进而通过考察每一条联系线所连接的这两个建筑之间的面积大小、轴线角度以及相互之间的距离远近这三个向量，来分析聚落平面形态中建筑单体的总体秩序特征。

表 4.8　潜渔村建筑节点网络图数据表

建筑节点间联系线序号	建筑节点1编号	建筑节点2编号	建筑节点间面积差/m²	建筑节点间最小距离/m	节点间角度差锐角 α/°	$(\alpha-45)$/°	$(\alpha-45)$绝对值/°
1	1	2	53.284 1	0.007 8	89.992	44.992	44.992
2	1	4	42.990 5	10.790 3	41.258 8	-3.741 2	3.741 2
3	1	5	40.188 6	10.391 8	20.250 3	-24.749 7	24.749 7
4	1	6	80.720 2	14.044 4	19.824 9	-25.175 1	25.175 1
5	1	9	2.287 4	27.117 3	7.646 7	-37.353 3	37.353 3
6	1	12	13.447 2	32.621 6	65.979 1	20.979 1	20.979 1
7	1	16	51.373 8	39.247 4	24.850 8	-20.149 2	20.149 2
8	2	3	17.695 2	0.003 8	0.003 5	-44.996 5	44.996 5
9	2	4	10.293 6	6.594 8	48.733 2	3.733 2	3.733 2
10	2	5	93.472 7	8.965 9	69.741 7	24.741 7	24.741 7
11	2	6	27.436 1	10.743	70.167 1	25.167 1	25.167 1
12	2	9	50.996 7	23.020 9	82.345 3	37.345 3	37.345 3
13	2	10	52.338 9	26.711 7	82.436 8	37.436 8	37.436 8
14	2	11	20.400 5	33.076 8	0.629 4	-44.370 6	44.370 6
15	2	12	66.731 3	28.412 8	24.012 9	-20.987 1	20.987 1
16	2	14	6.037 5	31.043 2	64.265 5	19.265 5	19.265 5
17	2	16	1.910 3	35.230 6	65.157 2	20.157 2	20.157 2
18	2	20	8.700 6	47.000 6	45.505 2	0.505 2	0.505 2
19	3	4	27.988 8	3.281 8	48.736 7	3.736 7	3.736 7
20	3	5	111.167 9	7.791 1	69.745 2	24.745 2	24.745 2
......							
410	57	58	94.489 3	2.794 1	83.746 5	38.746 5	38.746 5
均值			44.609 8	18.139 4	43.081 3	-1.918 7	31.790 2
标准差			34.360 1	14.068 4	34.282 8	34.282 8	12.880 6

（共 410 组数据，由于篇幅所限未全部列出；资料来源：作者自绘）

此外,根据每一个建筑单体所具有的联系线数量,可以寻找出在聚落平面图上具有最多两两可视空间关联数量的建筑;在潜渔村平面图中,是具有 25 条联系线的第 14 号建筑,它在局部聚落空间的构成与体验上具有某种中心性意义,但是一般与聚落的几何中心并不重合。(图 4.12)

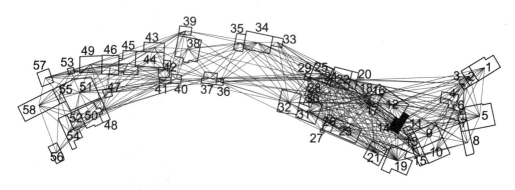

图 4.12　潜渔村建筑节点网络图

4.3.3　22 个乡村聚落样本的建筑节点网络图(图 4.13～图 4.36)

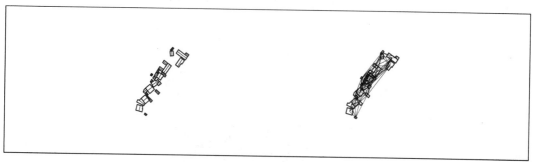

图 4.13　青坞村平面图与建筑节点网络图

(资料来源:作者自绘)

图 4.14　潜渔村平面图与建筑节点网络图

(资料来源:作者自绘)

图 4.15　上街村平面图与建筑节点网络图

（资料来源：作者自绘）

图 4.16　郎村平面图与建筑节点网络图

（资料来源：作者自绘）

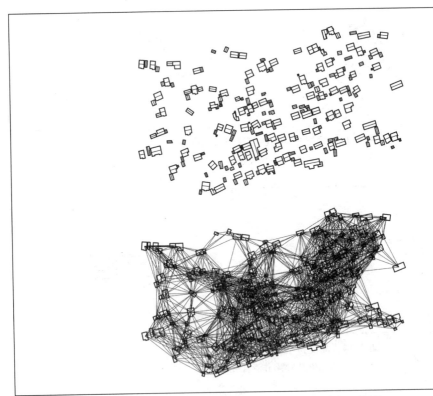

图 4.17　石英村平面图与建筑节点网络图

（资料来源：作者自绘）

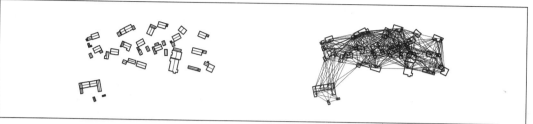

图 4.18 吴址村平面图与建筑节点网络图 （资料来源:作者自绘）

图 4.19 滩龙桥村平面图与建筑节点网络图 （资料来源:作者自绘）

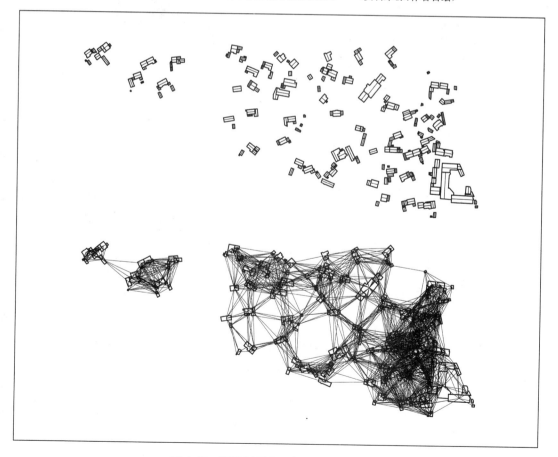

图 4.20 西冲村平面图与建筑节点网络图

（资料来源:作者自绘）

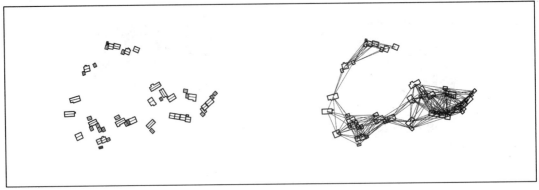

图 4.21   凌家村平面图与建筑节点网络图

(资料来源:作者自绘)

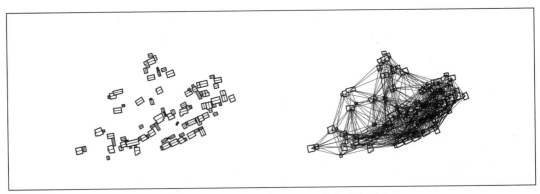

图 4.22   石家村平面图与建筑节点网络图

(资料来源:作者自绘)

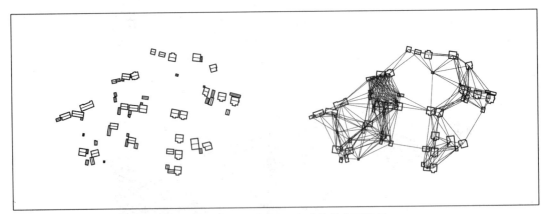

图 4.23   南石桥村平面图与建筑节点网络图

(资料来源:作者自绘)

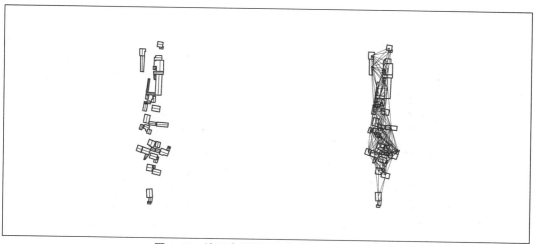

图 4.24　统里寺村平面图与建筑节点网络图

（资料来源：作者自绘）

图 4.25　施家村平面图与建筑节点网络图

（资料来源：作者自绘）

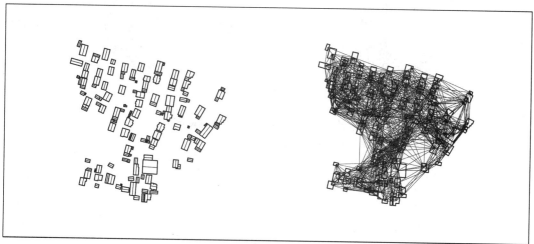

图 4.26　大里村平面图与建筑节点网络图

（资料来源：作者自绘）

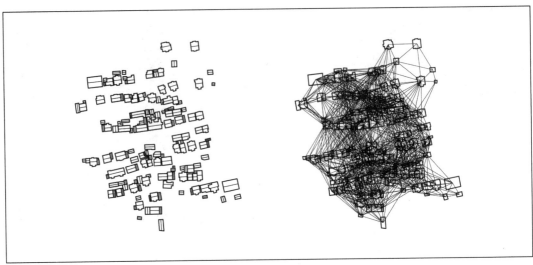

图 4.27　杜甫村平面图与建筑节点网络图

（资料来源：作者自绘）

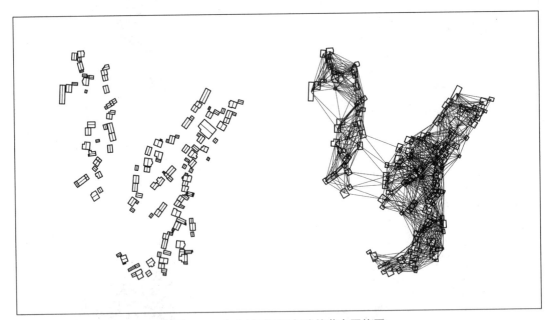

图 4.28　东山村平面图与建筑节点网络图

（资料来源：作者自绘）

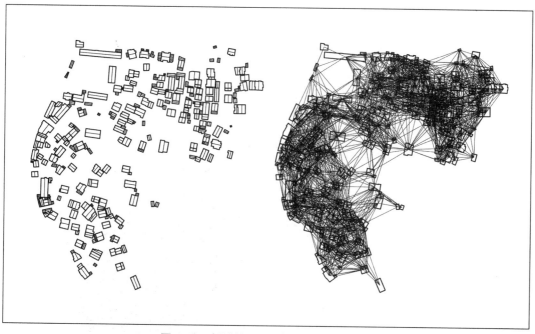

图 4.29   新川村平面图与建筑节点网络图

（资料来源：作者自绘）

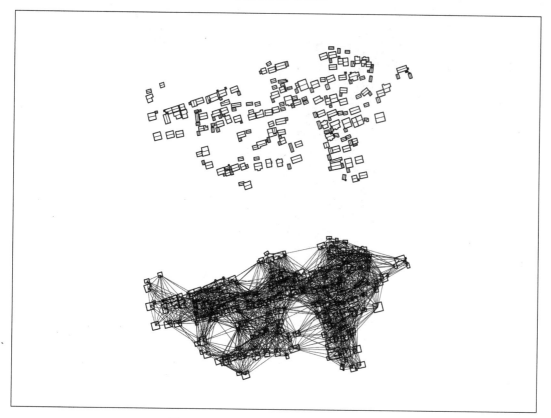

图 4.30   下庄村平面图与建筑节点网络图

（资料来源：作者自绘）

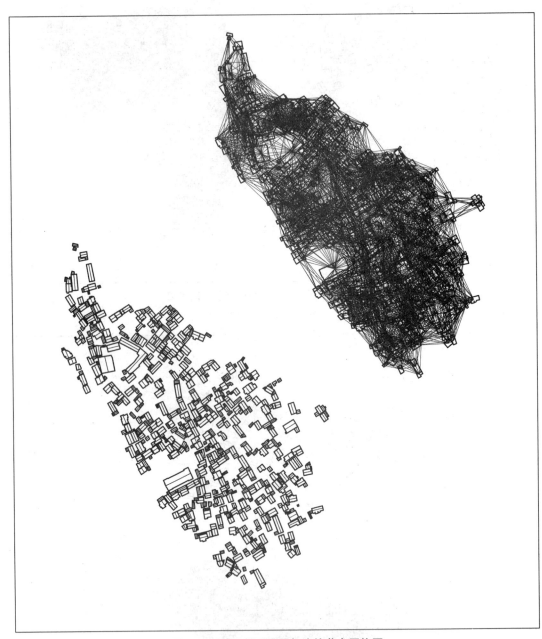

图 4.31　统里村平面图与建筑节点网络图

（资料来源：作者自绘）

图 4.32   上葛村平面图与建筑节点网络图

（资料来源：作者自绘）

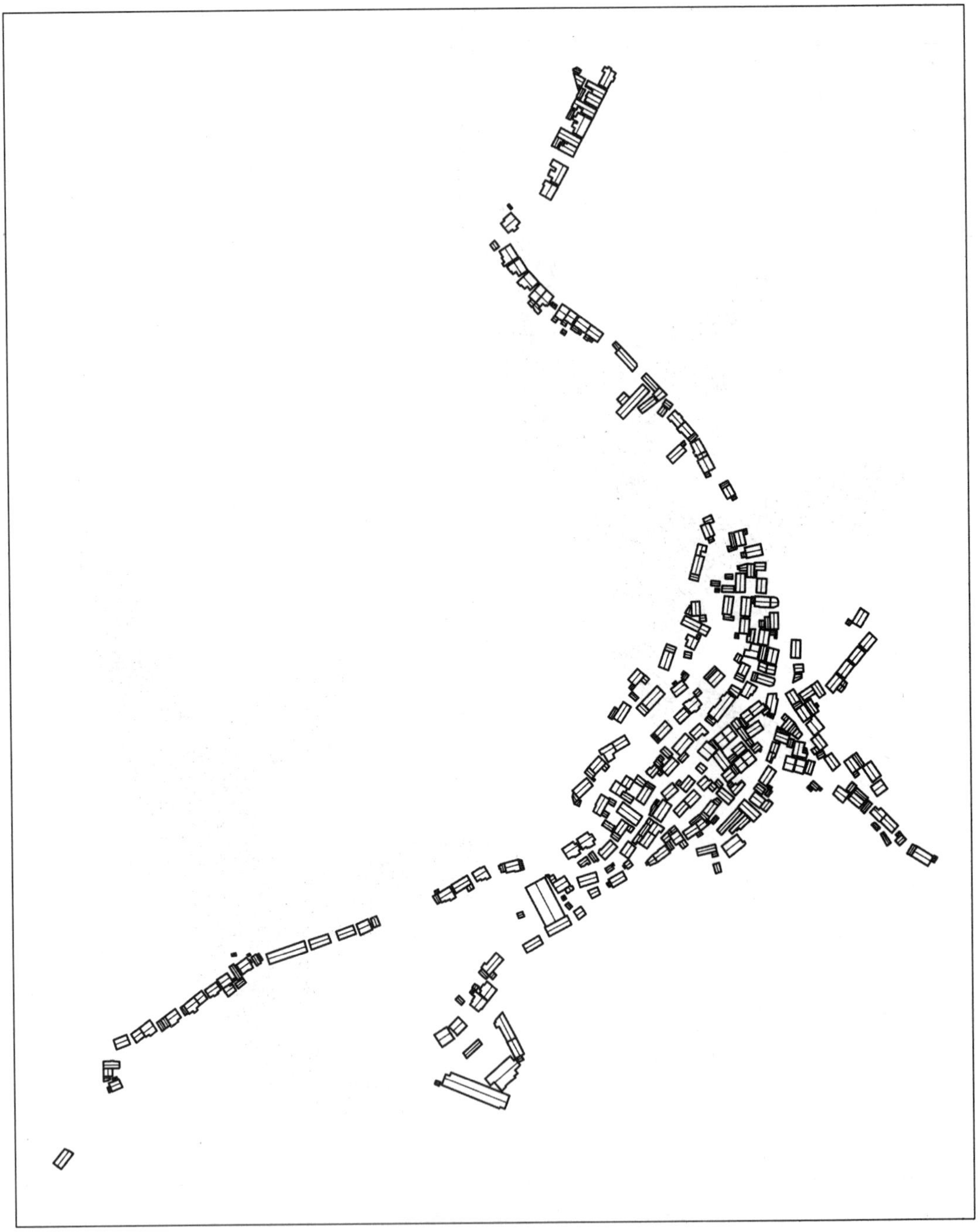

图 4.33　高家堂村平面图

（资料来源：作者自绘）

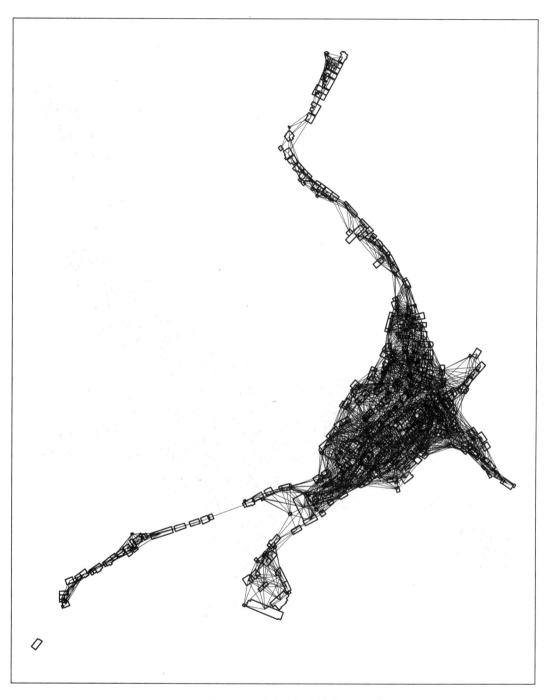

图 4.34　高家堂村建筑节点网络图

（资料来源：作者自绘）

图 4.35 东川村平面图

（资料来源：作者自绘）

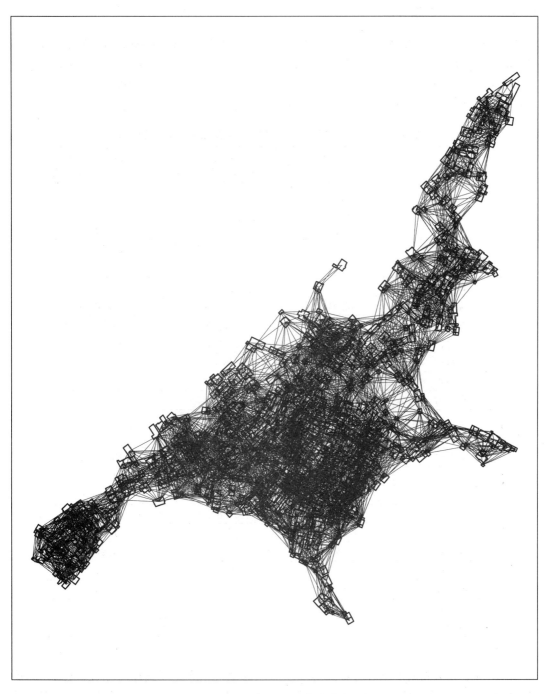

图 4.36 东川村建筑节点网络图

（资料来源：作者自绘）

4.3.4　22个乡村聚落样本建筑节点网络图的数据采集与分析

将上述22个乡村聚落样本的建筑节点网络图所产生的原始数据进行计算、统计与整理。根据前文论述的聚落中建筑单体之间最基本的三个秩序要素，在方向性角度要素上统计了$(\alpha-45)$绝对值的均值，在面积大小要素上统计了建筑节点之间面积差的均值，在距离远近要素上统计了建筑节点之间最小距离数组的标准差，最后汇总如下：

表4.9　22个乡村聚落样本的建筑节点网络图原始数据表

村名	$(\alpha-45)$绝对值的均值/°	建筑节点之间面积差的均值/m²	建筑节点之间最小距离的标准差/m
青坞村	33.661 3	39.674 7	12.146 2
统里寺村	39.875 7	54.969 5	13.45 6
郎村	37.062 5	43.957 7	13.671 3
下庄村	38.827 7	48.715 5	14.248 8
石家村	37.667 1	38.88	14.440 6
石英村	37.205 3	51.673 4	14.163 9
统里村	37.053 1	55.440 1	14.104 3
施家村	39.633 3	45.889 3	14.701 6
大里村	38.530 3	60.273 7	14.447 1
杜甫村	40.466 9	66.872	14.524 4
潜渔村	31.790 2	44.609 8	14.068 4
东川村	34.799 6	62.014 7	14.185 1
高家堂村	33.717 4	58.456 4	14.163 3
东山村	30.909 4	53.439 3	14.209 7
上葛村	32.948 5	87.459 7	13.747 4
凌家村	28.718 8	35.740 3	14.593 9
新川村	32.802 8	66.437 6	14.466 9
吴址村	26.030 7	53.802 8	14.409 3
南石桥村	35.929 9	57.022 7	15.688
西冲村	27.752 9	56.342 7	14.940 2
上街村	26.763 6	39.031 7	15.501
滩龙桥村	27.98	52.508 2	15.967 5
均值	34.388	53.366 8	14.279 9
标准差	4.446 9	11.942 4	0.719 5

(资料来源：作者自绘)

根据以上各组数据可以对这些聚落平面形态的建筑秩序进行描述与比较。$(\alpha-45)$绝对值的均值，反映了聚落中各建筑相互之间在方向性上的总体秩序关系；数值越低，意味着相互之间的角度状态越接近45°，因而显得越紊乱；而数值越高，则意味着偏离45°的程度越大，越富有秩序性（平行或者垂直）。其中，最小值为吴址村，26.030 7°；最大值为杜甫村，40.466 9°；意味着在建筑单体方向性的总体秩序上，吴址村比杜甫村更为紊乱，如以下的并置对比图中所示（图4.37）：

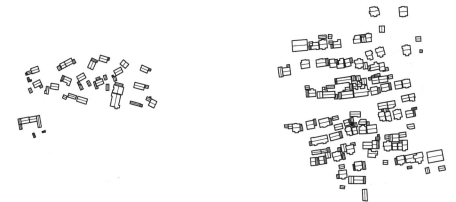

图 4.37 吴址村与杜甫村建筑单体方向性总体秩序并置对比图
(资料来源:作者自绘)

建筑节点之间面积差的均值,反映了聚落中各建筑单体在平面轮廓大小的变异程度。其中,最小值为凌家村,35.740 3 m²;最大值为上葛村,87.459 7 m²;意味着在建筑单体面积大小的总体秩序上,上葛村要比凌家村显得紊乱,如以下的并置对比图中所示(图 4.38):

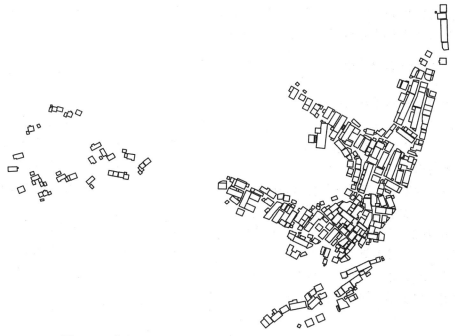

图 4.38 凌家村与上葛村建筑单体面积大小总体秩序并置对比图
(资料来源:作者自绘)

建筑节点之间最小距离的标准差,反映了聚落中各建筑单体相互之间最小距离的变异程度。其中,最小值为青坞村,12.146 2 m;最大值为滩龙桥村,15.967 5 m,意味着在建筑单体距离远近的总体秩序上,滩龙桥村比青坞村显得更为紊乱。如以下的并置对比图中所示(图 4.39):

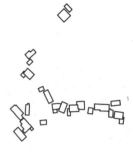

图 4.39　青坞村与滩龙桥村建筑单体距离远近总体秩序并置对比图

(资料来源:作者自绘)

　　理论上而言,最小距离变异程度较小的情况有两种。一种是聚落较为致密,建筑相互之间的最小距离都比较小,使得建筑之间存在大量的遮挡,在影响范围内所产生的联系大多是短距离联系,导致最小距离的标准差较小。而另一种是聚落非常松散,虽然在影响距离内没有太多的遮挡,但是相互之间基本都是远距离联系为主,最后也会导致最小距离的标准差较小。但是事实上,后者出现的几率非常小;即便如建筑密度最低的南石桥村(图 4.23),在总体上显得相对比较松散,但是仍然有一些建筑相互之间距离比较近,使得聚落在整体上分化成若干个小组团,因而导致了最小距离数组的标准差较大,显示了较高的紊乱度。

4.3.5　聚落的紊乱度指数

1)聚落的分项紊乱度指数

　　由以上分析可知,聚落建筑单体之间($\alpha-45$)绝对值的均值、面积差的均值以及最小距离数组的标准差这三项数据,能够定量地描述聚落中建筑单体相互之间的总体秩序状态。但是三项数据具有三个单位(分别是°、m² 以及 m),并且处于三种不同的数值区间。本书尝试将这三组数据进行无量纲化处理,并整合为一个综合性指数。无量纲化处理比较简单的方式是将一组数据除以一个相同单位的数值,将数值转化为比值。

　　设 $\overline{A}$ 为某一个聚落中($\alpha-45$)绝对值的均值。从前文数据表中得到最小值为吴址村,$\overline{A}_{min}=26.0307$;最大值为杜甫村,$\overline{A}_{max}=40.4669$;因而,$\overline{A}$ 值的数值区间为 $\overline{A}_{max}-\overline{A}_{min}=14.4362$。由于角度秩序关系越紊乱,$\alpha$ 越接近 45°,$\overline{A}$ 值就越小,而($\overline{A}_{max}-\overline{A}$)值就越大。于是设聚落中建筑单体的方向性紊乱指数为:

$$a=\frac{\overline{A}_{max}-\overline{A}}{\overline{A}_{max}-\overline{A}_{min}}$$

　　a 的数值区间为 0~1,($\alpha-45$)绝对值的均值转化为一系列 0~1 区间内的无量纲指数。但是,这一($\overline{A}_{max}-\overline{A}_{min}=14.4362$)仅仅是这一次 22 个乡村聚落的采样结果,如果将来增加新的聚落样本并计算 a 值,其 $\overline{A}$ 值可能处于 $\overline{A}_{min}$ 与 $\overline{A}_{max}$ 之间,也有可能处于它们之外,进而可能产生 0~1 区间以外的数值。因而,作为求 a 值的分母,($\overline{A}_{max}-\overline{A}_{min}$)应该再适当放大,在概率上尽量能够涵盖 22 个乡村聚落以外其他聚落的值。

通过统计软件 SPSS17.0 对 $\overline{A}$ 值数组进行统计分析,数组近似服从正态分布;求得均值 $\mu=34.0967$,标准差 $\sigma=4.5497$,并得到数组的正态分布曲线(图 4.40)。

由于在任何正态分布中,68—95—99.7 规则近似成立,也即大约有 99.7% 的数据,落在距平均值三个标准差的范围内[①],$\mu-3\sigma=20.4476$,$\mu+3\sigma=47.7458$,数值区间 $=6\sigma=27.2982$。因而,本书将 6σ 作为计算的分母,将在统计意义上涵盖 99.7% 的样本数据。于是,建筑单体的角度紊乱指数调整为:

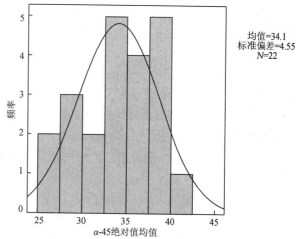

图 4.40   22 个乡村聚落样本中建筑单体之间
($\alpha-45$)绝对值均值的正态分布图
(资料来源:作者自绘)

$$a=\frac{(\mu+3\sigma)-\overline{A}}{6\sigma}=\frac{47.7458-\overline{A}}{27.2982}$$

设 $\overline{M}$ 为某一个聚落中建筑单体之间面积差的均值。通过统计软件 SPSS17.0 对 $\overline{M}$ 值数组进行统计分析,数组近似服从正态分布。求得均值 $\mu=53.3278$,标准差 $\sigma=11.656$,并得到数组的正态分布曲线(图 4.41)。$\mu-3\sigma=18.3598$,$\mu+3\sigma=88.2958$,数值区间 $=6\sigma=69.936$。

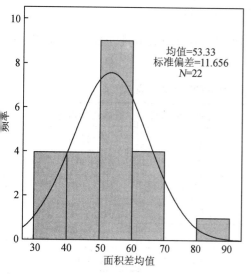

图 4.41   22 个乡村聚落样本中建筑
单体之间面积差的正态分布图
(资料来源:作者自绘)

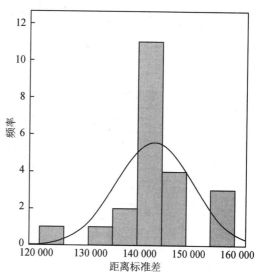

图 4.42   22 个乡村聚落样本中建筑单体之间
最小距离标准差的正态分布图
(资料来源:作者自绘)

① 柯惠新,沈浩. 调查研究中的统计分析法[M]. 北京:中国传媒大学出版社,2005:71.

由于 $\overline{M}$ 值,也即建筑单体之间面积差的均值越大,建筑单体的面积紊乱度也越大;因而,设定建筑单体的面积紊乱指数为:

$$m=\frac{\overline{M}-(\mu-3\sigma)}{6\sigma}=\frac{\overline{M}-18.3598}{69.936}$$

设 $\overline{D}$ 为某一个聚落中建筑节点之间最小距离的标准差。通过统计软件 SPSS17.0 对 $\overline{D}$ 值数组进行统计分析,数组近似服从正态分布。求得均值 $\mu=14.3566$,标准差 $\sigma=0.789$,并得到数组的正态分布曲线(图 4.42)。$\mu-3\sigma=11.9896$,$\mu+3\sigma=16.7236$,数值区间 $=6\sigma=4.734$。由于 $\overline{D}$ 值越大,建筑节点之间的距离紊乱度也越大;因而,设定建筑节点的距离紊乱指数为:

$$d=\frac{\overline{D}-(\mu-3\sigma)}{6\sigma}=\frac{\overline{D}-11.9896}{4.734}$$

2) 聚落的综合紊乱度指数

三项数据,均转化成 0~1 范围内的无量纲指数以后,便可以进行整合。在整合的过程中,并非简单的平均叠加,需要给它们各自提供一个权重。也就是说,距离、面积与角度这三个方面,对于聚落空间形态的整体秩序关系,具有不同程度的重要性。其中,各建筑相互之间最小距离的变异程度,在相对宏观的层面直接决定着聚落空间的大小与开合变化,权重最高。建筑之间的角度变异,则在相对中观的层面,决定着聚落空间边界的规则化程度,权重次之。建筑之间的面积大小差异,则在相对微观的层面,对聚落空间的整体秩序进行微调,权重最小。本书以 3:2:1 的递减比例,将这三项指数进行整合,得到一个综合紊乱度指数:

$$C=\frac{d}{2}+\frac{a}{3}+\frac{m}{6}\approx0.5\times d+0.33\times a+0.17\times m$$

对上一节表 4.9 中的三项建筑单体秩序要素的数据进行无量纲化处理并整合、汇总如下:(表 4.10)

表 4.10　22 个乡村聚落样本建筑单体秩序的紊乱指数表

村名	距离紊乱指数	角度紊乱指数	面积紊乱指数	整体紊乱指数
青坞村	0.033 1	0.515 9	0.304 8	0.238 6
统里寺村	0.309 8	0.288 3	0.523 5	0.339
郎村	0.355 2	0.391 4	0.366	0.369
下庄村	0.477 2	0.326 7	0.434	0.420 2
石家村	0.517 7	0.369 2	0.293 4	0.430 6
石英村	0.459 3	0.386 1	0.476 3	0.438
统里村	0.446 7	0.391 7	0.530 2	0.442 7
施家村	0.572 9	0.297 2	0.393 6	0.451 4
大里村	0.519 1	0.337 6	0.599 3	0.472 8
杜甫村	0.535 4	0.266 6	0.693 7	0.473 6

续表 4.10

村名	距离紊乱指数	角度紊乱指数	面积紊乱指数	整体紊乱指数
潜渔村	0.439 1	0.584 5	0.375 3	0.476 2
东川村	0.463 8	0.474 3	0.624 2	0.494 5
高家堂村	0.459 2	0.513 9	0.573 3	0.496 6
东山村	0.469	0.616 8	0.501 6	0.523 3
上葛村	0.371 3	0.542 1	0.988	0.532 5
凌家村	0.550 1	0.697	0.248 5	0.547 3
新川村	0.523 3	0.547 4	0.687 5	0.559 2
吴址村	0.511 1	0.795 5	0.506 8	0.604 2
南石桥村	0.781 2	0.432 8	0.552 8	0.627 4
西冲村	0.623 3	0.732 4	0.543 1	0.645 7
上街村	0.741 7	0.768 6	0.295 6	0.674 7
滩龙桥村	0.840 3	0.724 1	0.488 3	0.742 1
均值	0.5	0.5	0.5	0.5
标准差	0.166 7	0.166 7	0.166 7	0.115 2

(资料来源:作者自绘)

以综合紊乱度指数 C 的升序排列数组,构建 22 个乡村聚落样本建筑秩序的紊乱指数变化关系图(图 4.43)。随着综合紊乱指数 C 的显著增长,三个分项指数也都表现出了较为显著的增长趋势。由于设定了权重,使得三个分项指数,从面积紊乱指数 m、角度紊乱指数 a 到距离紊乱指数 d,依次与整体紊乱指数 C 的关联性越来越强。

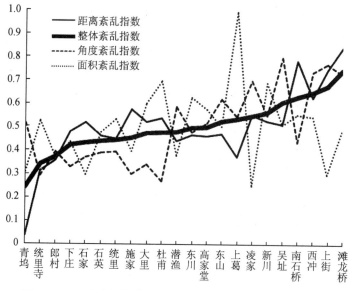

图 4.43 22 个乡村聚落样本建筑秩序的紊乱指数变化关系图

(资料来源:作者自绘)

3) 聚落建筑单体秩序的紊乱指数解读

正态分布的 68—95—99.7 规则认为,大约有 68% 的数据落在距平均值一个标准差的范围内[①]。因而,可以通过 $(\mu-\sigma)$ 与 $(\mu+\sigma)$ 两个数值,将指数区分为高、中、低三个数据区间,使得中等数据区间占据样本数据 68% 的数量,高、低两个部分各占 16% 的数量。由于此前紊乱指数均是通过正态分布转化计算而来,因而距离紊乱指数 d、角度紊乱指数 a 与面积紊乱指数 m 三者的均值 μ 均为 0.5,标准差 σ 均为 0.166 7,$\mu-\sigma=0.333\,3$,$\mu+\sigma=0.666\,7$。也就是说,这三个分项指数,在 0~0.333 3 区间内属于低紊乱度;0.333 3~0.666 7 区间内属于中等紊乱度;在 0.666 7~1 区间内属于高紊乱度。综合紊乱指数 C 的均值 μ 为 0.5,标准差 σ 为 0.115 2,$\mu-\sigma=0.384\,8$,$\mu+\sigma=0.615\,2$;数值在 0~0.384 8 区间内属于低紊乱度;在 0.384 8~0.615 2 区间内属于中等紊乱度;在 0.615 2~1 区间内属于高紊乱度。将 22 个乡村聚落的分项紊乱度与综合紊乱度分别排序列表如下(表 4.11、表 4.12):

表 4.11　22 个乡村聚落样本中建筑秩序的分项紊乱度数据区间表

紊乱度与数据区间	距离紊乱度排序		角度紊乱度排		面积紊乱度排序	
低紊乱度 0~0.333 3	青坞村	0.033 1	杜甫村	0.266 6	凌家村	0.248 5
	统里寺村	0.309 8	统里寺村	0.288 3	石家村	0.293 4
			施家村	0.297 2	上街村	0.295 6
			下庄村	0.326 7	青坞村	0.304 8
中紊乱度 0.333 3 ~0.666 7	郎村	0.355 2	大里村	0.337 6	郎村	0.366
	上葛村	0.371 3	石家村	0.369 2	潜渔村	0.375 3
	潜渔村	0.439 1	石英村	0.386 1	施家村	0.393 6
	统里村	0.446 7	郎村	0.391 4	下庄村	0.434
	高家堂村	0.459 2	统里村	0.391 7	石英村	0.476 3
	石英村	0.459 3	南石桥村	0.432 8	滩龙桥村	0.488 3
	东川村	0.463 8	东川村	0.474 3	东山村	0.501 6
	东山村	0.469	高家堂村	0.513 9	吴址村	0.506 8
	下庄村	0.477 2	青坞村	0.515 9	统里寺村	0.523 5
	吴址村	0.511 1	上葛村	0.542 1	统里村	0.530 2
	石家村	0.517 7	新川村	0.547 4	西冲村	0.543 1
	大里村	0.519 1	潜渔村	0.584 5	南石桥村	0.552 8
	新川村	0.523 3	东山村	0.616 8	高家堂村	0.573 3
	杜甫村	0.535 4			大里村	0.599 3
	凌家村	0.550 1			东川村	0.624 2
	施家村	0.572 9				
	西冲村	0.623 3				

---

① 柯惠新,沈浩.调查研究中的统计分析法[M].北京:中国传媒大学出版社,2005:71.

紊乱度与数据区间	距离紊乱度排序		角度紊乱度排		面积紊乱度排序	
高紊乱度 0.666 7~1	上街村	0.741 7	凌家村	0.697	新川村	0.687 5
	南石桥村	0.781 2	滩龙桥村	0.724 1	杜甫村	0.693 7
	滩龙桥村	0.840 3	西冲村	0.732 4	上葛村	0.988
			上街村	0.768 6		
			吴址村	0.795 5		

（资料来源：作者自绘）

表 4.12　22 个乡村聚落样本中建筑秩序的综合紊乱度数据区间表

紊乱度与数据区间	综合紊乱度排序	
低紊乱度 0~0.384 8	青坞村	0.238 6
	统里寺村	0.339
	郎村	0.369
中紊乱度 0.384 8~0.615 2	下庄村	0.420 2
	石家村	0.430 6
	石英村	0.438
	统里村	0.442 7
	施家村	0.451 4
	大里村	0.472 8
	杜甫村	0.473 6
	潜渔村	0.476 2
	东川村	0.494 5
	高家堂村	0.496 6
	东山村	0.523 3
	上葛村	0.532 5
	凌家村	0.547 3
	新川村	0.559 2
	吴址村	0.604 2
高紊乱度 0.615 2~1	南石桥村	0.627 4
	西冲村	0.645 7
	上街村	0.674 7
	滩龙桥村	0.742 1

（资料来源：作者自绘）

　　结合上述两张表格中的数据可以看到,在综合高紊乱度的四个乡村聚落中,滩龙桥村与上街村,其综合高紊乱度主要来源于距离、角度两个秩序分项的高紊乱度;综合紊乱度略低的西冲村,主要来源于其角度秩序分项的高紊乱度,次要来源于距离秩序分项的较高紊乱度;而南石桥村则主要来源于距离秩序分项的高紊乱度。类似的现象也同样出现在综合低紊乱度的三个乡村聚落中;低紊乱度,也就意味着强秩序。青坞村的综合强秩序,来源于距离、面积两个秩序分项的强秩序;统里寺村的综合强秩序,来源于距离、角度两个秩序分项的强秩序;而郎村,三个秩序分项指数均未进入强秩序的数据区间,但是均处于中紊乱度数据区间中较为靠近低数据区间的位置,也即处于次强秩序的数据区间,从而使得综合秩序性也较强。

　　在传统乡村聚落中,大量情况下其单体建筑之间的面积大小、角度偏差以及距离远近这三项指数均处于中等数据区间,从而使得整体紊乱指数也处于中等数据区间。即便是处于高紊乱度、低紊乱度两种相对比较极限状态下的乡村聚落,其中三个分项指数一般也不可能均处于高紊乱度或者均处于低紊乱度这两端极限数据区间。这一现象,意味着在传统乡村聚落中,建筑单体之间的秩序与紊乱,蕴含着某些相互制衡的内在机制。

4.4　本章小结

　　传统乡村聚落是由建筑单体自组织聚集而成。在聚集的过程中,通过这些建筑单体相互之间的面积大小、角度偏差以及距离远近,来建构聚落的整体空间秩序。本章通过软件编程绘制聚落的建筑节点网络图,并且通过 SPSS、EXCEL 等软件,来处理这些网络图中导出的大量数据[①]。通过这些数据的计算、统计与分析,一方面,对聚落中的建筑秩序进行定量描述,使每一个聚落析出三个分项紊乱指数与一个综合紊乱指数;另一方面,在 22 个乡村聚落样本的定量描述基础上,再进行统计学的定性分类,划分出低、中、高三个紊乱度数据区间,对乡村聚落的秩序状态进行比较。通过对乡村聚落中建筑秩序的紊乱度分析,可以看到在传统乡村聚落的内在体系中,蕴含着某些秩序与紊乱的相互制衡机制。

---

　　① 22 个乡村聚落样本的建筑节点网络图数据表,储存在 WORD 文件中,采用 8 号字、间距缩小到固定值 10 磅,累计共有 613 页;在附录中列出了其中的一部分数据。

5 结论——传统乡村聚落平面形态的量化方法

5.1 传统乡村聚落平面形态的量化指数汇总

前面三章的主体内容关注的是传统乡村聚落的整体物质形态。以聚落中的建筑单体及其院墙等主要构筑物为观测单位,以它们的平面外轮廓为基本要素,建构聚落的总平面图并以之为研究对象;基于图底关系的空间视角,将聚落在整体层面的物质形态解析为边界、空间、建筑三个体系要素,并分别探究其形状特性、结构程度与群体秩序,采用一定的科学方法分别进行量化研究,形成一套传统乡村聚落平面形态的量化指数。

5.1.1 边界形状的量化指数

1) 聚落边界闭合图形的形状分析指数

(1) 设定以同等长宽比椭圆为参照系的形状指数公式

$$S=\frac{P}{(1.5\lambda-\sqrt{\lambda}+1.5)}\sqrt{\frac{\lambda}{A\pi}}$$

其中,P 为周长、A 为面积、λ 为长宽比。

并以此分别计算 100 m、30 m、7 m 三个虚边界尺度下聚落边界闭合图形的形状指数 $S_大$、$S_中$、$S_小$。

(2) 设定聚落边界闭合图形的加权平均形状指数公式

$$S_{权均}=S_大\times1.401\ 0\times0.25+S_中\times0.5+S_小\times0.561\ 1\times0.25$$

并以此计算聚落的三层加权边界形状指数 $S_{权均}$。

(3) 利用聚落边界闭合图形的长宽比 λ 以及形状指数 $S_{权均}$,对聚落的平面形态分类进行量化界定

① 当 $S_{权均}\geqslant2$ 时,为指状聚落。其中,当 $\lambda<1.5$ 时,为具有团状倾向的指状聚落;当 $\lambda\geqslant2$ 时,为具有带状倾向的指状聚落;当 $1.5\leqslant\lambda<2$ 时,为无明确倾向性的指状聚落。

② 当 $S_{权均}<2$、$\lambda<1.5$ 时,为团状聚落。

③ 当 $S_{权均}<2$、$1.5\leqslant\lambda<2$ 时,为具有带状倾向的团状聚落。

④ 当 $S_{权均}<2$、$\lambda\geqslant2$ 时,为带状聚落。

2) 聚落边界闭合图形的空间分析指数

(1) 边界闭合图形的离散度

外边缘空间的离散度 $K_外=\dfrac{S_中}{S_大}$

内边缘空间的离散度 $K_内=\dfrac{S_小}{S_中}$

总边缘空间的离散度 $K_总=\dfrac{S_小}{S_大}$

从本书 22 个乡村聚落样本中，外边缘空间的离散度 $K_外$ 在以 1.396 8 为均值的 1.031～ 2.067 2 的数值区间内；内边缘空间的离散度 $K_内$ 在以 1.782 9 为均值的 1.428 1～2.573 8 的数值区间内；总边缘空间的离散度 $K_总$ 在以 2.497 2 为均值的 1.626～4.429 8 的数值区间内。

（2）聚落边界的密实度

分别计算三层边界闭合图形的密实度 $W_大$、$W_中$、$W_小$。

计算综合加权平均密实度：$W_{权均}=W_大\times 0.16+W_中\times 0.34+W_小\times 0.5$

从本书 22 个乡村聚落样本中，大边界密实度 $W_大$ 在以 16.60% 为均值的 6.90%～ 33.80% 区间内；中边界密实度 $W_中$ 在以 32.59% 为均值的 20.80%～43.90% 数值区间内；小边界密实度 $W_小$ 在以 76.28% 为均值的 63.80%～83.80% 数值区间内。加权平均密实度 $W_{权均}$ 在以 51.88% 为均值的 40.08%～60.33% 区间内。

（3）聚落边缘空间的平均宽度

外缘空间的平均宽度 $L_外=\dfrac{A_外}{P_大}$

内缘空间的平均宽度 $L_内=\dfrac{A_内}{P_中}$

总边缘空间的平均宽度 $L_总=\dfrac{A_外+A_内}{P_中}$

其中：$A_外$、$A_内$ 分别为外、内缘空间的面积，$P_大$、$P_中$ 分别为大、中边界的周长。

从本书 22 个乡村聚落样本中，外缘空间的平均宽度 $L_外$ 在以 9.416 1 m 为均值的 0.599 3—17.708 3 m 的数值区间内；内缘空间的平均宽度 $L_内$ 在以 5.749 5 m 为均值的 2.866 4—9.775 6 m 的数值区间内；总边缘空间的平均宽度 $L_总$ 在以 13.154 m 为均值的 3.868 1—21.906 m 的数值区间内。

5.1.2 空间结构的量化指数

在聚落中边界平面闭合图形的限定下，将聚落空间分解为公共空间与庭院空间两个部分，前者体现了聚落空间的结构化程度，后者体现了通常以户为单位的聚落建筑组合的内部空间形态特征。

（1）基于 22 个乡村聚落样本的统计，以建筑密度 M 来对聚落达成一个粗略的区分：小于 0.223 1 为低密度聚落数据区间，0.223 1～0.400 5 为中密度聚落数据区间；大于 0.400 5 为高密度聚落数据区间。

（2）庭院空间率 G

$$G=\dfrac{庭院空间面积之和}{庭院空间面积之和+建筑单体面积之和}$$

基于 22 个乡村聚落样本的统计，小于 0.170 5 为低庭院率聚落数据区间，0.170 5～ 0.468 9 为中庭院率聚落数据区间，大于 0.468 9 为高庭院率聚落数据区间。

（3）将聚落的中边界外扩 2.5 m 得到一块完整的聚落公共空间平面图斑,计算其分维:

$$D=\frac{2\lg\left(\frac{P}{4}\right)}{\lg(A)}$$

其中,D 为分维数值,P 为斑块周长,A 为斑块面积。

基于 22 个乡村聚落样本的统计,小于 1.379 4 为低分维数据区间,1.379 4～1.504 6 为中分维数据区间;大于 1.504 6 为高分维数据区间,分别对应于弱、中、强结构化的乡村聚落。

5.1.3 建筑秩序的量化指数

（1）根据聚落建筑单体之间的方向性角度、面积大小以及距离远近这三个秩序要素的变异程度,本书定义了三个分项紊乱度指数:

建筑单体的距离紊乱指数为:$d=\dfrac{\overline{D}-(\mu-3\sigma)}{6\sigma}=\dfrac{\overline{D}-11.989\,6}{4.734}$

建筑单体的角度紊乱指数为:$a=\dfrac{(\mu+3\sigma)-\overline{A}}{6\sigma}=\dfrac{47.745\,8-\overline{A}}{27.298\,2}$

建筑单体的面积紊乱指数为:$m=\dfrac{\overline{M}-(\mu-3\sigma)}{6\sigma}=\dfrac{\overline{M}-18.359\,8}{69.936}$

其中,$\overline{A}$ 为某一个聚落中($\alpha-45$)绝对值的均值,$\overline{M}$ 为某一个聚落中建筑单体之间面积差的均值,$\overline{D}$ 为某一个聚落中建筑单体之间最小距离的标准差。

这三个分项指数,0～0.333 3 之间属于低紊乱度数据区间;0.333 3～0.666 7 之间属于中紊乱度数据区间;在 0.666 7～1 之间属于高紊乱度数据区间。

（2）由三个分项紊乱度指数加权综合得到综合紊乱指数:

$$C=\frac{d}{2}+\frac{a}{3}+\frac{m}{6}\approx0.5\times d+0.33\times a+0.17\times m$$

综合紊乱指数,0～0.384 8 之间属于低紊乱度数据区间;0.384 8～0.615 2 之间属于中紊乱度数据区间;在 0.615 2～1 之间属于高紊乱度数据区间。

（3）一个聚落中所有建筑联系线所表征的数组中($\alpha-45$)的均值,位于$-45°$到 $45°$的数值区间,大致表达了在整个聚落中,建筑单体两两之间在总体上呈现的从平行到 45 度紊乱再到垂直这一系列秩序关系特征的变化过程。

5.2　传统乡村聚落平面形态的量化指数汇总表

传统乡村聚落平面形态的量化解析,形成了多个层面的指数。根据这些指数的重要性及其来源,将它们划分成主体与附属两个部分,见表 5.1。从中可以看到,通过三项主体形态指数,即已经能够对边界形状、空间结构以及建筑秩序三个方面进行定量描述;而一系列附属指数,主要是计算主体指数的底层数据,或者是这些底层数据的另外阐发,它们对主体指数构成了细节的补充与信息的完善。可以结合不同的需求选取恰当的数据指数。

表 5.1   传统乡村聚落平面形态的量化指数汇总表

类别	主体形态指数	附属形态指数
聚落边界 （聚落边界闭合图形 的形状特性）	加权平均形状 指数：$S_{权均}$	三层形状指数：$S_大$、$S_中$、$S_小$
		空间离散度：$K_外$、$K_内$、$K_总$
		长宽比：λ
聚落空间 （聚落的结构化程度）	聚落中边界外扩 2.5 m 所得 公共空间图斑的分维：D	庭院空间率：G
聚落建筑 （建筑两两之间秩序 关系的总体特征）	综合紊乱指数：C	距离紊乱分项指数：d
		角度紊乱分项指数：a
		面积紊乱分项指数：m
		$(\alpha-45)$ 的均值

（资料来源：作者自绘）

此外，对于聚落边界闭合图形的空间化分析主要有三种方式，即聚落边界的空间离散度 K、聚落边界的密实度 W、聚落边缘空间的平均宽度 L。其中，聚落边界的空间离散度 K，因为直接来源于各层边界闭合图形的形状指数所进行的比值计算，因而与各层边界闭合图形的形状指数的关系较为紧密。而聚落边界的密实度 W 与聚落边缘空间的平均宽度 L 两个数据指数相对独立，与边界闭合图形的形状指数并非直接相关，因而未列入上表。

5.3　传统乡村聚落平面形态量化指数之间的关联性

对乡村聚落平面形态的各项要素进行量化以后，便可以通过统计软件来探讨它们之间是否存在某些内在的关联。

5.3.1　聚落的规模与各项形态指数之间的关联

通过聚落建筑单体的数量来定义聚落规模的大小。将各项数组以建筑数量的升序排列，构建 22 个乡村聚落样本的规模与各项形态指数的变化关系图（图 5.1）。从中可以看到：

（1）总体上

聚落建筑之间的联系线总量增加；同时，平均每个建筑所具有的联系线数量增加。意味着聚落规模越大，其内部的空间关系越复杂。

（2）在聚落边界属性上

聚落边界图形的加权平均形状指数尽管波动很大，但是仍然具有增加的宏观趋

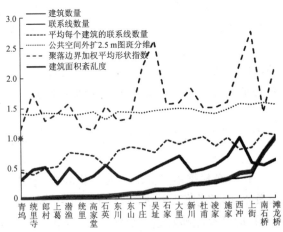

图 5.1   22 个乡村聚落样本的规模与
各项形态指数的变化关系图

（资料来源：作者自绘）

向。意味着聚落规模越大,其边界形状复杂化的几率增加。由前文可知,本书聚落样本中的五个指状聚落,规模均相对较大。

(3)在聚落空间属性上

聚落中边界外扩 2.5 m 所得公共空间图斑的分维值增加;意味着建筑数量增加,即在聚落规模扩大的情况下,聚落空间的结构化程度也随之增强。

(4)在聚落秩序属性上

建筑数量的增加,意味着聚落建筑之间在平面大小上出现变异的几率增加。从而导致建筑面积紊乱度 m 值增加。

5.3.2 聚落的建筑密度与各项形态指数之间的关联

按照建筑密度的升序排列各项数组,构建 22 个乡村聚落样本的建筑密度与各项形态指数的变化关系图(图 5.2),可以看到:

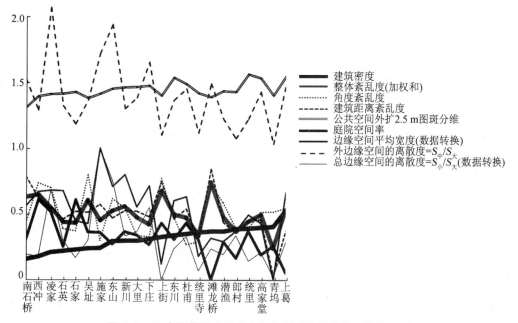

图 5.2 22 个聚落的建筑密度与各项形态指数的变化关系图

(资料来源:作者自绘)

(1)在聚落边界属性上

边缘空间平均宽度降低;外边缘空间的离散度 $K_{外}(S_{中}/S_{大})$ 降低;总边缘空间的离散度 $K_{总}(S_{小}/S_{大})$ 降低。意味着聚落的建筑密度越大,其边界的不规则性所导致的聚落边缘空间化的现象越弱。

(2)在聚落空间属性上

聚落中边界外扩 2.5 m 所得公共空间图斑的分维值增加;庭院空间率 G 降低;意味着聚落的建筑密度越大,其内部的结构化程度越高;同时聚落空间的总量越少。

(3)在聚落秩序属性上

距离紊乱度 d 值下降；角度紊乱度 a 值下降；综合紊乱度 C 值下降。意味着聚落的建筑密度越大，聚落建筑相互之间在距离与角度上，可以产生变异的余地越小，进而导致聚落建筑秩序的综合紊乱度 C 值下降，也就是聚落建筑之间的秩序性越强。

5.3.3 聚落边界形态、空间结构以及建筑秩序三组形态指数之间的关联

1) 空间结构与建筑秩序之间的形态指数关联

聚落的空间结构与建筑秩序，这两者之间互为图底关系。可以说，聚落公共空间的结构化状态，正是聚落建筑单体之间达成某种秩序关系的结果。聚落空间结构的主体指数是公共空间图斑的分维 D，聚落秩序的主体指数是综合紊乱度 C。以公共空间分维的升序排列数组，分别构建 22 个乡村聚落样本的公共空间分维与综合紊乱度的变化关系图（图5.3）以及 22 个乡村聚落样本的公共空间分维与分项紊乱度的变化关系图（图5.4）。从前者（图5.3）上可以直观地看到，综合紊乱度大致呈现出下降的趋势，因而公共空间分维与综合紊乱度两者大致呈反比关系；从后者（图5.4）上可以直观地看到，角度与距离两个分项紊乱度也大致在下降；这正是随着公共空间分维的提高，内部结构化程度增强的表现。而建筑面积紊乱度变化则稍显复杂，但也在总体呈递增的趋势；其实质是，建筑面积紊乱度随着聚落规模、亦即建筑数量的增大而上升；而聚落规模与聚落公共空间的分维大致上呈正相关性，因而面积紊乱度才与公共空间的分维具有相对微弱的正相关性。

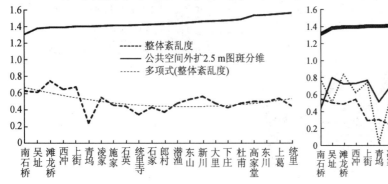

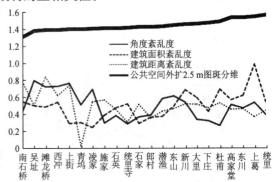

图5.3　22个聚落样本的公共空间分维与
综合紊乱度的变化关系图
（资料来源：作者自绘）

5.4　22个乡村聚落样本的公共空间分维
与分项紊乱度的变化关系图
（资料来源：作者自绘）

2) 聚落边界与聚落空间的形态指数关联

聚落边界的主体指数是加权平均形状指数 $S_{权均}$，聚落空间的主体指数是公共空间外扩2.5 m图斑的分维 D。以加权平均形状指数的升序排列数组，构建22个乡村聚落样本的公共空间分维与边界加权平均形状指数的变化关系图（图5.5），可以看到公共空间分维也呈现出微弱增大的趋势（见点画趋势线），两者呈现较为微弱的正相关性。从聚落样本的排序来看，聚落边界的加权平均形状指数较高的聚落，一般规模相对较大，发展得比较成熟，因而其内部空间的结构化程度也相对较高。

3）聚落边界与聚落秩序的形态指数关联

聚落边界的主体指数是加权平均形状指数 $S_{权均}$，聚落秩序的主体指数是综合紊乱度 C。以加权平均形状指数的升序排列数组，构建 22 个乡村聚落样本的综合紊乱度与边界加权平均形状指数的变化关系图（图 5.6），可以看到建筑的综合紊乱度形成一条变化趋势不是非常明显的折线，通过模拟它的趋势线，可以看到它前半部分递增而后半部分递减，在中间部分出现拐点。

在后部分 5 例聚落样本中，高家堂村、东山村、东川村、施家村、上葛村均为指状聚落，规模相对较大，发展的比较成熟，因而其内部空间的结构化程度也相对较高，建筑的整体秩序性也相对较强。

在前部分 5 例聚落样本中，潜渔村、青坞村、统里寺村、上街村是带状聚落，规模都较小；除上街村外其他三者的紊乱度都较低。之所以这些聚落呈现带状，一般都具有较为明确的外部环境界体的制约或引导；比如潜渔村是沿着山脚线蜿蜒展开，青坞村是沿着河流线性展开，而统里寺村则处于线性的河流与山体之间。这些外部环境界体明确的形态特征所产生的秩序化影响力渗入聚落内部，所形成的影响深度覆盖了这些小规模聚落的较浅进深，导致了聚落内部建筑的秩序性相对较强。

在中间部分 12 例聚落样本中，下庄村、新川村、杜甫村、吴址村、大里村、南石桥村、石英村、统里村，石家村 9 例均为团状聚落，除却下庄村与石英村，其他 7 例聚落的紊乱度均相对较高。前面 9 例团状聚落中，除了统里村与杜甫村外围有河流、新川村夹在山体与河流之间以外，其他 6 例几乎没有特殊的环境界体。而统里村、杜甫村、新川村三者发展到了中等规模，在一定程度上摆脱了外在界体形态特征所带来的秩序力诱导与控制；但与其他 6 例同理，规模还不够大，内部自身的结构化程度还不够高，因而导致了建筑紊乱度较高。

通过边界形态与建筑秩序的比较可以看出，通常而言，团状聚落的建筑紊乱度较高，并如图 5.6 所示，分别从两侧向带状与指状减弱。

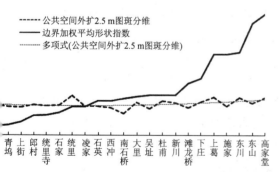

图 5.5　22 个乡村聚落样本的公共空间分维与边界加权平均形状指数的变化关系图

（资料来源：作者自绘）

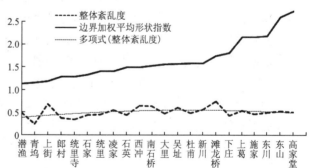

图 5.6　22 个乡村聚落样本的综合紊乱度与边界加权平均形状指数的变化关系图

（资料来源：作者自绘）

5.4 传统乡村聚落平面形态量化指数的雷达图

5.4.1 22个乡村聚落形态指数的汇总雷达图

基于22个乡村聚落样本三项主体指数的数据构建汇总雷达图(图5.7)。通过雷达图可以非常直观地观察每一个聚落的形态特性以及它们相互之间此消彼长的变化关系。比如上街村、滩龙桥村在建筑单体秩序上表现出了较强的紊乱度,统里村、上葛村在聚落空间上表现出了较强的结构化程度,而高家堂村、东山村在边界平面闭合图形上表现出了较强的复杂性。

5.4.2 22个乡村聚落形态指数的雷达图

乡村聚落三项主体指数的数值区间并不统一。在22个乡村聚落样本中,表征聚落建筑秩序关系的四项紊乱指数的数值由于进行

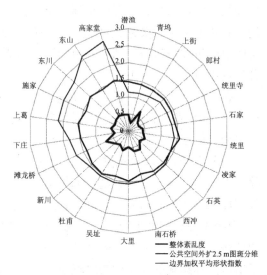

**图5.7 22个乡村聚落主体
形态指数的汇总雷达图**

(资料来源:作者自绘)

了无量纲化处理,均处于0~1区间内;而加权平均形状指数则位于1.128 4~2.728 0之间,公共空间分维位于1.307 3~1.563 9之间。同样采用类似求取聚落建筑秩序关系紊乱指数的方法将加权平均形状指数与公共空间分维数也转换到0~1数值区间,即:

$$\frac{x-(\mu-3\sigma)}{6\sigma}$$

上式中:x 为某一个聚落的加权平均形状指数或公共空间分维数;μ 与 σ 分别为该数组的均值与标准差。转换后的数据分别作为聚落边界形状复杂度、聚落空间组织结构度的表征;聚落建筑秩序的三个分项紊乱指数也即表征它们各自紊乱度的数据汇总(表5.2)。表中五组数据均是通过正态分布转化计算而来,均值 μ 均为0.5,标准差 σ 均为0.166 7,$\mu-\sigma=0.333\ 3$,$\mu+\sigma=0.666\ 7$。因而可以统一将分布的在0~0.333 3、0.333 3~0.666 7、0.666 7~1区间内、分别占16%、68%、16%份额的数据定义为低、中、高三个区间。据此绘制每一个聚落平面形态特征的量化雷达图(图5.8~图5.29)。通过雷达图中0.33与0.66的刻度线,可以直观地分辨该聚落某一项形态特征所处的等级区间。

表5.2 无量纲化处理的五组数据汇总

村名	边界形状复杂度	空间组织结构度	建筑距离紊乱度	建筑角度紊乱度	建筑面积紊乱度
青坞	0.312 9	0.390 3	0.033 1	0.515 9	0.304 8
统里寺	0.364 4	0.438 8	0.309 8	0.288 3	0.523 5
郎村	0.363 1	0.464 1	0.355 2	0.391 4	0.366
下庄	0.559 9	0.583 9	0.477 2	0.326 7	0.434

村名	边界形状复杂度	空间组织结构度	建筑距离紊乱度	建筑角度紊乱度	建筑面积紊乱度
石家	0.377 5	0.456 6	0.517 7	0.3692	0.293 4
石英	0.439 6	0.420 9	0.459 3	0.386 1	0.476 3
统里	0.408 6	0.824 5	0.446 7	0.391 7	0.530 2
施家	0.688 4	0.419 6	0.572 9	0.297 2	0.393 6
大里	0.464	0.561 2	0.519 1	0.337 6	0.599 3
杜甫	0.471 2	0.619	0.535 4	0.266 6	0.693 7
潜渔	0.306 6	0.478 4	0.439 1	0.584 5	0.375 3
东川	0.696 9	0.751 3	0.463 8	0.474 3	0.624 2
高家堂	0.901 5	0.745 5	0.459 2	0.513 9	0.573 3
东山	0.851 8	0.520 8	0.469	0.616 8	0.501 6
上葛	0.687 5	0.780 6	0.371 3	0.542 1	0.988
凌家	0.408 7	0.408 4	0.550 1	0.697	0.248 5
新川	0.472 7	0.547 1	0.523 3	0.547 4	0.687 5
吴址	0.470 3	0.331 5	0.511 1	0.795 5	0.506 8
南石桥	0.453 5	0.141 4	0.781 2	0.432 8	0.552 8
西冲	0.440 5	0.365 5	0.623 3	0.732 4	0.543 1
上街	0.327 1	0.385	0.741 7	0.768 6	0.295 6
滩龙桥	0.532 9	0.363 2	0.840 3	0.724 1	0.488 3
均值 μ	0.5	0.5	0.5	0.5	0.5
标准差 σ	0.166 7	0.166 7	0.166 7	0.166 7	0.166 7

（资料来源：作者自绘）

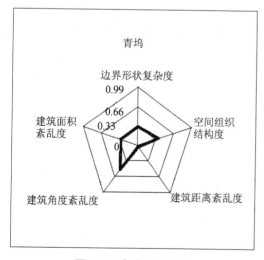

图 5.8　青坞村雷达图

（资料来源：作者自绘）

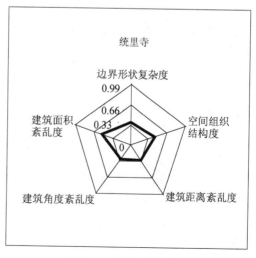

图 5.9　统里寺村雷达图

（资料来源：作者自绘）

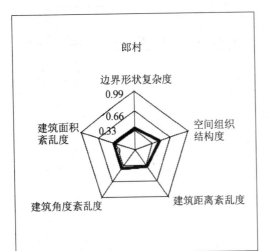

图 5.10　郎村雷达图(资料来源:作者自绘)

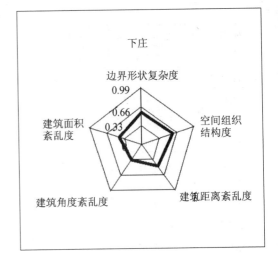

图 5.11　下庄村雷达图(资料来源:作者自绘)

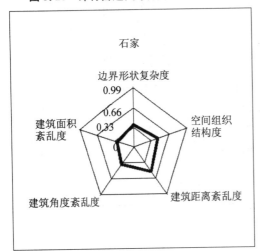

图 5.12　石家村雷达图(资料来源:作者自绘)

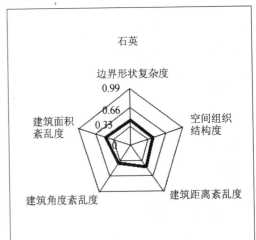

图 5.13　石英村雷达图(资料来源:作者自绘)

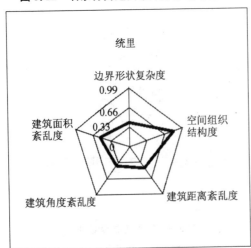

图 5.14　统里村雷达图(资料来源:作者自绘)

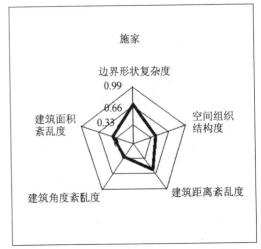

图 5.15　施家村雷达图(资料来源:作者自绘)

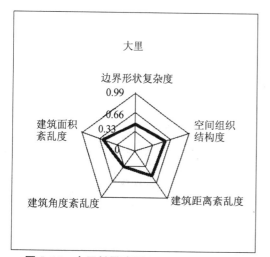

图 5.16 大里村雷达图(资料来源:作者自绘)

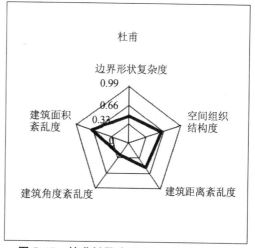

图 5.17 杜甫村雷达图(资料来源:作者自绘)

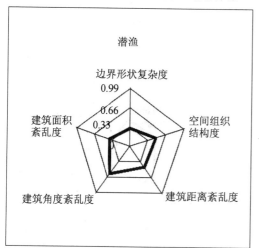

图 5.18 潜渔村雷达图(资料来源:作者自绘)

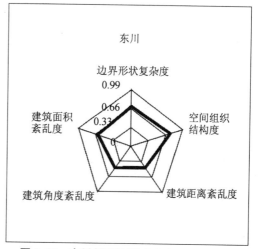

图 5.19 东川村雷达图(资料来源:作者自绘)

图 5.20 高家堂村雷达图(资料来源:作者自绘)

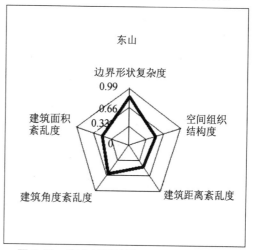

图 5.21 东山村雷达图(资料来源:作者自绘)

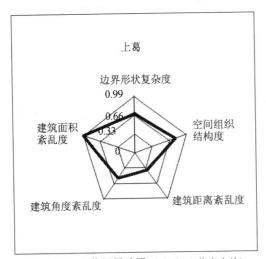

图 5.22　上葛村雷达图(资料来源:作者自绘)

图 5.23　凌家村雷达图(资料来源:作者自绘)

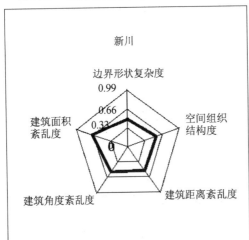

图 5.24　新川村雷达图(资料来源:作者自绘)

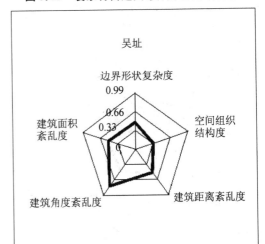

图 5.25　吴址村雷达图(资料来源:作者自绘)

图 5.26　南石桥村雷达图(资料来源:作者自绘)

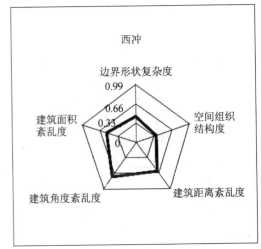

图 5.27　西冲村雷达图(资料来源:作者自绘)

图 5.28 上街村雷达图

（资料来源：作者自绘）

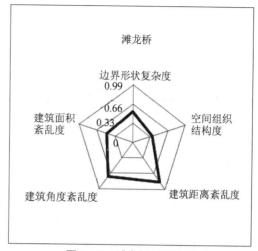

图 5.29 滩龙桥村雷达图

（资料来源：作者自绘）

通过这些雷达图的相互叠加，可以对各乡村聚落平面形态特征进行直观的程度比较。在如图 5.30 所示的三个乡村聚落中，东山村的边界形状复杂度最高、并处于高复杂度区间；上葛村的建筑面积紊乱度以及空间组织结构度最高、并分别处于高紊乱度与强结构度区间；而南石桥村的建筑距离紊乱度最高、并处于高紊乱度区间，而空间组织结构度、边界形状复杂度以及建筑角度紊乱度均为最低，其中空间组织结构度处于低结构度区间。

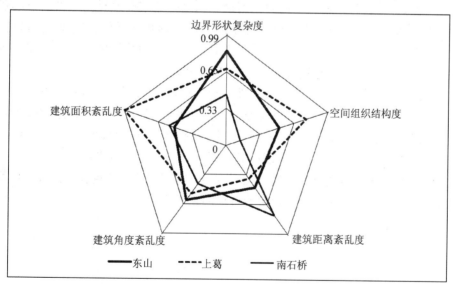

图 5.30 东山村、上葛村、南石桥村的雷达图比较

（资料来源：作者自绘）

5.5　结语及展望

（1）任何分析都是局部而片面的，只是说明了事物某一方面或者有限几方面的问题。关于聚落形态的研究视角和层面有很多，本书仅仅从由建筑单体平面轮廓所建构的聚落总平面图这个视角出发，通过边界形状、空间结构、建筑秩序三个要素，来探讨聚落在整体层面的形态特征，因而在研究视域上必然具有一定的局限性。如何将这些要素的论述与其他视角与层面的聚落研究联系起来，是后续研究所需进行的工作。

（2）本书的重点是对构成聚落整体形态的三要素进行量化方法的研究，并建构了一套主体与附属相结合的量化指数体系。通过这些量化指数，一方面，可以揭示出聚落形态的一些内在规律；另一方面，在聚落形态之间实现科学量化的比较，进而对聚落进行分类与评述。

（3）本书在聚落形态指数的量化研究中所得出的数据结论，比如一些聚落形态指数的均值以及对于高、中、低等各项数据区间的界定，直接源于样本聚落的统计。基于不同地域的聚落样本研究，所得出的数据会有差异。因而这些聚落形态指数的量化数据，是属于该地域文化基因的一个部分。由于本书所采用的聚落样本是浙江省的乡村聚落，因而这些聚落形态指数的量化数据体现的是浙江乡村聚落的地域基因特征。

（4）关于以上所述量化研究中所得出的数据结论，有两个后续问题，由于本书的篇幅及笔者的时间精力所限，暂未得以深入探讨，因而作为本书的后续研究展望：

其一，是关于聚落样本研究中的数据所展示出来的地域性差异。可以基于这套聚落形态量化指数体系，通过选取比较富有典型性的各地域聚落样本，研究出它们各自在整体形态层面上的地域基因（均值以及对于高、中、低等各项数据区间的界定），进而探究这些地域性形态量化数据的形成原因，以及它们之间的区别与联系。

其二，这些形态量化数据结论在一般性的规划指标（建筑密度、容积率等）之外，达成了对乡村聚落平面形态更为具体的科学化描述。反过来设想，这些基于各地域聚落样本统计出来的地域性数据区间，是否可以作为该地域新农村建设中新聚落形态生成的量化导引呢？在图1.5中所显示的传统原生与新规划的两种聚落形态中，虽然它们生成的内在机制以及在形成的时间跨度上具有明显的差异，但是前者的这些形态量化的统计结论，还是可以成为后者在形态规划上能够进一步改良得更为有机的参考依据。

参考文献

专著书目：

[1] [日]原广司. 世界聚落的教示 100[M]. 于天祎,刘淑梅,译. 北京:中国建筑工业出版社,2003.

[2] [日]藤井明. 聚落探访[M]. 宁晶,译. 北京:中国建筑工业出版社,2003.

[3] [日]芦原义信. 外部空间设计[M]. 尹培桐,译. 北京:中国建筑工业出版社,1985.

[4] [日]芦原义信. 街道的美学[M]. 尹培桐,译. 天津:百花文艺出版社,2006.

[5] [美]鲁道夫斯基. 没有建筑师的建筑:简明非正统建筑导论[M]. 高军,译. 天津:天津大学出版社,2011.

[6] [美]阿摩斯·拉普卜特. 宅形与文化[M]. 常青,徐菁,李颖春,等,译. 北京:中国建筑工业出版社,2007.

[7] [加拿大]简·雅各布斯著,美国大城市的死与生[M]. 金衡山,译,南京:译林出版社,2005.

[8] [英]S. 劳埃德,[德]H. W. 米勒. 远古建筑[M]. 高云鹏,译. 北京:中国建筑工业出版社,1999.

[9] [英]布朗丛书公司. 古代文明[M]. 老安,等,译. 济南:山东画报出版社,2003.

[10] 段进,龚恺,陈晓东,等. 空间研究 1:世界文化遗产西递古村落空间解析[M]. 南京:东南大学出版社,2006.

[11] 段进,揭明浩. 空间研究 4:世界文化遗产宏村古村落空间解析[M]. 南京:东南大学出版社,2009.

[12] 段进,季松,王海宁. 城镇空间解析:太湖流域古镇空间结构与形态[M]. 北京:中国建筑工业出版社,2002.

[13] 东南大学建系,歙县文物管理所. 徽州古建筑丛书:渔梁[M]. 南京:东南大学出版社,1998.

[14] 东南大学建系,歙县文物管理所. 徽州古建筑丛书:棠樾[M]. 南京:东南大学出版社,1993.

[15] 东南大学建系,歙县文物管理所. 徽州古建筑丛书:瞻淇[M]. 南京:东南大学出版社,1996.

[16] 吴晓勤,等. 世界文化遗产:皖南古村落规划保护方案保护方法研究[M]. 北京:中国建筑工业出版社,2002.

[17] 王昀. 传统聚落结构中的空间概念[M]. 北京:中国建筑工业出版社,2009.

[18] 王昀. 空间穿越[M]. 沈阳:辽宁科学技术出版社,2010.

[19] 王昀. 空谈空间[M]. 沈阳:辽宁科学技术出版社,2010.

[20] 李秋香,陈志华. 乡土瑰宝系列:村落[M]. 北京:三联书店,2008.

[21] 陈志华. 楠溪江中游古村落[M]. 北京:三联书店,1999.

[22] 彭一刚. 传统村镇聚落景观分析[M]. 北京:中国建筑工业出版社,1994.

[23] 刘沛林. 古村落:和谐的人聚空间[M]. 上海:上海三联书店,1997.

[24] 刘沛林. 中国古村落之旅[M]. 长沙:湖南大学出版社,2007.

[25] 朱晓民,冯国宝. 历史·环境·生机:古村落的世界[M]. 北京:中国建材工业出版社,2002.

[26] 周若祁,等. 绿色建筑体系与黄土高原基本聚居模式[M]. 北京:中国建筑工业出版社,2007.

[27] 仲德崑. 小城镇的建筑空间与环境[M]. 天津:天津技术科学出版社,1993.

[28] 雷振东. 整合与重构:关中乡村聚落转型研究[M]. 南京:东南大学出版社,2009.

[29] 李晓峰. 乡土建筑:跨学科研究理论与方法[M]. 北京:中国建筑工业出版社,2005.

[30] 李立. 乡村聚落:形态、类型与演变——以江南地区为例[M]. 南京:东南大学出版社,2007.

[31] 尹钧科. 北京郊区村落发展史[M]. 北京:北京大学出版社,2001.

[32] 折晓叶. 村庄的再造:一个"超级村庄"的社会变迁[M]. 北京:中国社会科学出版社,1997.

[33] 张小林. 乡村空间系统及其演变研究:以苏南为例[M]. 南京:南京师范大学出版社,1999.

[34] 王小斌. 演变与传承:皖、浙地区传统聚落空间营建策略及当代发展[M]. 北京:中国电力出版社,2009.

[35] [美]凯文·林奇. 城市形态[M]. 林庆怡,陈朝晖,邓华,译. 北京:华夏出版社,2001.

[36] [美]凯文·林奇. 城市意象[M]. 方益萍,何晓军,译. 北京:华夏出版社,2001.

[37] [美]柯林·罗,弗瑞德·科特. 拼贴城市[M]. 童明,译. 北京:中国建筑工业出版社,2003.

[38] [美]尼可斯·A. 萨林加罗斯. 城市结构原理[M]. 阳建强,等,译. 北京:中国建筑工业出版社,2011.

[39] [美]斯皮罗·科斯托夫. 城市的形成——历史进程中的城市模式和城市意义[M]. 单皓,译. 北京:中国建筑工业出版社,2005.

[40] [美]C. 亚历山大,H. 奈斯,A. 安尼诺,等. 城市设计新理论[M]. 陈治业,童丽萍,译. 北京:知识产权出版社,2002.

[41] [丹麦]扬·盖尔. 交往与空间[M]. 何人可,译. 北京:中国建筑工业出版社,2002.

[42] [英]F. 吉伯德. 市镇设计[M]. 程里尧,译. 北京:中国建筑工业出版社,1983.

[43] [英]G. 卡伦. 城市景观艺术[M]. 刘杰,周湘津,译. 天津:天津大学出版社,1992.

[44] [英]克利夫·芒福汀. 街道与广场[M]. 张永刚,陆卫东,译. 北京:中国建筑工业出版社,2004.

[45] [英]比尔·希利尔. 空间是机器:建筑组构理论[M]. 杨滔,张佶,王晓京,译. 北京: 中国建筑工业出版社,2008.

[46] 段进,[英]比尔·希利尔,等. 空间研究 3:空间句法与城市规划[M]. 南京:东南大 学出版社,2007.

[47] 段进,邱国潮. 空间研究 5:国外城市形态学概论[M]. 南京:东南大学出版 社,2009.

[48] 段进. 城市空间发展论[M]. 南京:江苏科学技术出版社,2006.

[49] 沈克宁. 建筑类型学与城市形态学[M]. 北京:中国建筑工业出版社,2010.

[50] 黄亚平. 城市空间理论与空间分析[M]. 南京:东南大学出版社,2002.

[51] 陈泳. 城市空间:形态、类型与意义——苏州古城结构形态演化研究[M]. 南京:东 南大学出版社,2006.

[52] 王富臣. 形态完整:城市设计的意义[M]. 北京:中国建筑工业出版社,2005.

[53] 储金龙. 城市空间形态定量分析研究[M]. 南京:东南大学出版社,2007.

[54] 孙逊,杨剑龙. 阅读城市:作为一种生活方式的都市生活[M]. 上海:上海三联书店, 2007.

[55] [美]琳达·格鲁特,大卫·王. 建筑学研究方法[M]. 王晓梅,译. 北京:机械工业出 版社,2005.

[56] 《中国建筑史》编写组. 中国建筑史[M]. 北京:中国建筑工业出版社,1986.

[57] 单德启. 安徽民居[M]. 北京:中国建筑工业出版社,2009.

[58] 孙大章. 中国民居研究[M]. 北京:中国建筑工业出版社,2004.

[59] 吴良镛. 人居环境科学导论[M]. 北京:中国建筑工业出版社,2001.

[60] 陈伯冲. 建筑形式论:迈向图象思维[M]. 北京:中国建筑工业出版社,1996.

[61] 余英. 中国东南系建筑区系类型研究[M]. 北京:中国建筑工业出版社,2001.

[62] [法]阿·德芒戎. 人文地理学问题[M]. 葛以德,译. 北京:商务印书馆,1993.

[63] 胡振洲. 聚落地理学[M]. 台北:三民书局,1975.

[64] 金其铭. 农村聚落地理[M]. 北京:科学出版社,1988.

[65] 金其铭. 中国农村聚落地理[M]. 南京:江苏科学技术出版社,1989.

[66] 李旭旦. 人文地理学概说[M]. 北京:科学出版社,1985.

[67] 许学强,周一星,宁越敏. 城市地理学[M]. 北京:高等教育出版社,1997.

[68] 邬建国. 景观生态学:格局、过程、尺度与等级[M]. 北京:高等教育出版社,2007.

[69] 傅伯杰等. 景观生态学原理及应用[M]. 北京:科学出版社,2001.

[70] 王云才. 景观生态规划原理[M]. 北京:中国建筑工业出版社,2007.

[71] [法]B. 曼德尔布洛特. 分形对象:形、机遇和维数[M]. 文志英,苏虹,译. 北京:世 界图书出版公司北京公司,1999.

[72] [波]伯努瓦·B. 曼德布罗特. 大自然的分形几何学[M]. 陈守吉,凌复华,译. 上 海:上海远东出版社,1998.

[73] [比利时]普里戈金,等. 从混沌到有序:人与自然的新对话[M]. 曾庆宏,沈小峰,

译. 上海：上海译文出版社,1987.

[74] [德]H. O. 派特根,P. H. 里希特. 分形-美的科学：复动力系统图形化[M]. 井竹君,章祥荪,译. 北京：科学出版社,1994.

[75] [美]詹姆斯·格莱克. 混沌：开创新科学[M]. 张淑誉,译. 上海：上海译文出版社,1990.

[76] [美]米歇尔·沃尔德罗普. 复杂：诞生于秩序与混沌边缘的科学[M]. 陈玲,译. 北京：三联书店,1997.

[77] 辛厚文. 分形理论及其应用[M]. 合肥：中国科学技术大学出版社,1993.

[78] 孙霞,吴自勤,黄畇. 分形原理及其应用[M]. 合肥：中国科学技术大学出版社,2003.

[79] 董连科. 分形理论及其应用[M]. 沈阳：辽宁科学技术出版社,1991.

[80] 王东升,曹磊. 混沌、分形及其应用[M]. 合肥：中国科学技术大学出版社,1995.

[81] 张济忠. 分形[M]. 北京：清华大学出版社,1995.

[82] 陈颙,陈凌. 分形几何学[M]. 北京：地震出版社,2005.

[83] [英]E. H. 贡布里希. 秩序感：装饰艺术的心理学研究[M]. 范景中,杨思梁,徐一维,译. 长沙：湖南科学技术出版社,2003.

[84] [德]马丁·海德格尔. 海德格尔选集（下）[M]. 孙周兴,选编. 上海：上海三联书店,1996.

[85] 童强. 空间哲学[M]. 北京：北京大学出版社,2011.

[86] 冯雷. 理解空间[M]. 北京：中央编译出版社,2008.

[87] 王铭铭. 社区的历程：溪村汉人家族的个案研究[M]. 天津：天津人民出版社,1997.

[88] 王铭铭. 村落视野中的文化与权利：闽台三村五论[M]. 北京：三联书店,1997.

[89] 刘晓春. 仪式与象征的秩序：一个客家村落的历史、权利与记忆[M]. 北京：商务印书馆,2003.

[90] 柯惠新,沈浩. 调查研究中的统计分析法[M]. 北京：中国传媒大学出版社,2005.

[91] 余建英,何旭宏. 数据统计分析与 SPSS 应用[M]. 北京：人民邮电出版社,2003.

[92] 陈胜可. SPSS 统计分析：从入门到精通[M]. 北京：清华大学出版社,2010.

[93] Michael B. Rural Settlement in an Urban World[M]. Oxford：Billing and Sons Limited,1982.

[94] R B Mandal. Introduction to Rural Settlements[M]. India：Concept Publishing Company,1979.

[95] R B Mandal. Systems of Rural Settlements in Developing Countries[M]. India：Concept Publishing Company,1989.

[96] David G. Rural Process—Pattern Relationships：Nomadization, Sedentarization, and Settlement Fixation[M]. New York：Praeger Publishers, 1992.

期刊:

[1] 陈志华. 乡土建筑研究提纲——以聚落研究为例[J]. 建筑师,1998(04):43 - 49.

[2] 陆元鼎. 中国民居研究的回顾与展望[J]. 华南理工大学学报(自然科学版),1997
(01):133 - 139.

[3] 陆元鼎. 中国民居研究五十年[J]. 建筑学报,2007(11):66 - 69.

[4] 何镜堂,窦建奇,王扬,等. 大学聚落研究[J]. 建筑学报,2007(02):84 - 87.

[5] 吴庆洲. 客家民居意象研究[J]. 建筑学报,1998(04):57 - 58.

[6] 业祖润. 传统聚落环境空间结构探析[J]. 建筑学报,2001(12):21 - 24.

[7] 单德启. 冲突与转化——文化变迁·文化圈与徽州传统民居试析[J]. 建筑学报,
1991(01):46 - 51.

[8] 单德启,王小斌. 传统聚落空间整体特色与发展研究的当代意义[J]. 建筑师,2003
(02):41 - 44.

[9] 梁雪. 从聚落选址看中国人的风水观[J]. 新建筑,1988(04):67 - 71.

[10] 梁雪. 对乡土建筑的重新认识与评价——解读《没有建筑师的建筑》[J]. 建筑师,
2005(03):105.

[11] 谢吾同. 聚落研究的几个要点[J]. 华中建筑,1997(02):37 - 41.

[12] 谢吾同. 聚落观[J]. 华中建筑,1996(03):2 - 4.

[13] 马丹,谢吾同. 中国民居研究走向之管见[J]. 华中建筑,1999(04):99,110.

[14] 王澍. 皖南村镇巷道的内结构解析[J]. 建筑师,1987(28):62 - 66.

[15] 陈紫兰. 传统聚落形态研究[J]. 规划师,1997(04):37 - 41.

[16] 赵群,刘加平. 地域建筑文化的延续与发展——简析传统民居的可持续发展[J]. 新
建筑,2003(02):24 - 25.

[17] 王竹,魏秦,王玲. "后传统"视野下的地区人居环境营建体系的解析与建构——黄
土高原绿色窑居住区体系之实践[J]. 建筑与文化,2007(10):86 - 89.

[18] 魏秦,王竹. 地区建筑原型之解析[J]. 华中建筑,2006(06):42 - 43.

[19] 魏秦,王竹,徐颖. 地区人居环境营建体系的研究与界定[J]. 华中建筑,2010(02):
179 - 181.

[20] 王竹,魏秦,贺勇. 地区建筑营建体系的"基因说"诠释——黄土高原绿色窑居住区
体系的建构与实践[J]. 建筑师,2008(01):29 - 35.

[21] 刘莹,王竹. 绿色住居"地域基因"理论研究概论[J]. 新建筑,2003(02):21 - 23.

[22] 王竹,魏秦,贺勇. 从原生走向可持续发展——黄土高原绿色窑居的地区建筑学解
析与建构[J]. 建筑学报,2004(03):32 - 35.

[23] 王竹. 从原生走向可持续发展——地区建筑学解析与建构[J]. 新建筑,2004
(01):46.

[24] 王竹,魏秦,贺勇,等. 黄土高原绿色窑居住区研究的科学基础与方法论[J]. 建筑学
报,2002(04):45 - 47.

[25] 李立敏,王竹. 绿色住区可持续发展机制研究——从控制论角度探讨延安枣园村

规划设计[J].新建筑,1999(05):1-5.

[26] 王军,王竹.昔日黄土窑洞今天绿色住区——延安枣园绿色住区公共中心设计实践[J].新建筑,1999(02):1-4.

[27] 王竹,王玲.传统居住环境可持续发展的途径[J].西安建筑科技大学学报(自然科学版),1998(02):145-148.

[28] 王竹.黄土高原绿色住区模式研究构想[J].建筑学报,1997(07):13-17.

[29] 王竹,周庆华.为拥有可持续发展的家园而设计——从一个陕北小山村的规划设计谈起[J].建筑学报,1996(05):33-38.

[30] 刘克成,肖莉.乡镇形态结构演变的动力学原理[J].西安冶金建筑学院学报,1994(增2):5-23.

[31] 龚恺.关于传统村落群布局的思考[J].小城镇建设,2004(03):53-55.

[32] 罗琳.西方乡土建筑研究的方法论[J].建筑学报,1998(11):57-59.

[33] 汤羽扬.中西合璧峡谷回音—生生不息——论三峡工程淹没区传统聚落与民居的地域性特征[J].北京建筑工程学院学报,1999(01):24-35.

[34] 李东,许铁铖.空间、制度、文化与历史叙述——新人文视野下传统聚落与民居建筑研究[J].建筑师,2005(03):8.

[35] 梅策迎.珠江三角洲传统聚落公共空间体系特征及意义探析——以明清顺德古镇为例[J].规划师,2008(08):84-88.

[36] 刘晓星.中国传统聚落形态的有机演进途径及其启示[J].城市规划学刊,2007(03):55-60.

[37] 王鲁民,张帆.中国传统聚落极域研究[J].华中建筑,2003(04):98-99、109.

[38] 贺玮玲.行为的演变与聚落形态——中国皖南村落与意大利小城比较[J].新建筑,1998(02):9-21.

[39] 魏柯,周波.水·聚落·标志物——羌寨桃坪与水乡周庄的建筑环境布局比较研究[J].四川建筑,2002(03):22-23.

[40] 胡晓鸣,张锟,龚鸽.河流对乡土聚落影响的比较研究——以浙江清湖及安徽西溪南为例[J].华中建筑,2009(12):148-151.

[41] 潘莹、施瑛.湘赣民系、广府民系传统聚落形态比较研究[J].南方建筑,2008(05):28-31.

[42] 郁枫.当代语境下传统聚落的嬗变——德中两处世界遗产聚落旅游转型的比较研究[J].世界建筑,2006(05):118-121.

[43] 单军,王新征.传统乡土的当代解读——以阿尔贝罗贝洛的雏里聚落为例[J].世界建筑,2004(12):80-84.

[44] 王静文.传统聚落环境句法视域的人文透析[J].建筑学报(学术论文专刊),2010(S1):58-61.

[45] 朱永春,潘国泰.明清徽州建筑中斗拱的若干地域特征[J].建筑学报,1998(06):59-61.

[46] 潘国泰.来自徽州民居的启发[J].住宅科技,2004(05):28-30.

[47] 杨怡,郑先友.徽州古村落的空间环境意象[J].安徽建筑,2003(02):11-13.

[48] 吴永发.徽州民居文化的现代诠释[J].安徽建筑,1998(06):109-111.

[49] 吴永发.徽州民居美学特征的探讨[J].合肥工业大学学报(社会科学版),2003(01):80-82.

[50] 吴永发,徐震.论徽州民居的人文精神[J].中国名城,2010(07):28-34.

[51] 李莎,杭程.艺术家聚落景观探究[J].山西建筑,2007,33(25):342-343.

[52] 田伟丽,宫定宇.小店河公共空间与聚落结构[J].山西建筑,2009(21):20-22.

[53] 陈倩.传统聚落形成机制研究框架——以云南滇西北地区为例[J].华中建筑,2010(05):166-168.

[54] 尹文.徽州古民居庭院的理水与空间形态[J].东南文化,1998(04):58-61.

[55] 曹剑文.徽派建筑群的动脉——村落水系[J].建筑知识,2004(03):38-40.

[56] 逯海勇.徽州古村落水系形态设计的审美特色——黟县宏村水环境探析[J].华中建筑,2005(04):144-146.

[57] 贺为才.徽州古村宅坦人工水系——"无溪出活龙"营建探微[J].华中建筑,2006(12):197-199.

[58] 黄忠怀.20世纪中国村落研究综述[J].华东师范大学学报(哲学社会科学版),2005,37(02):110-117.

[59] 李晓峰.从生态学观点探讨传统聚居特征及承传与发展[J].华中建筑,1996(04):18-22.

[60] 蔡镇钰.中国民居的生态精神[J].建筑学报,1999(07):53-56.

[61] 邓晓红,李晓峰.生态发展:中国传统聚落的未来(节选)[J].新建筑,1999(03):3-4.

[62] 邓晓红,李晓峰.从生态适应性看徽州传统聚落[J].建筑学报,1999(11):9-11.

[63] 许先升.生态·形态·心态——浅析爨底下村居住环境的潜在意识[J].北京林业大学学报,2001(04):45-48.

[64] 刘原平.试析中国传统聚落中的生态观[J].山西建筑,2002(07):1-2.

[65] 张旭,崔志刚.湘西民居的生态意识[J].湖南城市学院院报(自然科学版),2005(03):23-26.

[66] 刘福智,刘加平.传统居住形态中的"聚落生态文化"[J].工业建筑,2006(11):48-51,66.

[67] 王莉莉,尚涛.箐口村传统民居聚落生态适应性探析[J].沈阳建筑大学学报(社会科学版),2009(01):15-18.

[68] 常青.建筑人类学发凡[J].建筑学报,1992(05):39-43.

[69] 常青.人类学与当代建筑思潮[J].新建筑,1993(03):47-49.

[70] 张晓春.建筑人类学之维——论文化人类学与建筑学的关系[J].新建筑,1999(04):63-65.

[71] 余英,陆元鼎.东南传统聚落研究——人类聚落学的架构[J].华中建筑,1996(04): 42-47.

[72] 田长青,柳肃.浅析家族制度对民居聚落格局之影响[J].南方建筑,2006(02): 119-122.

[73] 张昕,陈捷.族权对移民聚落的结构性塑造——以静升村为例[J].山东建筑大学学报,2006(06):516-520.

[74] 王铭铭,刘铁梁.村落研究二人谈[J].民俗研究,2003(01):24-37.

[75] 管彦波.西南民族聚落的背景分析与功能探究[J].民族研究,1997(06):83-91.

[76] 管彦波.西南民族聚落的基本特性探微[J].中南民族学院学报(哲学社会科学版), 1997(04):44-48.

[77] 管彦波.西南民族聚落的形态、结构与分布规律[J].贵州民族研究,1997(01): 33-37.

[78] 管彦波.论中国民族聚落的分类[J].思想战线,2001(02):38-41.

[79] 金其铭.我国农村聚落地理研究历史及近今趋势[J].地理学报,1988(04): 311-316.

[80] 金其铭.太湖东西山聚落类型及其发展演化[J].经济地理,1984(03):215-220.

[81] 陈晓键,陈宗兴.陕西关中地区乡村聚落空间结构初探[J].西北大学学报(自然科学版),1993(05):478-485.

[82] 陈宗兴,陈晓键.乡村聚落地理研究的国外动态与国内趋势[J].世界地理研究, 1994(01):72-79.

[83] 范少言.乡村聚落空间结构的演变机制[J].西北大学学报(自然科学版),1994 (04):295-298,304.

[84] 李瑛,陈宗兴.陕南乡村聚落体系的空间分析[J].人文地理,1994(03):13-21.

[85] 范少言,陈宗兴.试论乡村聚落空间结构的研究内容[J].经济地理,1995(02): 44-47.

[86] 尹怀庭,陈宗兴.陕西乡村聚落分布特征及其演变[J].人文地理,1995(04): 17-24.

[87] 廖继武.地理边缘与聚落过程的耦合及其机制[J].中国人口·资源与环境,2009, 19(专刊):580.

[88] 周秋文,苏维词,张婕,等.农村聚落生态系统健康评价初探[J].水土保持研究, 2009(05):121-126.

[89] 陆林,凌善金,焦华富,等.徽州古村落的演化过程及其机理[J].地理研究,2004 (05):686-694.

[90] 彭松.非线性方法——传统村落空间形态研究的新思路[J].四川建筑,2004(02): 22-23,25.

[91] 孟彤.试错与自组织——自发型聚落形态演变的启示[J].装饰,2006(02):43-44.

[92] 胡明星,董卫.基于GIS的镇江西津渡历史街区保护管理信息系统[J].规划师,

2002(03):71-73.

[93] 胡明星,董卫.基于 GIS 的古村落保护管理信息系统[J].武汉大学学报(工学版),
2003(03):53-56.

[94] 胡明星,董卫.GIS 技术在历史街区保护规划中的应用研究[J].建筑学报,2004
(12):63-65.

[95] 董卫.一座传统村落的前世今生——新技术、保护概念与乐清南阁村保护规划的
关联性[J].建筑师,2005(03):94-99.

[96] 汤国安,赵牡丹.基于 GIS 的乡村聚落空间分布规律研究——以陕北榆林地区为
例[J].经济地理,2000(05):1-3.

[97] 于淼,李建东.基于 RS 和 GIS 的桓仁县乡村聚落景观格局分析[J].测绘与空间地
理信息,2005,28(05):50-54.

[98] 唐云松,朱诚.中国南方传统聚落特点及其 GIS 系统的设计[J].衡阳师范学院学
报(社会科学),2003(04):13-18.

[99] 刘沛林.论中国古代的村落规划思想[J].自然科学史研究,1998(01):82-90.

[100] 刘沛林,董双双.中国古村落景观的空间意象研究[J].地理研究,1998(01):
31-38.

[101] 刘沛林.古村落文化景观的基因表达与景观识别[J].衡阳师范学院学报(社会科
学),2003(04):1-8.

[102] 申秀英,刘沛林,邓运员,等.中国南方传统聚落景观区划及其利用价值[J].地理
研究,2006(03):485-494.

[103] 申秀英,刘沛林,邓运员.景观"基因图谱"视角的聚落文化景观区系研究[J].人文
地理,2006(04):109-112.

[104] 陈勇,陈嵘,艾南山,等.城市规模分布的分形研究[J].经济地理,1993,13(03):
48-53.

[105] 陈勇,艾南山.城市结构的分形研究[J].地理学与国土研究,1994,10(04):
35-41.

[106] 刘继生,陈涛.东北地区城市体系空间结构的分形研究[J].地理科学,1995,15
(02):23-24.

[107] 陈彦光,罗静.河南省城市交通网络的分形特征[J].信阳师范学院学报(自然科学
版),1998,11(2):172-177.

[108] 刘继生,陈彦光.东北地区城市规模分布的分形特征[J].人文地理,1999,14(03):
1-6.

[109] 刘继生,陈彦光.交通网络空间结构的分形维数及其测算方法探讨[J].地理学报,
1999(05):471.

[110] 刘继生,陈彦光.东北地区城市体系分形结构的地理空间图式——对东北地区城
市体系空间结构分形的再探讨[J].人文地理,2000,15(06):9-16.

[111] 陈彦光,黄昆.城市形态的分形维数:理论探讨与实践教益[J].信阳师范学院学报

（自然科学版），2002，15(01)：62-67.

[112] 姜世国，周一星. 北京城市形态的分形集聚特征及其实践意义[J]. 地理研究，2006，25(02)：204-213.

[113] 陈彦光，刘继生. 城市形态边界维数与常用空间测度的关系[J]. 东北师大学报（自然科学版），2006，38(02)：126-131.

[114] 陈彦光，罗静. 城市形态的分维变化特征及其对城市规划的启示[J]. 城市发展研究，2006，13(05)：35-40.

[115] 陈彦光，刘继生. 城市形态分维测算和分析的若干问题[J]. 人文地理，2007(03)：98-103.

[116] 赵晶，徐建华，梅安新，等. 上海市土地利用结构和形态演变的信息熵与分维分析[J]. 地理研究，2004，23(02)：137-146.

[117] 齐立博，王红扬，李艳萍. 基于"分形城市"概念的"分形住区"设计思想初探[J]. 浙江大学学报（理学版），2007，34(02)：233-240.

[118] 罗跃. 城市规划与城市空间系统自组织的认识论耦合[J]. 室内设计，2010(02)：3-7.

[119] 程开明，陈宇峰. 国内外城市自组织性研究进展及综述[J]. 城市问题，2006(07)：21-27.

[120] 冒亚龙，欧阳梅娥. 山地城市的分形美学特征[J]. 山地学报，2007，24(02)：148-152.

[121] 冒亚龙，何镜堂. 分形建筑审美[J]. 华南理工大学学报（社会科学版），2010，12(04)：55-62.

[122] 冒亚龙，雷春浓. 生之有理，成之有道——分形的建筑设计与评价[J]. 华中建筑，2005，23(02)：16-18,33.

[123] 冒亚龙，雷春浓. 分形理论视野下的园林设计[J]. 重庆大学学报（社会科学版），2005，11(02)：23-26.

[124] 刘滨谊，王云才. 论中国乡村景观评价的理论基础与指标体系[J]. 中国园林，2002(05)：76-79.

[125] 俞孔坚，李迪华，韩西丽，等. 新农村建设规划与城市扩张的景观安全格局途径——以马岗村为例[J]. 城市规划学刊，2006(05)：38-45.

[126] 郭佳，唐恒鲁，闫勤玲. 村庄聚落景观风貌控制思路与方法初探[J]. 小城镇建设，2009(11)：86-91.

[127] 傅伯杰. 景观多样性分析及其制图研究[J]. 生态学报，1995，15(04)：345-350.

[128] 邬建国. 景观生态学中的十大研究论题[J]. 生态学报，2004，24(09)：2074-2004.

[129] 徐建华，岳文泽，谈文琦. 城市景观格局尺度效应的空间统计规律——以上海中心城区为例[J]. 地理学报，2004，59(06)：1058-1067.

[130] 时琴，刘茂松，宋瑾琦，等. 城市化过程中聚落占地率的动态分析[J]. 生态学杂志，2008，27(11)：1979-1984.

[131] 刘灿然,陈灵芝.北京地区植被景观中斑块形状的指数分析[J].生态学报,2000, 20(04):559-567.

[132] 毛亮,李满春,刘永学,等.一种基于面积紧凑度的二维空间形状指数及其应用 [J].地理与地理信息科学,2005,21(05):11-14.

[133] 陆厚根,马魁.用两个形状指数表征粉煤灰颗粒形貌的研究[J].硅酸盐学报, 1992,20(04):293-301.

[134] 孙庆伟.聚落形态理解与聚落形态研究[J].南方文物,1994(03):62-69,54.

[135] 陈淳.聚落·居址与围墙·城址[J].文物,1997(08):43-47.

[136] [澳]刘莉.龙山文化的酋邦与聚落形态[J].星灿,译.华夏考古,1998(01):88-105.

[137] 张忠培.聚落考古初论[J].中原文物,1999(01):31-33.

[138] 钱耀鹏.关于半坡聚落及其形态演变的考察[J].考古,1999(06):69-77.

[139] 钱耀鹏.史前聚落的自然环境因素分析[J].西北大学学报(自然科学版),2002 (04):417-420.

[140] 钱耀鹏.略论史前聚落的萌芽与发生[J].中原文物,2003(05):8-13.

[141] 王建华.聚落考古综述[J].华夏考古,2003(02):97-100,102.

[142] 李龙.中原史前聚落分布与特征演化[J].中原文物,2008(03):29-35.

[143] [美]张光直.考古学中的聚落形态[J].胡鸿保,周燕,译.华夏考古,2002(01):61-84.

[144] [美]欧文·劳斯.考古中的聚落形态[J].潘艳,陈洪波,译.南方文物,2007(03):94-98.

[145] 方辉,加利·费曼,文德安,等.日照两城地区聚落考古:人口问题[J].华夏考古,2004(02):37-40.

[146] 郭伟民.论聚落考古中的空间分析方法[J].华夏考古,2008(04):142-150.

[147] 严文明.关于聚落考古的方法问题[J].中原文物,2010(02):19-22,35.

[148] 刘建国,王琳.空间分析技术支持的聚落考古研究[J].遥感信息,2006(03):51-53.

[149] 张海.Arc View地理信息系统在中原地区聚落考古研究中的应用[J].华夏考古,2004(01):98-106.

[150] 朱圣钟,吴宏岐.明清鄂西南民族地区聚落的发展演变及其影响因素[J].中国历史地理论丛,1999(04):173-192.

[151] 李树辉.唐代粟特人移民聚落形成原因考[J].西北民族大学学报(哲学社会科学版),2004(02):14-19.

[152] 杨果.宋元时期江汉—洞庭平原聚落的变迁及其环境因素[J].长江流域资源与环境,2005(06):675-678.

[153] 王杰瑜.明代山西北部聚落变迁[J].中国历史地理论丛,2006(01):113-124.

[154] 杨毅.我国古代聚落若干类型的探析[J].同济大学学报(社会科学版),2006(01):

46－51.

[155] 孙天胜,徐登祥. 风水——中国古代的聚落区位理论[J]. 人文地理,1996(S2):
60－62.

[156] 屈德印,朱彦. 风水观念对古聚落文化的影响[J]. 新美术,2006(02):103－
104,95.

[157] 梁宇元. 风水观念对台湾北埔地区客家聚落构成之影响[J]. 建筑与文化,2006
(04):42－54.

[158] 陈彦光,陈文惠. GIS与地理现象的分形研究[J]. 东北师大学报(自然科学版),
1998(02):91－96.

[159] 罗宏宇,陈彦光. 城市土地利用形态的分维刻画方法探讨[J]. 东北师大学报(自然
科学版),2002,34(04):107－113.

[160] 陈彦光,罗静. 城市形态的分维变化特征及其对城市规划的启示[J]. 城市发展研
究,2006,13(05):35－40.

[161] 张宇,王青. 城市形态分形研究——以太原市为例[J]. 山西大学学报(自然科学
版),2000,23(04):365－368.

[162] 王青,城市形态空间演变定量研究初探——以太原市为例[J]. 经济地理,2002,22
(05):339－341.

[163] 王昀,方振宁. 聚落研究与当代建筑设计联手——建筑师王昀访谈[J]. 文化月刊,
2004(07):43－47.

[164] 寻找昨日的城市世界聚落——访方体空间主持建筑师王昀博士[J]. 文化月刊,
2004(08):78－85.

[165] 查方兴. 房子里的聚落[J]. 建筑知识,2008(04):46－51.

[166] 范路,易娜. 徘徊在传统聚落和现代建筑之间——建筑师王昀访谈[J]. 建筑师,
2006(02):36－44.

[167] 刘延川. 导言[J]. 建筑创作,2005(02):26－32.

[168] 张蔚,魏春雨. 建筑复合界面初探[J]. 南方建筑,2004(06):33－36.

[169] 王凯,魏春雨. 复合界面建筑"元语言"推导及应用过程解析[J]. 中外建筑,2009
(09):71－73.

[170] 魏春雨. 类型与界面——魏春雨营造工作室的设计思考与实践[J]. 世界建筑,
2009(03):94－103.

[171] 费双,魏春雨. 建筑界面的绿色营造[J]. 中外建筑,2010(02):54－56.

[172] 魏春雨. 地域界面类型实践[J]. 建筑学报,2010(02):62－67.

[173] 张毓峰,崔艳. 建筑空间形式系统的基本构想[J]. 建筑学报,2002(09):55.

[174] 张毓峰,吴轩. 虚拟界面的定义与描述[J]. 世界建筑,2005(05):86－89.

[175] 曹立人,朱祖详. 规则多边图形的离散度、图基边数及显示条件的交互作用研究
[J]. 心理学报,1996,28(03):290.

[176] Luijten J C, A systematic method for generating land use patterns using

stochastic rules and basic landscape characteristics results for a colombian hillside watershed[J]. Agriculture，Ecosystems and Environment，2003(95)：427－441.

[177] Radford J Q，Bennett A F，Cheers G J. Landscape—level thresholds of habitat cover for woodland—dependent birds[J]. Biological Conservation，2005(124)：317－337.

[178] Jean Paul Metzger. Relationships between landscape structure and tree species diversity in tropical forests of Southeast Brazil[J]. Landscape and Urban Planning，1997(37)：29－35.

[179] Sigrid Hehl-Lange. Structural elements of the visual landscape and their ecological functions[J]. Landscape and Urban Planning，2001(54)：105－113.

学位论文：

[1] 王绚. 传统堡寨聚落研究——兼以秦晋地区为例[D]. 天津：天津大学博士学位论文，2004.

[2] 李贺楠. 中国古代农村聚落区域分布与形态变迁规律性研究[D]. 天津：天津大学博士学位论文，2006.

[3] 谭立峰. 河北传统堡寨聚落演进机制研究[D]. 天津：天津大学博士学位论文，2007.

[4] 李严. 明长城"九边"重镇军事防御性聚落研究[D]. 天津：天津大学博士学位论文，2007.

[5] 林志森. 基于社区结构的传统聚落形态研究[D]. 天津：天津大学博士学位论文，2009.

[6] 薛力. 城市化进程中乡村聚落发展探讨——以江苏省为例[D]. 南京：东南大学博士学位论文，2001.

[7] 李立. 传统与变迁——江南地区乡村聚落形态的演变[D]. 南京：东南大学博士学位论文，2002.

[8] 李晓峰. 多维视野中的中国乡土建筑研究——当代乡土建筑跨学科研究理论与方法[D]. 南京：东南大学博士学位论文，2004.

[9] 李宁. 建筑聚落介入基地环境的适宜性[D]. 杭州：浙江大学博士学位论文，2008.

[10] 朱炜. 基于地理学视角的浙北乡村聚落空间研究[D]. 杭州：浙江大学博士学位论文，2009.

[11] 王韡. 徽州传统聚落生成环境研究[D]. 上海：同济大学博士学位论文，2005.

[12] 刘沛林. 中国传统聚落景观基因图谱的构建与应用研究[D]. 北京：北京大学博士学位论文，2011.

[13] 赵逵. 川盐古道上的传统聚落与建筑研究[D]. 武汉：华中科技大学博士学位论文，2007.

[14] 毕硕本. 聚落考古中空间数据挖掘与知识发现的研究——以史前聚落半坡类型姜寨遗址为例[D]. 南京：南京师范大学博士学位论文，2004.

[15] 刘建国. GIS 支持的聚落考古研究[D]. 北京：中国地质大学博士学位论文, 2007.

[16] 沈茂英. 中国山区聚落持续发展与管理研究——以岷江上游为例[D]. 北京：中国科学院研究生院博士学位论文, 2005.

[17] 裴新富. 陕北多沙粗沙区乡村聚落窑洞民居土壤侵蚀效应及防治对策研究[D]. 西安：陕西师范大学博士学位论文, 2005.

[18] 郑韬凯. 从洞穴到聚落——中国石器时代先民的居住模式和居住观念研究[D]. 北京：中央美术学院博士学位论文, 2009.

[19] 李严. 榆林地区明长城军事堡寨聚落研究[D]. 天津：天津大学硕士学位论文, 2004.

[20] 李蕾. 晋陕、闽赣地域传统堡寨聚落比较研究[D]. 天津：天津大学硕士学位论文, 2004.

[21] 苗苗. 明蓟镇长城沿线关城聚落研究[D]. 天津：天津大学硕士学位论文, 2004.

[22] 谭立峰. 山东传统堡寨式聚落研究[D]. 天津：天津大学硕士学位论文, 2004.

[23] 陈顺祥. 贵州屯堡聚落社会及空间形态研究[D]. 天津：天津大学硕士学位论文, 2005.

[24] 倪晶. 明宣府镇长城军事堡寨聚落研究[D]. 天津：天津大学硕士学位论文, 2005.

[25] 李哲. 山西省雁北地区明代军事防御性聚落探析[D]. 天津：天津大学硕士学位论文, 2005.

[26] 王钊. 生态视野下的聚落形态和美学特征研究[D]. 天津：天津大学硕士学位论文, 2006.

[27] 薛原. 资源、经济角度下明代长城沿线军事聚落变迁研究——以晋陕地区为例[D]. 天津：天津大学硕士学位论文, 2007.

[28] 杜恩龙. 现代居住区与传统聚落公共空间比较研究[D]. 天津：天津大学硕士学位论文, 2008.

[29] 王志群. 西南丝绸之路灵关道（云南驿村—大田村）驿道聚落初探[D]. 昆明：昆明理工大学硕士学位论文, 2004.

[30] 杨阳. 人文地理学视野下的乡土聚落研究——以大理地区典型个案为例[D]. 昆明：昆明理工大学硕士学位论文, 2006.

[31] 许飞进. 探寻与求证——建水团山村与江西流坑村传统聚落的对比研究[D]. 昆明：昆明理工大学硕士学位论文, 2007.

[32] 徐贤如. 传统聚落环境分析[D]. 昆明：昆明理工大学硕士学位论文, 2007.

[33] 周绍文. 云南传统聚落类型学研究[D]. 昆明：昆明理工大学硕士学位论文, 2007.

[34] 杨庆光. 楚雄彝族传统民居及其聚落研究[D]. 昆明：昆明理工大学硕士学位论文, 2008.

[35] 徐震. 小型聚落的人态和谐分析——以邻里层次为例[D]. 合肥：合肥工业大学硕士学位论文, 2003.

[36] 徐璐璐. 徽州传统聚落对安徽地区新农村住宅设计的启示[D]. 合肥：合肥工业大

学硕士学位论文,2006.

[37] 王巍.徽州传统聚落的巷路研究[D].合肥:合肥工业大学硕士学位论文,2006.

[38] 汪亮.徽州传统聚落公共空间研究[D].合肥:合肥工业大学硕士学位论文,2006.

[39] 孙静.人地关系与聚落形态变迁的规律性研究——以徽州聚落为例[D].合肥:合肥工业大学硕士学位论文,2007.

[40] 彭松.从建筑到村落形态——以皖南西递村为例的村落形态研究[D].南京:东南大学硕士学位论文,2004.

[41] 高峰."空间句法"在传统村落外部空间系统分析中的应用——以徽州南屏村为例[D].南京:东南大学硕士学位论文,2004.

[42] 张剑辉."此时、此地、此情"以滇西北聚落民居探索现代地域建筑创作[D].南京:东南大学硕士学位论文,2005.

[43] 刘进红.建筑群化设计初探——从中国传统聚落到结构主义建筑[D].南京:东南大学硕士学位论文,2008.

[44] 宋爱平.郑州地区史前至商周时期聚落形态分析[D].济南:山东大学硕士学位论文,2005.

[45] 卢建英.尉迟寺遗址及小区史前聚落形态分析[D].济南:山东大学硕士学位论文,2006.

[46] 金汉波.吴城遗址聚落形态研究[D].济南:山东大学硕士学位论文,2007.

[47] 赵康.地域环境制约下的聚落生存发展模式的研究与启示[D].济南:山东大学硕士学位论文,2009.

[48] 安玉源.传统聚落的演变·聚落传统的传承——甘南藏族聚落研究[D].北京:清华大学硕士学位论文,2004.

[49] 王小斌.传统聚落的营建策略及当代借鉴的初探——以皖、浙地区若干聚落为例[D].北京:清华大学硕士学位论文,2005.

[50] 陈晶.徽州地区传统聚落外部空间的研究与借鉴[D].北京:清华大学硕士学位论文,2005.

[51] 于璞.渭水流域仰韶早期房屋建筑与聚落形态研究[D].西安:西北大学硕士学位论文,2006.

[52] 徐明.陕北黄土丘陵区农村聚落建设与生态修复关系研究[D].西安:西北大学硕士学位论文,2009.

[53] 邵晶.试析浐灞流域新石器时代聚落演变[D].西安:西北大学硕士学位论文,2009.

[54] 蔡超.两周时期齐鲁两国聚落形态研究[D].北京:中国建筑设计研究院硕士学位论文,2006.

[55] 张一婷.新聚落设计方法初探——以西柏坡华润希望小镇为例[D].北京:中国建筑设计研究院硕士学位论文,2011.

[56] 马津.新聚落设计实践与反思——以西柏坡华润希望小镇为例[D].北京:中国建

筑设计研究院硕士学位论文,2012.

[57] 郑凯.陕西华县韩凹村乡村聚落形态结构演变初探[D].西安:西安建筑科技大学
硕士学位论文,2006.

[58] 刘伟.城固县上元观古镇聚落形态演变初探[D].西安:西安建筑科技大学硕士学
位论文,2006.

[59] 成旭华.聚落式校园形态研究[D].上海:同济大学硕士学位论文,2006.

[60] 孙彦青.徽州聚落与江浙水乡聚落风水景观的分析比较[D].上海:同济大学硕士
学位论文,1999.

[61] 刘康宏.乡土建筑研究视域的建构[D].杭州:浙江大学硕士学位论文,1999.

[62] 黄黎明.楠溪江传统民居聚落典型中心空间研究[D].杭州:浙江大学硕士学位论
文,2006.

[63] 赵远鹏.分形几何在建筑中的应用[D].大连:大连理工大学硕士学位论文,2003.

[64] 于雅琴.分形建筑设计方法研究[D].大连:大连理工大学硕士学位论文,2008.

[65] 阙瑾.明清"江西填湖广"移民通道上的鄂东北地区聚落形态案例研究[D].武汉:
华中科技大学硕士学位论文,2008.

[66] 石峰.湖北南漳地区堡寨聚落防御性研究[D].武汉:华中科技大学硕士学位论
文,2007.

[67] 田新艳.昙石山遗址聚落与环境考古分析[D].厦门:厦门大学硕士学位论文,
文,2002.

[68] 徐庆红.闽东聚落社会史研究——基于历史人类学视角下的三溪[D].厦门:厦门
大学硕士学位论文,2006.

[69] 魏欣韵.湘南民居——传统聚落研究及其保护与开发[D].长沙:湖南大学硕士学
位论文,2003.

[70] 张帆.中国传统聚落极域研究[D].郑州:郑州大学硕士学位论文,2003.

[71] 黄平.传统聚落文化的旅游规划研究[D].武汉:武汉理工大学硕士学位论文,
文,2003.

[72] 赵莹.云南聚落的生长与发展研究初探[D].重庆:重庆大学硕士学位论文,2004.

[73] 华亦雄.水在中国传统民居聚落中的生态价值及其在当代住区中的应用探讨[D].
无锡:江南大学硕士学位论文,2005.

[74] 欧阳玉.从鄂西山村彭家寨现状的调查兼议山村传统聚落文化的传承与发展[D].
武汉:武汉大学硕士学位论文,2005.

[75] 陈济民.基于连续文化序列的史前聚落演变中的空间数据挖掘研究——以郑洛地
区为例[D].南京:南京师范大学硕士学位论文,2006.

[76] 金东来.传统聚落外部空间研究的启示[D].大连:大连理工大学硕士学位论
文,2007.

[77] 申青.孔隙结构——传统小城镇空间的一种解析[D].苏州:苏州科技大学硕士学
位论文,2007.

[78] 聂彤. 霍童古镇传统聚落建筑形态研究[D]. 泉州:华侨大学硕士学位论文,2007.

[79] 王海浪. 镇江华山村聚落环境设计调查与研究[D]. 苏州:苏州大学硕士学位论文,2007.

[80] 张所根. 传统聚落保护与更新的自力型模式探析——以西溪古镇为例[D]. 南昌:南昌大学硕士学位论文,2007.

[81] 田莹. 自然环境因素影响下的传统聚落形态演变探析[D]. 北京:北京林业大学硕士学位论文,2007.

[82] 张永辉. 基于旅游地开发的苏南传统乡村聚落景观的评价[D]. 南京:南京农业大学硕士学位论文,2008.

[83] 向洁. 藏南河谷传统聚落景观研究[D]. 成都:西南交通大学硕士学位论文,2008.

[84] 鲍杰. 福州人口与聚落研究[D]. 福州:福建师范大学硕士学位论文,2008.

[85] 刘顺. 洞庭湖流域史前聚落形态研究[D]. 湘潭:湘潭大学硕士学位论文,2008.

[86] 郑丽. 浦东新区聚落的时空演变[D]. 上海:复旦大学硕士学位论文,2008.

[87] 代琛莹. 新农村建设背景下的乡村聚落景观规划与设计研究[D]. 沈阳:东北师范大学硕士学位论文,2008.

[88] 罗震. 基于高分辨率遥感的成都平原农村聚落信息提取研究[D]. 成都:电子科技大学硕士学位论文,2009.

[89] 杨蒙蒙. 武汉城市圈乡村聚落景观规划研究[D]. 武汉:华中农业大学硕士学位论文,2009.

[90] 岳文辉. 基于GIS的空间分形分析组件开发[D]. 上海:华东师范大学硕士学位论文,2005.

[91] 蒋祺. 基于空间分形分维的丘陵型城镇用地布局规划研究[D]. 长沙:中南大学硕士学位论文,2008.

附录一:22 个乡村聚落的原始地形图汇总

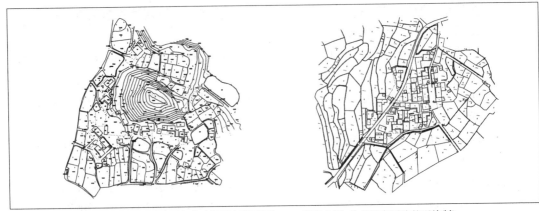

图附.1　滩龙桥村、郎村原始地形图　　（资料来源:作者研究团队整理绘制）

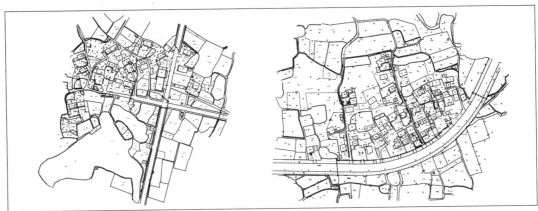

图附.2　吴址村、石家村原始地形图　　（资料来源:作者研究团队整理绘制）

图附.3　下庄村原始地形图　　（资料来源:作者研究团队整理绘制）

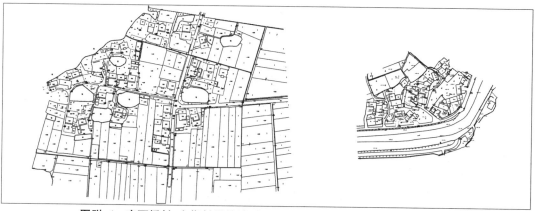

图附.4　南石桥村、上街村原始地形图　（资料来源:作者研究团队整理绘制）

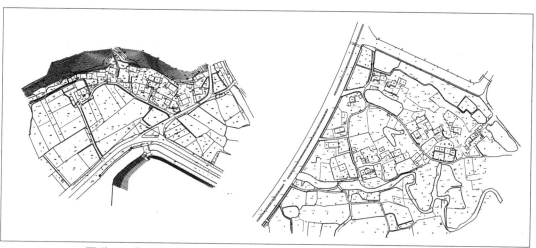

图附.5　潜渔村、凌家村原始地形图　（资料来源:作者研究团队整理绘制）

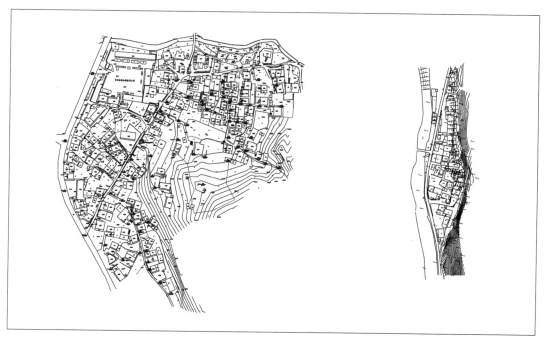

图附.6　新川村、统里寺村原始地形图　（资料来源:作者研究团队整理绘制）

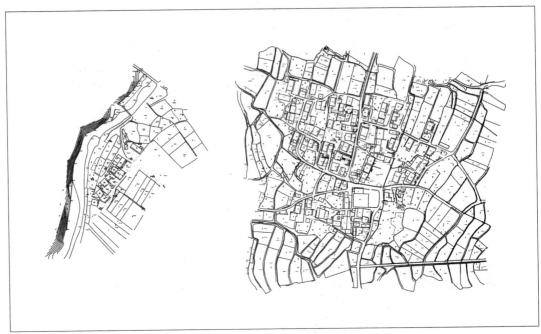

图附.7   青坞村、大里村原始地形图

（资料来源：作者研究团队整理绘制）

图附.8   杜甫村原始地形图

（资料来源：作者研究团队整理绘制）

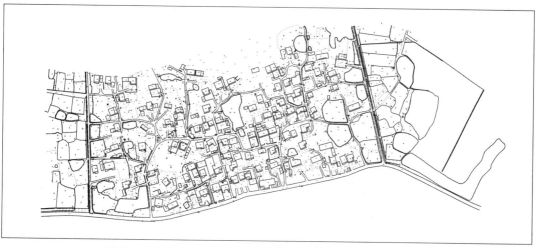

图附.9　石英村原始地形图　　(资料来源:作者研究团队整理绘制)

图附.10　统里村原始地形图　　(资料来源:作者研究团队整理绘制)

图附.11 施家村、东山村原始地形图

(资料来源:作者研究团队整理绘制)

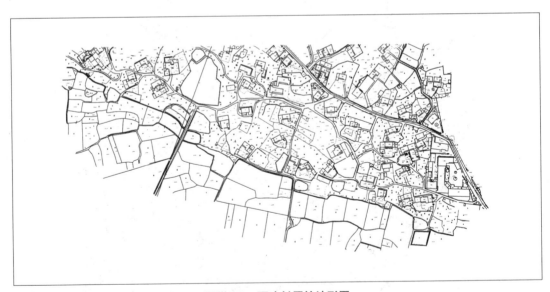

图附.12 西冲村原始地形图

(资料来源:作者研究团队整理绘制)

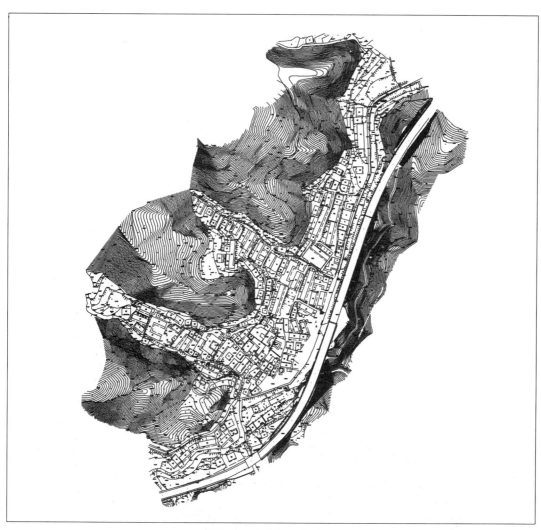

图附.13　上葛村原始地形图

（资料来源:作者研究团队整理绘制）

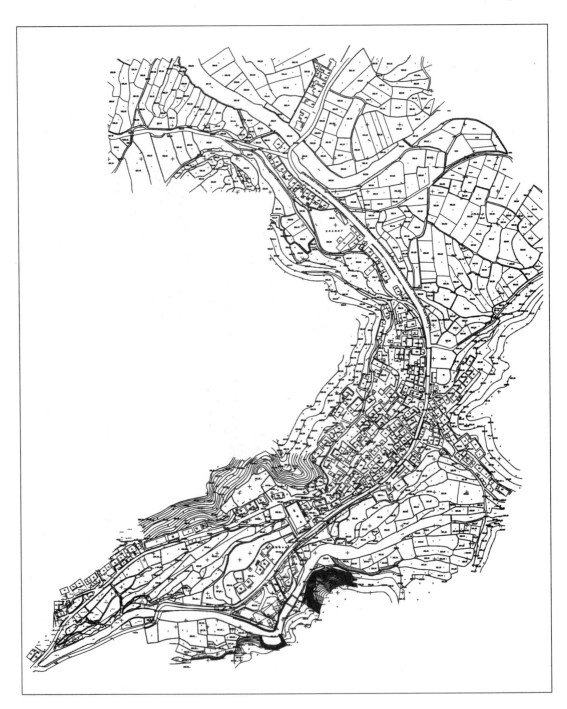

图附.14 高家堂村原始地形图

（资料来源：作者研究团队整理绘制）

图附.15　东川村原始地形图

（资料来源:作者研究团队整理绘制）

附录二:22 个乡村聚落的建筑节点网络图数据表汇总

表附.1 青坞村建筑节点网络图数据表

建筑节点间联系线序号	建筑节点1编号	建筑节点2编号	建筑节点间最小距离/m	建筑节点间面积差/m²	节点间角度差锐角 α/°	(α−45)/°	(α−45)绝对值/°
1	1	2	0.004 9	94.968 9	0.000 7	−44.999 3	44.999 3
2	1	5	19.538	4.482 5	81.548 3	36.548 3	36.548 3
3	2	3	1.442 2	20.237 2	89.974 4	44.974 4	44.974 4
4	2	4	4.341 9	77.831 7	51.957 9	6.957 9	6.957 9
5	2	5	7.072 1	99.451 4	81.549	36.549	36.549
6	2	6	19.974 1	83.769 7	1.602 6	−43.397 4	43.397 4
7	2	7	19.943	12.516 3	88.862 6	43.862 6	43.862 6
8	2	9	35.902 8	88.703 1	2.513 3	−42.486 7	42.486 7
9	2	13	49.382 6	91.211 2	20.821 3	−24.178 7	24.178 7
10	3	4	10.609 9	57.594 5	38.016 5	−6.983 5	6.983 5
11	3	5	17.078 1	79.214 2	8.476 6	−36.523 4	36.523 4
12	3	6	12.034 1	63.532 5	88.371 8	43.371 8	43.371 8
13	3	7	6.649 9	7.720 9	1.163	−43.837	43.837
14	3	9	21.210 1	68.465 9	87.461 1	42.461 1	42.461 1
15	3	13	34.669 7	70.974	69.153 1	24.153 1	24.153 1
16	3	16	35.168	17.938 9	20.169 3	−24.830 7	24.830 7
17	3	18	47.517 5	69.194	83.604 2	38.604 2	38.604 2
18	4	5	0.092 2	21.619 7	46.493 1	1.493 1	1.493 1
19	4	6	11.219	5.938	50.355 3	5.355 3	5.355 3
20	4	7	11.846 6	65.315 4	39.179 5	−5.820 5	5.820 5
21	4	8	22.730 2	6.550 1	51.571 9	6.571 9	6.571 9
22	4	15	39.130 6	27.194 1	35.003 1	−9.996 9	9.996 9
23	5	6	18.001 9	15.681 7	83.151 6	38.151 6	38.151 6
24	5	7	19.250 2	86.935 1	7.313 6	−37.686 4	37.686 4
25	5	8	29.580 2	15.069 6	81.935	36.935	36.935
26	5	15	45.628 4	5.574 4	11.49	−33.51	33.51
27	6	7	0.006 9	71.253 4	89.534 8	44.534 8	44.534 8
28	6	8	7.449 2	0.612 1	1.216 6	−43.783 4	43.783 4
29	6	15	23.569 3	21.256 1	85.358 4	40.358 4	40.358 4
30	6	20	46.899 4	0.018	77.070 5	32.070 5	32.070 5
31	7	8	0.006 8	71.865 5	89.248 6	44.248 6	44.248 6
32	7	9	0.548 7	76.186 8	88.624 1	43.624 1	43.624 1
33	7	10	4.514 7	85.629 9	3.880 6	−41.119 4	41.119 4
34	7	11	3.270 4	31.158 2	5.133 7	−39.866 3	39.866 3
35	7	18	27.467 5	76.914 9	84.767 2	39.767 2	39.767 2
36	8	9	0.559 4	4.321 3	2.127 3	−42.872 7	42.872 7
37	8	10	0.190 5	13.763 9	86.870 8	41.870 8	41.870 8
38	8	11	3.525 2	40.707 3	85.617 7	40.617 7	40.617 7
39	8	12	6.117 4	4.898 2	85.542 2	40.542 2	40.542 2
40	8	14	12.704 1	15.538 6	2.72	−42.28	42.28
41	8	15	12.112 6	20.644	86.575	41.575	41.575
42	8	17	18.846 3	16.717 9	80.169 5	35.169 5	35.169 5
43	8	19	26.324 7	71.943 4	74.365 2	29.365 2	29.365 2
44	8	20	35.329 7	0.594 1	75.853 9	30.853 9	30.853 9
45	9	10	4.629 4	9.442 6	84.743 5	39.743 5	39.743 5
46	9	11	0.003 4	45.028 6	83.490 4	38.490 4	38.490 4
47	9	13	9.832 3	2.508 1	18.308	−26.692	26.692
48	9	16	10.128 7	50.527	72.369 6	27.369 6	27.369 6
49	9	18	23.167 1	0.728 1	3.856 9	−41.143 1	41.143 1
50	10	11	1.310 6	54.471 2	1.253 1	−43.746 9	43.746 9
51	10	12	0.006 3	8.865 7	1.328 6	−43.671 4	43.671 4
52	10	14	6.295 8	1.774 7	84.150 8	39.150 8	39.150 8
53	10	15	6.136 3	6.880 1	0.295 8	−44.704 2	44.704 2
54	10	17	12.430 8	2.954	12.959 7	−32.040 3	32.040 3
55	10	19	20.006 1	85.707 3	18.764	−26.23 6	26.23 6
56	10	20	28.910 9	14.358	17.275 3	−27.724 7	27.724 7
57	11	12	0.006	45.605 5	0.075 5	−44.924 5	44.924 5

建筑节点间联系线序号	建筑节点1编号	建筑节点2编号	建筑节点间最小距离/m	建筑节点间面积差/m²	节点间角度差锐角 α/°	(α−45)/°	(α−45)绝对值/°
58	11	13	1.950 2	47.536 7	65.182 4	20.182 4	20.182 4
59	11	14	1.521 5	56.245 9	82.897 7	37.897 7	37.897 7
60	11	16	1.775 1	5.498 4	24.14	−20.86	20.86
61	11	17	8.035 1	57.425 2	14.212 8	−30.787 2	30.787 2
62	11	18	15.383 2	45.756 7	79.633 5	34.633 5	34.633 5
63	12	13	7.725 2	1.931 2	65.106 9	20.106 9	20.106 9
64	12	14	0.005	10.640 4	82.822 2	37.822 2	37.822 2
65	12	15	3.147 2	15.7458	1.032 8	−43.967 2	43.967 2
66	12	16	3.557 9	51.103 9	24.215 5	−20.784 5	20.784 5
67	12	17	6.139 1	11.819 7	14.288 3	−30.711 7	30.711 7
68	12	19	13.378 7	76.841 6	20.092 6	−24.907 4	24.907 4
69	12	20	22.553 2	5.492 3	18.603 9	−26.396 1	26.396 1
70	13	14	6.585 8	8.709 2	17.715 3	−27.284 7	27.284 7
71	13	16	0.004 1	53.035 1	89.322 4	44.322 4	44.322 4
72	13	18	6.873 1	1.78	14.451 1	−30.548 9	30.548 9
73	13	19	8.414 7	78.772 6	85.199 5	40.199 5	40.199 5
74	13	22	22.946 5	7.412 3	8.804	−36.196	36.196
75	14	15	3.019 5	5.105 4	83.855	38.855	38.855
76	14	16	0.745 4	61.744 3	72.962 3	27.962 3	27.962 3
77	14	17	2.622 2	1.179 3	82.889 5	37.889 5	37.889 5
78	14	19	10.080 9	87.48 2	77.085 2	32.085 2	32.085 2
79	14	20	19.119 3	16.132 7	78.573 9	33.573 9	33.573 9
80	15	16	7.671 7	66.849 7	23.182 7	−21.817 3	21.817 3
81	15	17	4.884	3.926 1	13.255 5	−31.744 5	31.744 5
82	15	19	12.313 1	92.587 4	19.059 8	−25.940 2	25.940 2
83	15	20	20.455 5	21.238 1	17.571 1	−27.428 9	27.428 9
84	15	24	37.286 8	60.028 6	85.060 8	40.060 8	40.060 8
85	16	17	0.005 2	62.923 6	9.927 2	−35.072 8	35.072 8
86	16	18	5.296 5	51.255 1	76.226 5	31.226 5	31.226 5
87	16	19	1.123 7	25.737 7	4.122 9	−40.877 1	40.877 1
88	16	20	11.166 7	45.611 6	5.611 6	−39.388 4	39.388 4
89	16	22	16.241 3	45.622 8	81.873 6	36.873 6	36.873 6
90	17	19	2.364 7	88.661 3	5.804 3	−39.195 7	39.195 7
91	17	20	11.662 4	17.31 2	4.315 6	−40.684 4	40.684 4
92	18	19	2.192 3	76.992 8	80.349 4	35.349 4	35.349 4
93	18	21	11.606 8	10.560 3	3.196	−41.804	41.804
94	18	22	13.043 8	5.632 3	5.647 1	−39.352 9	39.352 9
95	18	25	29.466 8	62.364 4	63.406 7	18.406 7	18.406 7
96	18	26	34.727 9	14.695 2	8.605 6	−36.394 4	36.394 4
97	19	20	0.007 8	71.349 3	1.488 7	−43.511 3	43.511 3
98	19	21	2.685 1	87.553 1	83.545 4	38.545 4	38.545 4
99	19	22	5.029 5	71.360 5	85.996 5	40.996 5	40.996 5
100	20	21	0.004 6	16.203 8	85.034 1	40.034 1	40.034 1
101	20	22	4.615	0.011 2	87.485 2	42.485 2	42.485 2
102	20	23	1.903 2	60.806 7	1.767 6	−43.232 4	43.232 4
103	20	24	9.575	38.790 5	77.368 1	32.368 1	32.368 1
104	21	22	0.024	16.192 6	2.451 1	−42.548 9	42.548 9
105	21	23	1.160 5	77.010 5	83.266 5	38.266 5	38.266 5
106	21	24	9.573 2	54.994 3	7.666	−37.334	37.334
107	22	23	0.004	60.807 7	85.717 6	40.717 6	40.717 6
108	22	24	8.307 1	38.801 7	10.117 1	−34.882 9	34.882 9
109	22	25	13.349 3	56.732 1	57.759 6	12.759 6	12.759 6
110	22	26	18.393 4	20.327 5	14.252 7	−30.747 3	30.747 3
111	23	24	0.007 7	22.016 2	75.600 5	30.600 5	30.600 5
112	23	25	5.095 7	4.085 8	36.522 8	−8.477 2	8.477 2
113	23	26	13.697 9	81.145 4	71.464 9	26.464 9	26.464 9
114	24	25	1.484	17.930 4	67.876 7	22.876 7	22.876 7
115	24	26	11.039	59.129 2	4.135 6	−40.864 4	40.864 4
116	25	26	4.682 8	77.059 6	72.012 3	27.012 3	27.012 3
均值			11.983 8	39.674 7	46.095 8	1.095 8	33.661 3
标准差			12.146 2	30.971 5	35.334 9	35.334 9	10.335 8

(资料来源:作者自绘)

表附.2 滩龙桥村建筑节点网络图数据表

建筑节点间联系线序号	建筑节点1编号	建筑节点2编号	建筑节点间最小距离/m	建筑节点间面积差/m²	节点间角度差锐角 α/°	$(\alpha-45)$/°	$(\alpha-45)$绝对值/°
1	1	2	2.356 4	94.403 5	0.713 9	−44.286 1	44.286 1
2	3	4	1.676 1	55.272 2	0.640 5	−44.359 5	44.359 5
3	3	5	11.985 2	13.664 8	85.148 7	40.148 7	40.148 7
4	3	6	16.703 3	59.951	4.575 6	−40.424 4	40.424 4
5	3	7	39.183	52.365	18.784 6	−26.215 4	26.215 4
6	3	8	46.010 2	20.837 5	73.757 7	28.757 7	28.757 7
7	4	5	4.285 6	68.937	85.789 2	40.789 2	40.789 2
8	4	6	10.050 9	4.678 8	3.935 1	−41.064 9	41.064 9
9	4	7	31.675 2	2.907 2	19.425 1	−25.574 9	25.574 9
10	4	8	38.684	76.109 7	73.117 2	28.117 2	28.117 2
11	5	6	0.004 6	73.615 8	89.724 3	44.724 3	44.724 3
12	5	7	15.654 1	66.029 8	66.364 1	21.364 1	21.364 1
13	5	8	23.710 7	7.172 7	21.093 6	−23.906 4	23.906 4
14	5	10	42.616	26.565 9	50.471 4	5.471 4	5.471 4
15	5	13	48.639 7	76.719	39.385 1	−5.614 9	5.614 9
16	5	18	30.383 3	31.661	50.216 5	5.216 5	5.216 5
17	5	20	37.210 8	62.754 1	3.937 3	−41.062 7	41.062 7
18	5	24	49.472 8	46.030 2	4.953 7	−40.046 3	40.046 3
19	6	7	23.080 2	7.586	23.360 2	−21.639 8	21.639 8
20	6	8	31.153 2	80.788 5	69.182 1	24.182 1	24.182 1
21	6	10	49.962 3	47.049 9	39.252 9	−5.747 1	5.747 1
22	6	18	32.802	41.954 8	40.059 2	−4.940 8	4.940 8
23	6	20	35.990 2	136.369 9	86.338 4	41.338 4	41.338 4
24	7	8	1.881 4	73.202 5	87.457 7	42.457 7	42.457 7
25	7	9	44.843 8	59.774 8	22.547 5	−22.452 5	22.452 5
26	7	10	20.761 6	39.463 9	15.892 7	−29.107 3	29.107 3
27	7	12	37.852 4	66.433 9	21.587	−23.413	23.413
28	7	13	27.550 6	10.689 2	74.250 8	29.250 8	29.250 8
29	7	18	20.061 1	34.368 8	63.419 4	18.419 4	18.419 4
30	7	20	33.880 3	128.783 9	70.301 4	25.301 4	25.301 4
31	7	21	36.134 9	15.639 2	20.071 1	−24.928 9	24.928 9
32	7	24	39.051 1	112.06	71.317 8	26.317 8	26.317 8
33	7	25	45.688 5	20.826 6	71.542 1	26.542 1	26.542 1
34	8	9	30.646 1	13.427 7	64.910 2	19.910 2	19.910 2
35	8	10	2.599 6	33.738 6	71.565	26.565	26.565
36	8	11	10.817 6	10.485	47.119	2.119	2.119
37	8	12	21.389 6	6.768 6	65.870 7	20.870 7	20.870 7
38	8	13	9.344 4	83.891 7	18.291 5	−26.708 5	26.708 5
39	8	18	23.215 4	38.833 7	29.122 9	−15.877 1	15.877 1
40	8	20	35.216 9	55.581 4	17.156 3	−27.843 7	27.843 7
41	8	21	21.165 1	57.563 3	67.386 6	22.386 6	22.386 6
42	8	24	36.729 9	38.857 5	16.139 9	−28.860 1	28.860 1
43	8	25	37.384	94.029 1	15.915 6	−29.084 4	29.084 4
44	9	11	12.247 1	2.942 7	67.970 8	22.970 8	22.970 8
45	9	12	0.003 7	6.659 1	0.960 5	−44.039 5	44.039 5
46	9	14	10.778 6	63.410 6	88.818	43.818	43.818
47	9	15	12.633 2	62.526 8	2.437 5	−42.562 5	42.562 5
48	9	16	4.702 9	47.455 8	80.510 4	35.510 4	35.510 4
49	9	17	34.587 1	22.883 2	5.162 5	−39.837 5	39.837 5
50	10	11	0.008 7	23.253 6	61.316	16.316	16.316
51	10	13	0.005 8	50.153 1	89.856 5	44.856 5	44.856 5
52	10	18	29.388 6	5.095 1	79.312 1	34.312 1	34.312 1
53	10	20	38.463 4	89.32	54.408 7	9.408 7	9.408 7

建筑节点间联系线序号	建筑节点1编号	建筑节点2编号	建筑节点间最小距离/m	建筑节点间面积差/m²	节点间角度差锐角 α/°	$(\alpha-45)$/°	$(\alpha-45)$绝对值/°
54	10	21	15.527 7	23.824 7	4.178 4	−40.821 6	40.821 6
55	10	24	35.320 4	72.596 1	55.425 1	10.425 1	10.425 1
56	10	25	35.242 1	60.290 5	55.649 4	10.649 4	10.649 4
57	11	12	2.735 7	3.716 4	67.010 3	22.010 3	22.010 3
58	11	13	1.929 2	73.406 7	28.827 5	−16.172 5	16.172 5
59	11	14	2.375 1	66.353 3	23.211 2	−21.788 8	21.788 8
60	11	18	38.27 2	28.348 7	17.996 1	−27.003 9	27.003 9
61	11	20	45.824 1	66.066 4	64.275 3	19.275 3	19.275 3
62	11	21	19.738 8	47.078 3	65.494 4	20.494 4	20.494 4
63	11	24	40.743 8	49.342 5	63.258 9	18.258 9	18.258 9
64	12	14	0.005 1	70.069 7	89.778 5	44.778 5	44.778 5
65	12	16	11.785 3	54.114 9	79.549 9	34.549 9	34.549 9
66	12	19	39.039 8	46.352 3	85.819 8	40.819 8	40.819 8
67	13	14	13.268	7.053 4	5.616 3	−39.383 7	39.383 7
68	13	18	30.675 3	45.058	10.831 4	−34.168 6	34.168 6
69	13	20	38.467 3	139.473 1	35.447 8	−9.552 2	9.552 2
70	13	21	12.625 7	26.328 4	85.678 1	40.678 1	40.678 1
71	13	24	33.368 9	122.749 2	34.431 4	−10.568 6	10.568 6
72	13	25	32.914 5	10.137 4	34.207 1	−10.792 9	10.792 9
73	14	16	22.688 4	15.954 8	10.671 6	−34.328 4	34.328 4
74	14	18	49.895 1	38.004 6	5.215 1	−39.784 9	39.784 9
75	14	19	49.833 1	23.717 4	4.401 7	−40.598 3	40.598 3
76	14	21	28.343 4	19.275	88.705 6	43.705 6	43.705 6
77	14	24	49.183 3	115.695 8	40.047 7	−4.952 3	4.952 3
78	14	25	47.672	17.190 8	39.823 4	−5.176 6	5.176 6
79	15	16	1.513 5	109.982 6	82.947 9	37.947 9	37.947 9
80	15	17	2.541 3	85.41	7.6	−37.4	37.4
81	15	19	0.007 3	102.22	89.217 8	44.217 8	44.217 8
82	15	22	7.285 6	54.966 5	6.034 5	−38.965 5	38.965 5
83	15	23	16.93 9	118.027 8	83.816 5	38.816 5	38.816 5
84	16	19	20.674 4	7.762 6	6.269 9	−38.730 1	38.730 1
85	16	23	36.076	8.045 2	0.868 6	−44.131 4	44.131 4
86	17	19	3.942 3	16.81	81.617 8	36.617 8	36.617 8
87	17	22	7.310 2	30.443 5	13.634 5	−31.365 5	31.365 5
88	18	20	2.274 2	94.415 1	46.279 2	1.279 2	1.279 2
89	18	21	15.936 5	18.729 6	83.490 5	38.490 5	38.490 5
90	18	24	4.381 3	77.691 2	45.262 6	0.262 8	0.262 8
91	18	25	15.413 6	55.195 4	45.038 5	0.038 5	0.038 5
92	19	22	1.458 8	47.253 5	84.747 7	39.747 7	39.747 7
93	19	23	9.139 5	15.807 8	5.401 3	−39.598 7	39.598 7
94	20	21	21.947 7	113.144 7	50.230 3	5.230 3	5.230 3
95	20	24	0.438 8	16.723 9	1.016 4	−43.983 6	43.983 6
96	20	25	15.825 1	149.610 5	1.240 7	−43.759 3	43.759 3
97	20	26	9.466 6	28.393	1.637 1	−43.362 9	43.362 9
98	21	24	11.679	96.420 8	51.246 7	6.246 7	6.246 7
99	21	25	10.287 9	36.465 8	51.471	6.471	6.471
100	21	26	23.727 6	84.751 7	51.867 4	6.867 4	6.867 4
101	22	23	0.004 8	63.061 3	89.851	44.851	44.851
102	24	25	0.008 7	132.886 6	0.224 3	−44.775 7	44.775 7
103	24	26	1.503 7	11.669 1	0.620 7	−44.379 3	44.379 3
104	25	26	10.422 6	121.217 5	0.396 4	−44.603 6	44.603 6
均值			21.634 6	52.508 2	43.177 2	−1.822 8	27.98
标准差			15.967 5	37.170 1	31.306 4	31.306 4	13.891 2

(资料来源:作者自绘)

表附.3 统里寺村建筑节点网络图数据表

建筑节点间联系线序号	建筑节点1编号	建筑节点2编号	建筑节点间最小距离/m	建筑节点间面积差/m²	节点间角度差锐角 α/°	$(\alpha-45)$/°	$(\alpha-45)$绝对值/°
1	1	2	45.374 5	0.003	89.793 4	44.793 4	44.793 4
2	1	3	16.729 7	12.727	5.821 2	−39.178 8	39.178 8
3	1	4	28.114	18.223 2	82.981 4	37.981 4	37.981 4
4	1	7	70.311 5	24.319 7	83.573	38.573	38.573
5	1	11	8.087 5	49.964 4	89.962 6	44.962 6	44.962 6
6	2	3	62.104 2	10.015 9	83.972 2	38.972 2	38.972 2
7	2	4	73.488 5	21.566 4	7.225 2	−37.774 8	37.774 8
8	2	5	197.260 3	16.915 6	7.344 6	−37.655 4	37.655 4
9	2	7	115.686	25.872 4	6.633 6	−38.366 4	38.366 4
10	3	4	11.384 3	15.465 2	88.802 6	43.802 6	43.802 6
11	3	5	135.156 1	0	88.683 2	43.683 2	43.683 2
12	3	6	59.402	8.189 6	88.385 9	43.385 9	43.385 9
13	3	7	53.581 8	15.372 5	89.394 2	44.394 2	44.394 2
14	3	11	24.817 2	28.167	84.141 4	39.141 4	39.141 4
15	3	12	30.138	47.801 6	1.393 1	−43.606 9	43.606 9
16	4	5	123.771 8	16.536 5	0.119 4	−44.880 6	44.880 6
17	4	6	70.786 3	20.386 3	0.416 7	−44.583 3	44.583 3
18	4	7	42.197 5	0.017 1	0.591 6	−44.408 4	44.408 4
19	4	8	26.164 8	26.727 8	89.261 6	44.261 6	44.261 6
20	4	9	67.263	31.648 5	2.425 5	−42.574 5	42.574 5
21	4	10	196.633 4	32.384 7	1.513 7	−43.486 3	43.486 3
22	4	11	36.201 5	34.372 7	7.056	−37.944	37.944
23	5	6	194.558 1	0.003 3	0.297 3	−44.702 7	44.702 7
24	5	7	81.574 3	15.379 2	0.711	−44.289	44.289
25	5	8	149.936 6	0.010 9	89.142 2	44.142 2	44.142 2
26	5	11	159.973 3	14.984 7	7.175 4	−37.824 6	37.824 6
27	5	12	165.294 1	32.029 9	87.290 1	42.290 1	42.290 1
28	6	7	112.983 8	14.410 4	1.008 3	−43.991 7	43.991 7
29	6	8	44.621 5	2.475 5	88.844 9	43.844 9	43.844 9
30	6	11	34.584 8	14.918 9	7.472 7	−37.527 3	37.527 3
31	6	12	29.264	34.333	86.992 8	41.992 8	41.992 8
32	7	8	68.362 3	15.215 9	89.853 2	44.853 2	44.853 2
33	7	9	109.460 5	16.255 8	3.017 1	−41.982 9	41.982 9
34	7	10	154.435 9	19.587 1	0.922 1	−44.077 9	44.077 9
35	7	11	78.399	12.528 4	6.464 4	−38.535 6	38.535 6
36	7	12	83.719 8	30.702 5	88.001 1	43.001 1	43.001 1
37	7	13	104.517 1	34.789 9	7.530 9	−37.469 1	37.469 1
38	7	16	122.865 7	44.433 5	81.921 3	36.921 3	36.921 3
39	7	18	70.705 6	47.460 3	8.584 4	−36.415 6	36.415 6
40	8	9	41.098 2	1.447	86.836 1	41.836 1	41.836 1
41	8	10	222.798 2	0.017 6	89.224 7	44.224 7	44.224 7
42	8	11	10.036 7	9.308 2	83.682 4	38.682 4	38.682 4
43	8	12	15.357 5	27.873 1	1.852 1	−43.147 9	43.147 9
44	8	17	36.751 5	46.603 4	8.002 6	−36.997 4	36.997 4
45	9	10	263.896 4	0.006 2	3.939 2	−41.060 8	41.060 8
46	9	11	31.061 5	6.413 6	9.481 5	−35.518 5	35.518 5
47	9	12	25.740 7	19.639 6	84.984	39.984	39.984
48	10	11	232.834 9	9.29 1	5.542 3	−39.457 7	39.457 7
49	10	12	238.155 7	0.011 5	88.923 2	43.923 2	43.923 2
50	10	13	258.953	9.690 5	6.608 8	−38.391 2	38.391 2
······							
217	42	43	14.931 9	0.001 3	86.84 6	41.846	41.846
均值			54.969 5	15.911 5	45.255 2	0.255 2	39.875 7
标准差			50.465 7	13.456	40.263 2	40.263 2	4.874 4

（资料来源：作者自绘）

表附.4　凌家村建筑节点网络图数据表

建筑节点间联系线序号	建筑节点1编号	建筑节点2编号	建筑节点间最小距离/m	建筑节点间面积差/m²	节点间角度差锐角 α/°	$(\alpha-45)$/°	$(\alpha-45)$绝对值/°
1	1	2	0.094 5	3.81	0.851	−44.149	44.149
2	1	4	0.318 4	21.241 3	9.900 3	−35.099 7	35.099 7
3	1	7	57.823 6	39.895 3	79.845 4	34.845 4	34.845 4
4	2	3	36.787	0.003 4	89.582 7	44.582 7	44.582 7
5	2	4	0.412 9	9.040 4	9.049 3	−35.950 7	35.950 7
6	2	6	33.741 9	25.608 6	82.132 2	37.132 2	37.132 2
7	2	9	43.615 3	46.450 9	39.819 4	−5.180 6	5.180 6
8	3	4	37.199 9	4.789 7	81.368	36.368	36.368
9	3	5	28.581 4	13.843	81.429 3	36.429 3	36.429 3
10	3	6	3.045 1	21.083 8	7.450 5	−37.549 5	37.549 5
11	3	9	6.828 3	41.730 6	49.763 3	4.763 3	4.763 3
12	4	5	8.618 5	0.002	0.061 3	−44.938 7	44.938 7
13	4	6	34.154 8	7.775	88.818 5	43.818 5	43.818 5
14	4	7	58.142	8.984 1	89.745 7	44.745 7	44.745 7
15	4	9	44.028 2	36.056 9	48.868 7	3.868 7	3.868 7
16	4	12	11.391 1	45.995 5	27.379 8	−17.620 2	17.620 2
17	5	6	25.536 3	0.002 1	88.879 8	43.879 8	43.879 8
18	5	7	49.523 5	1.331 1	89.684 4	44.684 4	44.684 4
19	5	9	35.409 7	29.823 6	48.807 4	3.807 4	3.807 4
20	5	12	20.009 6	39.282 7	27.441 1	−17.558 9	17.558 9
21	6	7	23.987 2	0.226 2	1.435 8	−43.564 2	43.564 2
22	6	9	9.873 4	26.056 1	42.312 8	−2.687 2	2.687 2
23	6	12	45.545 4	35.147 8	61.438 7	16.438 7	16.438 7
24	7	9	14.113 4	33.990 8	40.877	−4.123	4.123
25	7	12	69.533 1	42.592 5	62.874 5	17.874 5	17.874 5
26	8	10	33.165 2	5.009 6	88.511 1	43.511 1	43.511 1
27	8	11	28.614 9	8.905 4	3.950 4	−41.049 6	41.049 6
28	8	13	100.862 1	14.860 3	87.358 7	42.358 7	42.358 7
29	8	15	27.965 4	20.136 5	1.358	−43.642	43.642
30	8	16	88.312 6	35.261 3	36.853 2	−8.146 8	8.146 8
31	8	17	91.887 1	40.403	54.152 6	9.152 6	9.152 6
32	8	19	19.945 7	45.778	6.212 8	−38.787 2	38.787 2
33	8	22	11.551 2	44.422 4	35.887 9	−9.112 1	9.112 1
34	8	24	58.216 6	41.892 5	39.878 1	−5.121 9	5.121 9
35	8	25	33.148 8	42.209 5	14.265 2	−30.734 8	30.734 8
36	8	26	56.835 1	46.853 6	37.822 5	−7.177 5	7.177 5
37	9	12	55.419 3	6.298 5	76.248 5	31.248 5	31.248 5
38	9	14	1.342 2	16.500 5	13.743 6	−31.256 4	31.256 4
39	9	27	94.292 4	48.960 6	75.550 3	30.550 3	30.550 3
40	10	11	4.550 2	14.357	87.538 5	42.538 5	42.538 5
41	10	13	67.696 9	2.441 1	1.152 4	−43.847 6	43.847 6
42	10	15	5.199 8	0.657 9	89.869 1	44.869 1	44.869 1
43	10	16	55.147 4	24.679 6	51.657 9	6.657 9	6.657 9
44	10	17	58.721 9	27.471 9	37.336 3	−7.663 7	7.663 7
45	10	22	21.614	31.549 8	52.623 2	7.623 2	7.623 2
46	10	24	25.051 4	23.622 6	48.633	3.633	3.633
47	10	25	0.016 4	36.802 2	77.223 7	32.223 7	32.223 7
48	10	26	23.669 9	27.417 3	50.688 6	5.688 6	5.688 6
49	10	28	12.413 4	32.716 4	50.735 5	5.735 5	5.735 5
50	10	29	58.133 8	49.786 9	14.284 2	−30.715 8	30.715 8
......							
260	48	49	80.521 5	27.941 8	9.314 3	−35.685 7	35.685 7
均值				35.740 3	23.630 8	43.593 2	−1.406 8	28.718 8
标准差			25.935 4	14.593 9	33.345 2	33.345 2	16.909 7

（资料来源:作者自绘）

表附.5 吴址村建筑节点网络图数据表

建筑节点间联系线序号	建筑节点1编号	建筑节点2编号	建筑节点间最小距离/m	建筑节点间面积差/m²	节点间角度差锐角 α/°	(α−45)/°	(α−45)绝对值/°
1	1	2	61.015 6	0.008	0.032	−44.968	44.968
2	1	3	90.532 4	1.365 6	0.007 5	−44.992 5	44.992 5
3	1	4	82.421 8	8.830 5	78.435 2	33.435 2	33.435 2
4	1	5	74.063 4	15.592 3	12.207 3	−32.792 7	32.792 7
5	1	6	31.91	12.204 8	11.244 9	−33.755 1	33.755 1
6	1	7	29.891 9	17.14	11.906 5	−33.093 5	33.093 5
7	1	8	82.909 5	39.953 7	3.484 1	−41.515 9	41.515 9
8	1	9	4.703 6	37.705 8	3.490 2	−41.509 8	41.509 8
9	1	10	71.611 9	42.466 2	77.209 6	32.209 6	32.209 6
10	1	11	156.531 8	42.995 8	75.758	30.758	30.758
11	1	12	46.966 3	46.497 8	13.242 9	−31.757 1	31.757 1
12	2	3	29.516 8	0.003 4	0.024 5	−44.975 5	44.975 5
13	2	4	21.406 2	8.861	78.403 2	33.403 2	33.403 2
14	2	5	13.047 8	11.710 7	12.239 3	−32.760 7	32.760 7
15	2	6	29.105 6	10.122	11.276 9	−33.723 1	33.723 1
16	2	7	90.907 5	10.700 9	11.938 5	−33.061 5	33.061 5
17	2	8	21.893 9	37.092 7	3.516 1	−41.483 9	41.483 9
18	2	9	56.312	33.948 4	3.522 2	−41.477 8	41.477 8
19	2	10	132.627 5	36.481 5	77.177 6	32.177 6	32.177 6
20	2	11	217.547 4	38.354 4	75.726	30.726	30.726
21	2	12	14.049 3	39.432 8	13.274 9	−31.725 1	31.725 1
22	3	5	16.469	11.778 1	12.214 8	−32.785 2	32.785 2
23	3	7	120.424 3	13.216 9	11.914	−33.086	33.086
24	3	8	7.622 9	36.607 3	3.491 6	−41.508 4	41.508 4
25	3	9	85.828 8	34.075 9	3.497 7	−41.502 3	41.502 3
26	3	10	162.144 3	40.992 6	77.202 1	32.202 1	32.202 1
27	3	11	247.064 2	43.241 7	75.750 5	30.750 5	30.750 5
28	3	12	43.566 1	43.208 9	13.250 4	−31.749 6	31.749 6
29	4	5	8.358 4	24.579 4	89.357 5	44.357 5	44.357 5
30	4	7	50.511 8	0.009	89.680 1	44.680 1	44.680 1
31	4	7	112.313 7	20.575 2	89.658 3	44.658 3	44.658 3
32	4	8	0.487 7	49.856 1	81.919 3	36.919 3	36.919 3
33	4	9	77.718 2	45.834 4	81.925 4	36.925 4	36.925 4
34	4	10	154.033 7	30.649 3	1.225 6	−43.774 4	43.774 4
35	4	11	238.953 6	29.990 2	2.677 2	−42.322 8	42.322 8
36	4	12	35.455 5	36.347 9	88.321 9	43.321 9	43.321 9
37	4	13	15.809 6	49.039 5	32.337 9	−12.662 1	12.662 1
38	5	6	42.153 4	24.079 5	0.962 4	−44.037 6	44.037 6
39	5	7	103.955 3	1.010 4	0.300 8	−44.699 2	44.699 2
40	5	8	8.846 1	21.143 6	8.723 2	−36.276 8	36.276 8
41	5	9	69.359 8	17.276 6	8.717 1	−36.282 9	36.282 9
42	5	11	230.595 2	37.763 6	87.965 3	42.965 3	42.965 3
43	5	13	7.451 2	43.336 3	58.304 6	13.304 6	13.304 6
44	5	14	71.049 9	38.778	42.153 6	−2.846 4	2.846 4
45	5	15	59.813 5	38.616 5	64.054 4	19.054 4	19.054 4
46	5	17	14.639 5	49.282 8	56.974 5	11.974 5	11.974 5
47	6	7	61.801 9	19.932 1	0.661 6	−44.338 4	44.338 4
48	6	8	50.999 5	49.411 7	7.760 8	−37.239 2	37.239 2
49	6	10	103.521 9	15.507 4	88.454 5	43.454 5	43.454 5
50	6	11	188.441 8	15.216 5	87.002 9	42.002 9	42.002 9
······							
422	54	55	3.219	0.007 8	1.427 6	−43.572 4	43.572 4
均值			53.802 8	24.463 2	44.811 5	−0.188 5	26.030 7
标准差			49.342 9	14.409 3	30.527 9	30.527 9	15.899

（资料来源：作者自绘）

表附.6　上街村建筑节点网络图数据表

建筑节点间联系线序号	建筑节点1编号	建筑节点2编号	建筑节点间最小距离/m	建筑节点间面积差/m²	节点间角度差锐角α/°	(α－45)/°	(α－45)绝对值/°
1	1	2	3.659 7	0.008 5	15.766 1	−29.233 9	29.233 9
2	1	3	61.124 5	6.844 3	16.472 4	−28.527 6	28.527 6
3	1	4	50.753 1	13.984 8	58.975 5	13.975 5	13.975 5
4	1	5	15.346 2	13.111 8	33.652 5	−11.347 5	11.347 5
5	1	7	65.521 4	25.814 8	3.074	−41.926	41.926
6	1	8	26.888	25.817 2	5.815 4	−39.184 6	39.184 6
7	1	9	60.732 5	28.665	46.267 2	1.267 2	1.267 2
8	1	11	39.137 5	26.924 7	45.329 9	0.329 9	0.329 9
9	1	12	50.410 2	34.929 7	27.653 7	−17.346 3	17.346 3
10	1	13	68.142 9	36.862 9	82.642 6	37.642 4	37.642 4
11	1	14	45.044 3	35.243 4	64.031 9	19.031 9	19.031 9
12	1	15	28.275 7	39.649 6	63.705 4	18.705 4	18.705 4
13	1	16	20.652 7	42.157 8	34.958 2	−10.041 8	10.041 8
14	1	17	10.697 7	42.657 4	35.649 5	−9.350 5	9.350 5
15	1	18	27.875 9	42.564 2	54.502	9.502	9.502
16	1	19	42.030 2	43.799 4	58.698 6	13.698 6	13.698 6
17	1	20	45.385 6	46.324 7	26.317 7	−18.682 3	18.682 3
18	1	21	61.516	46.457 7	15.649 9	−29.350 1	29.350 1
19	2	3	57.464 8	0.006 2	0.706 3	−44.293 7	44.293 7
20	2	4	47.093 4	7.424 5	74.741 6	29.741 6	29.741 6
21	2	5	11.686 5	4.670 3	17.886 4	−27.113 6	27.113 6
22	2	7	61.861 7	28.815 6	18.840 1	−26.159 9	26.159 9
23	2	8	23.228 3	28.266	21.581 5	−23.418 5	23.418 5
24	2	9	57.072 5	28.781 7	62.033 3	17.033 3	17.033 3
25	2	11	42.797 2	25.73 5	61.096	16.096	16.096
26	2	13	64.483 2	29.444 1	81.591 5	36.591 5	36.591 5
27	2	15	31.935 4	29.832 6	47.939 3	2.939 3	2.939 3
28	2	16	24.312 4	37.304 5	19.192 1	−25.807 9	25.807 9
29	2	17	7.038	40.085 5	19.883 4	−25.116 6	25.116 6
30	2	18	24.216 2	37.204 2	70.268 1	25.268 1	25.268 1
31	2	19	38.370 5	37.042	74.464 7	29.464 7	29.464 7
32	2	20	41.725 9	36.544 3	42.083 8	−2.916 2	2.916 2
33	2	21	57.856 3	39.038 8	31.416	−13.584	13.584
34	2	25	33.767 8	42.407 3	54.878 3	9.878 3	9.878 3
35	2	28	5.303 8	46.760 3	46.342 8	1.342 8	1.342 8
36	2	30	33.459 9	49.777 3	21.419 2	−23.580 8	23.580 8
37	3	4	10.371 4	3.593 4	75.447 9	30.447 9	30.447 9
38	3	5	45.778 3	2.649 4	17.180 1	−27.819 9	27.819 9
39	3	11	100.262	32.728 9	61.802 3	16.802 3	16.802 3
40	3	13	7.018 4	33.059 4	80.885 2	35.885 2	35.885 2
41	3	16	81.777 2	42.120 7	18.485 8	−26.514 2	26.514 2
42	3	17	50.426 8	45.572 9	19.177 1	−25.822 9	25.822 9
43	3	18	33.248 6	41.488 1	70.974 4	25.974 4	25.974 4
44	3	19	19.094 4	40.867 8	75.171	30.171	30.171
45	3	21	0.391 5	42.424 7	32.122 3	−12.877 7	12.877 7
46	3	25	91.232 6	45.29	54.172	9.172	9.172
47	3	31	66.355	46.416	80.03	35.03	35.03
48	3	32	5.956 6	49.631	35.853 1	−9.146 9	9.146 9
49	4	5	35.406 9	0.006 1	87.372	42.37 2	42.37 2
50	4	6	34.049 7	3.852 3	33.206 4	−11.793 6	11.793 6
				......			
422	56	57	9.495 5	7.817 3	0.817 9	−44.182 1	44.182 1
均值			39.031 7	20.201 4	45.498 4	0.498 4	26.763 6
标准差			26.599 3	15.50 1	29.985 4	29.985 4	13.467 9

（资料来源：作者自绘）

表附.7　潜渔村建筑节点网络图数据表

建筑节点间联系线序号	建筑节点1编号	建筑节点2编号	建筑节点间最小距离/m	建筑节点间面积差/m²	节点间角度差锐角 α/°	(α-45)/°	(α-45)绝对值/°
1	1	2	53.284 1	0.007 8	89.992	44.992	44.992
2	1	4	42.990 5	10.790 3	41.258 8	-3.741 2	3.741 2
3	1	5	40.188 6	10.391 8	20.250 3	-24.749 7	24.749 7
4	1	6	80.720 2	14.044 4	19.824 9	-25.175 1	25.175 1
5	1	9	2.287 4	27.117 3	7.646 7	-37.353 3	37.353 3
6	1	12	13.447 2	32.621 6	65.979 1	20.979 1	20.979 1
7	1	16	51.373 8	39.247 4	24.850 8	-20.149 2	20.149 2
8	2	3	17.695 2	0.003 8	0.003 5	-44.996 5	44.996 5
9	2	4	10.293 6	6.594 8	48.733 2	3.733 2	3.733 2
10	2	5	93.472 7	8.965 9	69.741 7	24.741 7	24.741 7
11	2	6	27.436 1	10.743	70.167 1	25.167 1	25.167 1
12	2	9	50.996 7	23.020 9	82.345 3	37.345 3	37.345 3
13	2	10	52.338 9	26.711 7	82.436 8	37.436 8	37.436 8
14	2	11	20.400 5	33.076 8	0.629 4	-44.370 6	44.370 6
15	2	12	66.731 3	28.412 8	24.012 9	-20.987 1	20.987 1
16	2	14	6.037 5	31.043 2	64.265 5	19.265 5	19.265 5
17	2	16	1.910 3	35.230 6	65.157 2	20.157 2	20.157 2
18	2	20	8.700 6	47.000 6	45.505 2	0.505 2	0.505 2
19	3	4	27.988 8	3.281 8	48.736 7	3.736 7	3.736 7
20	3	5	111.167 9	7.791 1	69.745 2	24.745 2	24.745 2
21	3	6	9.740 9	8.656 4	70.170 6	25.170 6	25.170 6
22	3	7	12.692 1	10.829 6	19.982 2	-25.017 8	25.017 8
23	3	9	68.691 9	19.790 1	82.348 8	37.348 8	37.348 8
24	3	10	70.034 1	23.863 8	82.440 3	37.440 3	37.440 3
25	3	12	84.426 5	25.273 7	24.016 4	-20.983 6	20.983 6
26	3	14	23.732 7	27.703 4	64.262	19.262	19.262
27	3	16	19.605 5	33.364 2	65.153 7	20.153 7	20.153 7
28	3	20	8.994 6	46.043 3	45.501 7	0.501 7	0.501 7
29	3	22	58.127	49.188 9	44.224 3	-0.775 7	0.775 7
30	4	5	83.179 1	3.477 7	21.008 5	-23.991 5	23.991 5
31	4	6	37.729 7	2.443 5	21.433 9	-23.566 1	23.566 1
32	4	7	15.296 7	3.797 4	68.718 9	23.718 9	23.718 9
33	4	8	2.647 8	11.203 1	67.986 8	22.986 8	22.986 8
34	4	9	40.703 1	8.928 9	33.612 1	-11.387 9	11.387 9
35	4	10	42.045 3	13.980 8	33.703 6	-11.296 4	11.296 4
36	4	11	30.694 1	17.431 6	48.103 8	3.103 8	3.103 8
37	4	12	56.437 7	14.315 6	24.720 3	-20.279 7	20.279 7
38	4	14	4.256 1	15.495 5	67.001 3	22.001 3	22.001 3
39	4	16	8.383 3	25.097 2	66.109 6	21.109 6	21.109 6
40	4	20	18.994 2	38.907 9	85.761 6	40.761 6	40.76 15
41	4	22	30.138 2	42.091 9	4.512 4	-40.487 6	40.487 6
42	5	6	120.908 8	0.007 1	0.425 4	-44.574 6	44.574 6
43	5	7	98.475 8	0.007 8	89.727 4	44.727 4	44.727 4
44	5	8	85.826 9	0.013 2	88.995 3	43.995 3	43.995 3
45	5	9	42.476	12.556	12.603 6	-32.396 4	32.396 4
46	5	11	113.873 2	24.77	69.112 5	24.112 3	24.112 3
47	5	12	26.741 4	25.435 2	45.728 8	0.728 8	0.728 8
48	5	14	87.435 2	25.710 2	45.992 8	0.992 8	0.992 8
49	6	7	22.433	0.004 8	89.847 2	44.847 2	44.847 2
50	6	9	78.432 8	12.088 9	12.178 2	-32.821 8	32.821 8
......							
410	57	58	94.489 3	2.794 1	83.746 5	38.746 5	38.746 5
均值			44.609 8	18.139 4	43.081 3	-1.918 7	31.790 2
标准差			34.360 1	14.068 4	34.282 8	34.282 8	12.880 6

（资料来源：作者自绘）

表附.8　南石桥村建筑节点网络图数据表

建筑节点间联系线序号	建筑节点1编号	建筑节点2编号	建筑节点间最小距离/m	建筑节点间面积差/m²	节点间角度差锐角 α/°	$(\alpha-45)$/°	$(\alpha-45)$绝对值/°
1	1	2	89.413 1	0.155 5	1.248 9	−43.751 1	43.751 1
2	1	3	108.413 1	17.713 1	27.816 4	−17.183 6	17.183 6
3	1	4	17.796	30.666 4	27.629 1	−17.370 9	17.370 9
4	1	5	24.477 2	39.847 9	63.155 5	18.155 5	18.155 5
5	2	3	19	1.692 6	26.567 5	−18.432 5	18.432 5
6	2	4	107.209 1	15.55	26.380 2	−18.619 8	18.619 8
7	2	5	113.890 3	31.198 9	64.404 4	19.404 4	19.404 4
8	2	6	64.319 6	18.636 7	1.373 5	−43.626 5	43.626 5
9	2	7	2.760 6	48.469	26.811 8	−18.188 2	18.188 2
10	3	4	126.209 1	0.005 8	0.187 3	−44.812 7	44.812 7
11	3	5	132.890 3	24.116 3	89.028 1	44.028 1	44.028 1
12	3	6	45.319 6	1.313 5	27.941	−17.059	17.059
13	3	7	21.760 6	46.363 9	0.244 3	−44.755 7	44.755 7
14	3	8	120.507 6	47.873 6	89.622 8	44.622 8	44.622 8
15	3	9	113.039	38.793 9	81.709 5	36.709 5	36.709 5
16	3	13	79.997 9	42.491 8	88.945 2	43.945 2	43.945 2
17	3	14	43.773 5	44.136 8	0.354 8	−44.645 2	44.645 2
18	4	5	6.681 2	20.155 6	89.215 4	44.215 4	44.215 4
19	4	6	171.528 7	8.981	27.753 7	−17.246 3	17.246 3
20	4	7	104.448 5	42.362 4	0.431 6	−44.568 4	44.568 4
21	4	8	5.701 5	44.025 8	89.810 1	44.810 1	44.810 1
22	4	9	13.170 1	35.669 3	81.896 8	36.896 8	36.896 8
23	4	10	87.350 1	48.586 9	21.225 1	−23.774 9	23.774 9
24	4	13	46.211 2	42.166 9	88.757 9	43.757 9	43.757 9
25	4	14	82.435 6	44.113 5	0.167 5	−44.832 5	44.832 5
26	5	6	178.209 9	33.564 5	63.030 9	18.030 9	18.030 9
27	5	7	111.129 7	18.977 6	88.783 8	43.783 8	43.783 8
28	5	8	12.382 7	20.163 2	0.594 7	−44.405 3	44.405 3
29	5	9	19.851 3	17.987 6	7.318 6	−37.681 4	37.681 4
30	5	10	94.031 3	25.463 5	69.559 5	24.559 5	24.559 5
31	5	12	47.433 2	33.779 2	20.023 1	−24.976 9	24.976 9
32	5	13	52.892 4	36.427 7	2.026 7	−42.973 3	42.973 3
33	5	14	89.116 8	41.325 9	89.382 9	44.382 9	44.382 9
34	6	9	158.358 6	48.084 3	70.349 5	25.349 5	25.349 5
35	6	13	125.317 5	36.643 9	61.004 2	16.004 2	16.004 2
36	6	14	89.093 1	35.704 9	27.586 2	−17.413 8	17.413 8
37	6	15	161.169 6	32.489 3	78.552 5	33.552 3	33.552 3
38	6	17	149.368 5	37.809 3	63.895 9	18.895 9	18.895 9
39	6	18	166.878 8	35.474 9	84.528 1	39.528 1	39.528 1
40	6	19	151.722 9	40.592 3	9.284 3	−35.715 7	35.715 7
41	6	20	99.445 2	41.268 3	26.397 2	−18.602 8	18.602 8
42	6	21	162.824 4	47.171 5	9.548 1	−35.451 9	35.451 9
43	7	8	98.747	0.007 5	89.378 5	44.378 5	44.378 5
44	7	9	91.278 4	14.340 8	81.465 2	36.465 2	36.465 2
45	7	10	17.098 4	7.404 2	21.656 7	−23.343 3	23.343 3
46	7	11	86.990 2	5.607 6	89.925 8	44.925 8	44.925 8
47	7	12	63.696 5	7.523 3	68.760 7	23.760 7	23.760 7
48	7	13	58.237 3	38.811 2	89.189 5	44.189 5	44.189 5
49	7	14	22.012 9	48.501 7	0.599 1	−44.400 9	44.400 9
50	8	9	7.468 6	11.806 7	7.913 3	−37.086 7	37.086 7
......							
333	61	62	74.715 1	0.878 7	2.087 4	−42.912 6	42.912 6
均值			57.022 7	27.100 3	40.003 4	−4.996 6	35.929 9
标准差			40.243 8	15.688	36.749	36.749	8.982 3

（资料来源:作者自绘）

表附.9　郎村建筑节点网络图数据表

建筑节点间联系线序号	建筑节点1编号	建筑节点2编号	建筑节点间最小距离/m	建筑节点间面积差/m²	节点间角度差锐角 α/°	$(\alpha-45)$/°	$(\alpha-45)$绝对值/°
1	1	2	3.323	0.95	18.0782	−26.9218	26.9218
2	1	3	79.4783	1.1918	73.1981	28.1981	28.1981
3	1	4	31.7982	17.8647	63.9375	18.9375	18.9375
4	1	6	10.7194	18.8688	63.0666	18.0666	18.0666
5	1	7	8.8925	22.4821	25.0387	−19.9613	19.9613
6	1	9	32.4708	27.4146	64.0082	19.0082	19.0082
7	1	10	25.9097	31.941	24.6465	−20.3535	20.3535
8	1	11	6.4224	35.919	65.558	20.558	20.558
9	1	14	8.2097	42.4803	66.1719	21.1719	21.1719
10	1	16	19.5759	45.3622	24.974	−20.026	20.026
11	1	17	59.1486	42.9569	66.3813	21.3813	21.3813
12	1	24	162.0112	49.5207	64.7182	19.7182	19.7182
13	2	3	82.8013	0.0069	88.7237	43.7237	43.7237
14	2	4	35.1212	19.6784	82.0157	37.0157	37.0157
15	2	5	131.571	8.6252	82.9451	37.9451	37.9451
16	2	6	14.0424	22.742	81.1448	36.1448	36.1448
17	2	9	35.7938	28.8733	82.0864	37.0864	37.0864
18	2	11	3.0994	37.6348	83.6362	38.6362	38.6362
19	3	4	47.6801	10.5143	9.2606	−35.7394	35.7394
20	3	5	48.7697	0.6684	8.3312	−36.6688	36.6688
21	3	6	68.7589	15.6796	10.1315	−34.8685	34.8685
22	3	7	70.5858	10.7661	81.7763	36.7632	36.7632
23	3	9	47.0075	19.5192	9.1899	−35.8101	35.8101
24	3	10	53.5686	22.6082	82.1554	37.1554	37.1554
25	3	11	85.9007	28.3425	7.6401	−37.3599	37.3599
26	3	14	71.2686	35.2893	7.026	−37.9738	37.9738
27	3	17	20.3297	36.5779	6.8168	−38.1832	38.1832
28	3	22	47.1957	40.5199	6.9321	−38.0679	38.0679
29	3	24	82.5329	40.3496	8.4799	−36.5201	36.5201
30	4	5	96.4498	18.2506	0.9294	−44.0706	44.0706
31	4	6	21.0788	3.4486	0.8709	−44.1291	44.1291
32	4	7	22.9057	12.7078	88.9762	43.9762	43.9762
33	4	8	42.9833	18.0817	2.0104	−42.9896	42.9896
34	4	9	0.6726	0.5479	0.0707	−44.9293	44.9293
35	4	10	5.8885	9.1222	88.584	43.584	43.584
36	4	11	38.2206	9.1494	1.6205	−43.3795	43.3795
37	4	13	23.8997	15.6118	1.9489	−43.0511	43.0511
38	4	14	23.5885	15.7586	2.2344	−42.7656	42.7656
39	4	16	12.2223	20.0286	88.9115	43.9115	43.9115
40	4	17	27.3504	16.1056	2.4438	−42.5562	42.5562
41	4	23	36.8878	31.2928	73.7956	28.7956	28.7956
42	5	6	117.5286	26.502	1.8003	−43.1997	43.1997
43	5	7	119.3555	0.1547	89.9056	44.9056	44.9056
44	5	8	53.4665	0.0139	1.081	−43.919	43.919
45	5	9	95.7772	17.2361	0.8587	−44.1413	44.1413
46	5	10	102.3383	12.3734	89.5134	44.5134	44.5134
47	5	12	66.3879	12.0938	0.2891	−44.7109	44.7109
48	5	13	120.3495	30.4145	1.0195	−43.9805	43.9805
49	5	15	84.622	13.0054	89.3498	44.3498	44.3498
50	5	17	69.0994	36.7688	1.5144	−43.4856	43.4856
				······			
588	73	74	16.5828	0.4881	3.7018	−41.2982	41.2982
均值			43.9577	17.7791	45.3897	0.3897	37.0625
标准差			35.0898	13.6713	38.9182	38.9182	11.7817

（资料来源:作者自绘）

表附.10　石家村建筑节点网络图数据表

建筑节点间联系线序号	建筑节点1编号	建筑节点2编号	建筑节点间最小距离/m	建筑节点间面积差/m²	节点间角度差锐角 α/°	(α-45)/°	(α-45)绝对值/°
1	1	2	4.427 3	2.94	82.629 4	37.629 4	37.629 4
2	1	3	16.868 7	4.828 9	82.758 3	37.758 3	37.758 3
3	1	4	55.510 6	13.639 1	82.268 5	37.268 5	37.268 5
4	1	7	27.890 1	20.158 7	10.068	-34.932	34.932
5	1	8	43.539 1	25.577 1	2.023 6	-42.976 4	42.976 4
6	1	9	7.088	24.427 3	11.639 4	-33.360 6	33.360 6
7	1	11	45.470 7	30.314 5	7.544	-37.456	37.456
8	1	17	7.446 7	38.580 5	0.604 5	-44.395 5	44.395 5
9	2	3	12.441 4	0.008 4	0.128 9	-44.871 1	44.871 1
10	2	4	51.083 3	2.886 8	0.360 9	-44.639 1	44.639 1
11	2	5	50.444 9	2.866 3	89.513 5	44.513 5	44.513 5
12	2	7	23.462 8	13.384 1	87.302 6	42.302 6	42.302 6
13	2	8	39.112	17.399 9	84.653	39.653	39.653
14	2	12	24.309 2	18.001 2	89.016 9	44.016 9	44.016 9
15	2	13	28.804 6	23.264 4	87.980 8	42.980 8	42.980 8
16	2	17	3.019 4	28.108 8	82.024 9	37.024 9	37.024 9
17	2	18	30.366 5	25.721 6	87.639 6	42.639 6	42.639 6
18	2	19	10.730 5	29.717 9	11.756 5	-33.243 5	33.243 5
19	2	23	10.458 7	44.371 2	8.457 4	-36.542 6	36.542 6
20	2	29	1.415 8	49.638 7	8.974 2	-36.025 8	36.025 8
21	3	4	38.641 9	9.189 1	0.489 2	-44.510 2	44.510 2
22	3	5	62.886 3	2.865 5	89.384 6	44.384 6	44.384 6
23	3	7	11.021 4	5.830 7	87.173 7	42.173 7	42.173 7
24	3	9	23.956 7	12.828 6	85.602 3	40.602 3	40.602 3
25	3	10	26.751 6	18.059 9	1.771 6	-43.228 4	43.228 4
26	3	12	11.867 8	17.053	88.888	43.888	43.888
27	3	13	16.363 2	22.440 7	87.851 9	42.851 9	42.851 9
28	3	14	0.542 3	25.994 7	1.682 4	-43.317 6	43.317 6
29	3	18	42.807 9	20.135	87.510 7	42.510 7	42.510 7
30	3	19	1.710 9	29.344 3	11.627 6	-33.372 4	33.372 4
31	3	20	18.716 5	30.253 8	87.496 7	42.496 7	42.496 7
32	3	22	9.938 9	33.868 7	77.125 3	32.125 3	32.125 3
33	3	25	38.411 5	47.876 5	7.114	-37.886	37.886
34	4	5	101.528 2	0.007 5	89.874 4	44.874 4	44.874 4
35	4	6	4.934 3	5.504 1	0.007 9	-44.992 1	44.992 1
36	4	7	27.620 5	22.173 1	87.663 5	42.663 5	42.663 5
37	4	8	11.971 3	10.066 1	84.292 1	39.292 1	39.292 1
38	4	9	62.598 6	29.659 2	86.092 1	41.092 1	41.092 1
39	4	11	10.039 9	12.831 9	89.812 5	44.812 5	44.812 5
40	4	17	48.052 9	20.995 9	81.664	36.664	36.664
41	4	23	40.624 6	37.204 9	8.818 3	-36.181 7	36.181 7
42	4	26	5.843 8	40.649	80.876 4	35.876 4	35.876 4
43	4	29	49.667 5	42.153 2	9.335 1	-35.664 9	35.664 9
44	4	32	13.286 6	47.411 1	78.236 2	33.236 2	33.236 2
45	5	6	96.593 9	0.006 7	89.866 5	44.866 5	44.866 5
46	5	7	73.907 7	13.4	2.210 9	-42.789 1	42.789 1
47	5	8	89.556 9	12.294	5.833 5	-39.166 5	39.166 5
48	5	9	38.929 6	20.898	3.782 3	-41.217 7	41.217 7
49	5	10	36.134 7	1.506 3	88.843 8	43.843 8	43.843 8
50	5	11	91.488 3	5.387 7	0.313 1	-44.686 9	44.686 9
……							
806	93	94	62.095 3	1.749 7	89.626 4	44.626 4	44.626 4
均值				38.88	22.557 1	42.371 3	-2.628 7	37.667 1
标准差				30.839 4	14.440 6	38.332 4	38.332 4	7.464 7

（资料来源：作者自绘）

表附.11　施家村建筑节点网络图数据表

建筑节点间联系线序号	建筑节点1编号	建筑节点2编号	建筑节点间最小距离/m	建筑节点间面积差/m²	节点间角度差锐角 α/°	(α−45)/°	(α−45)绝对值/°
1	1	2	51.152 8	0.011 5	0.598 7	−44.401 3	44.401 3
2	1	3	1.818 9	21.478 1	83.520 6	38.520 6	38.520 6
3	1	4	56.251	31.881 6	6.018 9	−38.981 1	38.981 1
4	1	4	15.089	35.369 2	5.928 2	−39.071 8	39.071 8
5	2	3	49.333 9	10.228 4	82.921 9	37.921 9	37.921 9
6	2	4	5.098 2	21.225 9	6.617 6	−38.382 4	38.382 4
7	2	5	66.241 8	24.084 5	6.526 9	−38.473 1	38.473 1
8	2	7	35.475 8	44.047 2	86.066	41.066	41.066
9	3	4	54.432 1	5.932 2	89.539 5	44.539 5	44.539 5
10	3	5	16.907 9	6.460 9	89.448 8	44.448 8	44.448 8
11	3	6	2.248 2	19.942 1	89.97	44.97	44.97
12	3	7	84.809 7	26.644 9	11.012 1	−33.987 9	33.987 9
13	4	5	71.34	3.493 5	0.090 7	−44.909 3	44.909 3
14	4	6	52.183 9	6.727 5	0.490 5	−44.509 5	44.509 5
15	4	7	30.377 6	10.899 3	79.448 4	34.448 4	34.448 4
16	4	8	19.318 2	14.872 1	0.802 3	−44.197 7	44.197 7
17	4	9	28.885 3	33.175 8	2.544 2	−42.455 8	42.455 8
18	4	10	47.487 6	40.920 4	19.486 6	−25.513 4	25.513 4
19	4	11	36.378 9	42.658 7	18.355 6	−26.644 4	26.644 4
20	4	13	30.648 5	47.897 3	19.562 3	−25.437 7	25.437 7
21	4	14	18.686 4	48.538 1	0.914 3	−44.085 7	44.085 7
22	5	6	19.156 1	1.075 4	0.581 2	−44.418 8	44.418 8
23	5	7	101.717 6	8.052 2	79.539 1	34.539 1	34.539 1
24	5	8	90.658 2	11.056 6	0.893	−44.107	44.107
25	5	10	118.827 6	44.520 3	19.395 9	−25.604 1	25.604 1
26	5	11	107.718 9	46.560 5	18.264 9	−26.735 1	26.735 1
27	6	7	82.561 5	1.630 7	78.957 9	33.957 9	33.957 9
28	6	8	71.502 1	0.008 2	0.311 8	−44.688 2	44.688 2
29	6	9	23.298 6	20.853 1	2.053 7	−42.946 3	42.946 3
30	6	10	99.671 5	37.262 7	19.977 1	−25.022 9	25.022 9
31	6	11	88.562 8	39.507 8	18.846 1	−26.153 9	26.153 9
32	6	13	82.832 4	44.210 8	20.052 8	−24.947 2	24.947 2
33	6	14	33.497 5	36.169 1	0.423 8	−44.576 2	44.576 2
34	7	8	11.059 4	1.520 6	78.646 1	33.646 1	33.646 1
35	7	9	59.262 9	17.167 4	76.904 2	31.904 2	31.904 2
36	7	10	17.11	29.781 5	81.065	36.065	36.065
37	7	11	6.001 3	31.953 8	82.196	37.196	37.196
38	7	13	0.270 9	36.825 1	80.989 3	35.989 3	35.989 3
39	7	14	49.06 4	33.028 6	78.534 1	33.534 1	33.534 1
40	7	17	30.397 3	35.870 4	78.593 7	33.593 7	33.593 7
41	7	18	30.185 4	44.409	79.322 3	34.322 3	34.322 3
42	7	21	84.457 9	48.197 9	79.790 6	34.790 6	34.790 6
43	8	9	48.203 5	14.541 4	1.741 9	−43.258 1	43.258 1
44	8	10	28.169 4	33.848 4	20.288 9	−24.711 1	24.711 1
45	8	11	17.060 7	36.196 5	19.157 9	−25.842 1	25.842 1
46	8	13	11.330 3	40.476 8	20.364 6	−24.635 4	24.635 4
47	8	14	38.004 6	29.263 6	0.112	−44.888	44.888
48	8	18	19.126	47.011 3	0.676 2	−44.323 8	44.323 8
49	8	21	73.398 5	49.248 4	1.144 5	−43.855 5	43.855 5
50	9	10	76.372 9	13.785 6	22.030 8	−22.969 2	22.969 2
……							
822	100	101	67.604 2	3.535	1.423 4	−43.576 6	43.576 6
均值				45.889 3	25.869 7	34.257 3	−10.784 4	39.633 3
标准差				33.070 4	14.701 6	38.518 1	38.513 1	5.195 6

（资料来源：作者自绘）

表附.12　东山村建筑节点网络图数据表

建筑节点间联系线序号	建筑节点1编号	建筑节点2编号	建筑节点间最小距离/m	建筑节点间面积差/m²	节点间角度差锐角 α/°	$(\alpha-45)$/°	$(\alpha-45)$绝对值/°
1	1	2	51. 361	1. 115 1	7. 637 1	−37. 362 9	37. 362 9
2	1	3	9. 692 8	1. 095 6	8. 649	−36. 351	36. 351
3	1	4	4. 176 6	4. 374 7	19. 980 1	−25. 019 9	25. 019 9
4	1	5	63. 489 2	16. 078 1	69. 997 3	24. 997 3	24. 997 3
5	1	6	50. 916 4	22. 216 9	89. 820 2	44. 820 2	44. 820 2
6	1	8	48. 550 8	33. 173 7	89. 592 6	44. 592 6	44. 592 6
7	1	10	24. 289	28. 129 9	1. 651	−43. 349	43. 349
8	1	11	17. 733 9	36. 949 2	0. 234 3	−44. 765 7	44. 765 7
9	1	14	68. 067	46. 176 5	11. 018 9	−33. 981 1	33. 981 1
10	1	16	135. 454 6	39. 107 3	1. 943 4	−43. 056 6	43. 056 6
11	2	3	61. 053 8	0. 007 7	1. 011 9	−43. 988 1	43. 988 1
12	2	4	55. 537 6	1. 443 3	12. 34 3	−32. 657	32. 657
13	2	6	0. 444 6	19. 285	82. 542 7	37. 542 7	37. 542 7
14	2	7	22. 678 8	24. 086 1	80. 583 7	35. 583 7	35. 583 7
15	2	8	2. 810 2	31. 977 7	81. 955 5	36. 955 5	36. 955 5
16	2	9	3. 177 2	25. 208 7	80. 843 7	35. 843 7	35. 843 7
17	2	11	69. 094 9	36. 316 3	7. 871 4	−37. 128 6	37. 128 6
18	2	12	25. 137 5	36. 171 2	81. 522 2	36. 522 2	36. 522 2
19	2	13	36. 734 4	35. 210 2	9. 331 7	−35. 668 3	35. 668 3
20	2	15	29. 026 3	40. 564 9	9. 517 5	−35. 482 5	35. 482 5
21	2	16	186. 815 6	40. 837 3	5. 693 7	−39. 306 3	39. 306 3
22	3	4	5. 516 2	7. 296 6	11. 331 1	−33. 668 9	33. 668 9
23	3	6	60. 609 2	25. 265 6	81. 530 8	36. 530 8	36. 530 8
24	3	7	83. 732 6	28. 640 4	79. 571 8	34. 571 8	34. 571 8
25	3	8	58. 243 6	37. 977 9	80. 943 6	35. 943 6	35. 943 6
26	3	9	57. 876 6	29. 168 3	79. 831 8	34. 831 8	34. 831 8
27	3	11	8. 041 1	42. 268 6	8. 883 3	−36. 116 7	36. 116 7
28	3	12	35. 916 3	34. 381 3	82. 534 1	37. 534 1	37. 534 1
29	3	13	24. 319 4	34. 306 8	8. 319 8	−36. 680 2	36. 680 2
30	3	15	32. 027 5	40. 780 8	8. 505 6	−36. 494 4	36. 494 4
31	3	16	125. 761 8	46. 440 9	6. 705 6	−38. 294 4	38. 294 4
32	4	5	67. 665 8	0. 007 5	89. 977 4	44. 977 4	44. 977 4
33	4	6	55. 093	5. 872 6	70. 199 7	25. 199 7	25. 199 7
34	4	7	78. 216 4	11. 198 2	68. 240 7	23. 240 7	23. 240 7
35	4	8	52. 727 4	18. 122 2	69. 612 5	24. 612 5	24. 612 5
36	4	9	52. 360 4	12. 712 5	68. 500 7	23. 500 7	23. 500 7
37	4	10	20. 112 4	11. 789 4	21. 631 1	−23. 368 9	23. 368 9
38	4	11	13. 557 3	24. 042 2	20. 214 4	−24. 785 6	24. 785 6
39	4	12	30. 400 1	30. 189 6	86. 134 8	41. 134 8	41. 134 8
40	4	13	18. 803 2	27. 968 9	3. 011 3	−41. 988 7	41. 988 7
41	4	14	72. 243 6	30. 089 3	30. 999	−14. 001	14. 001
42	4	15	26. 511 3	31. 324 2	2. 825 5	−42. 174 5	42. 174 5
43	4	16	131. 27 6	31. 076 6	18. 036 7	−26. 963 3	26. 963 3
44	4	17	7. 421 3	40. 282 1	0. 992 8	−44. 007 2	44. 007 2
45	5	6	12. 572 8	2. 546 3	19. 822 9	−25. 177 1	25. 177 1
46	5	7	10. 550 6	8. 722 7	21. 781 9	−23. 218 1	23. 218 1
47	5	8	14. 938 4	15. 240 7	20. 410 1	−24. 589 9	24. 589 9
48	5	9	15. 305 4	10. 675 6	21. 521 9	−23. 478 1	23. 478 1
49	5	10	87. 778 2	8. 463 5	68. 346 3	23. 346 3	23. 346 3
50	5	11	81. 223 1	21. 928	69. 763	24. 763	24. 763
				......			
1 066	140	141	0. 875 3	29. 868	4. 577 8	−40. 422 2	40. 422 2
均值			53. 439 3	23. 721 5	41. 023 3	−3. 976 7	30. 909 4
标准差			58. 783 1	14. 209 2	32. 879 3	32. 879 3	11. 857 1

（资料来源:作者自绘）

表附.13　大里村建筑节点网络图数据表

建筑节点间联系线序号	建筑节点1编号	建筑节点2编号	建筑节点间最小距离/m	建筑节点间面积差/m²	节点间角度差锐角 α/°	$(\alpha-45)$/°	$(\alpha-45)$绝对值/°
1	1	2	123.704 9	1.793 6	5.931 8	−39.068 2	39.068 2
2	1	3	102.181 2	19.231 7	83.752 1	38.752 1	38.752 1
3	1	7	106.796	37.178 5	6.762	−38.238	38.238
4	2	3	21.523 7	8.600 1	89.683 9	44.683 9	44.683 9
5	2	4	122.202 2	11.128 3	87.999 5	42.999 5	42.999 5
6	2	5	75.375 8	11.012 4	1.856 5	−43.143 5	43.143 5
7	2	6	91.401 8	10.043 6	1.670 7	−43.329 3	43.329 3
8	2	7	16.908 9	25.743 8	0.830 2	−44.169 8	44.169 8
9	2	8	74.754 7	21.110 9	0.413 7	−44.586 3	44.586 3
10	2	9	150.503 8	31.199	84.100 3	39.100 3	39.100 3
11	2	10	70.905 3	27.044 3	0.035 9	−44.964 1	44.964 1
12	2	11	117.859 7	32.563 7	0.194 7	−44.805 3	44.805 3
13	2	14	55.159 9	33.555 3	0.226 7	−44.773 3	44.773 3
14	2	15	72.303 5	40.411 9	3.103 8	−41.896 2	41.896 2
15	2	17	136.691 8	42.935 3	87.228 7	42.228 7	42.228 7
16	3	4	100.678 5	17.846 8	2.316 6	−42.683 4	42.683 4
17	3	5	53.852 1	13.026 8	87.827 4	42.827 4	42.827 4
18	3	6	69.878 1	4.166 4	88.013 2	43.013 2	43.013 2
19	3	7	4.614 8	29.819 3	89.485 9	44.485 9	44.485 9
20	3	8	53.231	6.118 1	89.902 4	44.902 4	44.902 4
21	3	9	128.980 1	14.813 5	6.215 8	−38.784 2	38.784 2
22	3	10	49.381 6	25.595 3	89.719 8	44.719 8	44.719 8
23	3	11	96.336	16.285 9	89.878 6	44.878 6	44.878 6
24	3	13	101.555	43.166 9	88.420 6	43.420 6	43.420 6
25	3	15	50.779 8	41.814 4	87.212 3	42.212 3	42.212 3
26	3	18	110.347 2	36.499 6	11.496 1	−33.503 9	33.503 9
27	4	5	46.826 4	0.006 2	89.856	44.856	44.856
28	4	6	30.800 4	14.097 8	89.670 2	44.670 2	44.670 2
29	4	7	105.293 3	4.058 1	87.169 3	42.169 3	42.169 3
30	4	8	47.447 5	24.995 8	87.585 8	42.585 8	42.585 8
31	4	10	51.296 9	16.114 6	87.963 6	42.963 6	42.963 6
32	4	14	67.042 3	28.141 7	88.226 2	43.226 2	43.226 2
33	4	15	49.898 7	20.276 6	84.895 7	39.895 7	39.895 7
34	4	17	14.489 6	40.11	0.770 8	−44.229 2	44.229 2
35	4	19	45.820 2	35.884 2	88.172 1	43.172 1	43.172 1
36	5	6	16.026	5.492 2	0.185 8	−44.814 2	44.814 2
37	5	7	58.466 9	4.324	2.686 7	−42.313 3	42.313 3
38	5	8	0.621 1	16.279 3	2.270 2	−42.729 8	42.729 8
39	5	10	4.470 5	8.067 9	1.892 4	−43.107 6	43.107 6
40	5	12	5.274 3	27.444 3	2.774 1	−42.225 9	42.225 9
41	5	13	47.702 9	19.017 1	0.593 2	−44.406 8	44.406 8
42	5	14	20.215 9	19.565 5	1.629 8	−43.370 2	43.370 2
43	5	15	3.072 1	19.143 4	4.960 3	−40.039 7	40.039 7
44	5	16	54.568 5	38.421 9	87.977 3	42.977 3	42.977 3
45	5	17	61.316	31.484 3	89.085 2	44.085 2	44.085 2
46	5	18	56.495 1	47.011 6	80.676 5	35.676 5	35.676 5
47	5	19	1.006 2	28.963 4	1.683 9	−43.316 1	43.316 1
48	5	20	81.933 5	47.991 3	11.003 2	−33.996 8	33.996 8
49	5	21	20.886 2	37.272 1	5.578 2	−39.421 8	39.421 8
50	5	22	65.983 9	38.719 5	84.346	39.346	39.346
				......			
1 398	144	145	42.292	0.691 4	89.465 2	44.465 2	44.465 2
均值			60.273 7	24.247 7	42.976 9	−2.023 1	38.530 3
标准差			63.133 6	14.447 1	38.905 5	38.905 5	5.664 3

（资料来源：作者自绘）

表附.14　杜甫村建筑节点网络图数据表

建筑节点间联系线序号	建筑节点1编号	建筑节点2编号	建筑节点间最小距离/m	建筑节点间面积差/m²	节点间角度差锐角 α/°	$(\alpha-45)$/°	$(\alpha-45)$绝对值/°
1	1	2	345.715 2	2.107 1	87.941 1	42.941 1	42.941 1
2	1	3	333.734 4	2.678 1	2.037 7	−42.962 3	42.962 3
3	1	4	253.477 2	5.193 1	2.038 5	−42.961 5	42.961 5
4	1	5	214.261 4	13.143 4	3.962	−41.038	41.038
5	1	6	347.304 8	19.287 7	3.126 2	−41.873 8	41.873 8
6	1	7	209.528 4	17.879 4	1.638 8	−43.361 2	43.361 2
7	1	8	308.127 9	17.963 1	1.525 7	−43.474 3	43.474 3
8	1	9	205.707 4	18.664 7	2.559 8	−42.440 2	42.440 2
9	1	10	235.178 3	22.809 1	3.118 6	−41.881 4	41.881 4
10	1	12	332.207	32.100 8	7.549 6	−37.450 4	37.450 4
11	1	13	325.456 1	29.546 9	87.519 6	42.519 6	42.519 6
12	1	14	279.517 1	27.367	86.872 5	41.872 5	41.872 5
13	1	16	258.699 5	35.220 4	0.702 8	−44.297 2	44.297 2
14	1	18	339.148 6	42.547 1	89.291	44.291	44.291
15	1	20	249.247 4	48.116 9	0.622 4	−44.377 6	44.377 6
16	2	3	11.980 8	0.005 7	89.978 8	44.978 8	44.978 8
17	2	4	92.238	0.008 2	89.979 6	44.979 6	44.979 6
18	2	5	131.453 8	14.599 8	88.096 9	43.096 9	43.096 9
19	2	6	1.589 6	36.765 1	88.932 7	43.932 7	43.932 7
20	2	9	140.007 8	16.726 1	89.499 1	44.499 1	44.499 1
21	2	10	110.536 9	38.660 8	88.940 3	43.940 3	43.940 3
22	2	13	20.259 1	25.386 6	0.421 5	−44.578 5	44.578 5
23	2	14	66.198 1	48.020 1	1.068 6	−43.931 4	43.931 4
24	2	16	87.015 7	30.883 3	88.643 9	43.643 9	43.643 9
25	2	18	6.566 6	37.961 5	1.349 9	−43.650 1	43.650 1
26	2	20	96.467 8	43.501 3	88.563 5	43.563 5	43.563 5
27	3	4	80.257 2	0.004 2	0.000 8	−44.999 2	44.999 2
28	3	5	119.473	20.232 3	1.924 3	−43.075 7	43.075 7
29	3	7	124.206	9.502 6	0.398 9	−44.601 1	44.601 1
30	3	8	25.606 5	10.207 3	3.563 4	−41.436 6	41.436 6
31	3	12	1.527 4	23.884	9.587 3	−35.412 7	35.412 7
32	4	5	39.215 8	15.385 1	1.923 5	−43.076 5	43.076 5
33	4	6	93.827 6	39.495 1	1.087 7	−43.912 3	43.912 3
34	4	7	43.948 8	0.857 5	0.399 7	−44.600 3	44.600 3
35	4	8	54.650 7	4.865 7	3.564 2	−41.435 8	41.435 8
36	4	9	47.769 8	13.914 1	0.521 3	−44.478 7	44.478 7
37	4	10	18.298 9	41.260 6	1.080 1	−43.919 9	43.919 9
38	4	13	71.978 9	16.590 6	89.558 1	44.558 1	44.558 1
39	4	16	5.222 3	21.158 5	1.335 7	−43.664 3	43.664 3
40	4	18	85.671 4	27.348 7	88.670 5	43.670 5	43.670 5
41	4	20	4.229 8	32.718 5	1.416 1	−43.583 9	43.583 9
42	4	27	19.367	39.816 4	7.626 8	−37.373 2	37.373 2
43	4	29	80.351	46.620 6	82.370 3	37.370 3	37.370 3
44	5	6	133.043 4	16.779 4	0.835 8	−44.164 2	44.164 2
45	5	7	4.733	22.832 5	2.323 2	−42.676 8	42.676 8
46	5	9	8.554	10.479 2	1.402 2	−43.597 8	43.597 8
47	5	10	20.916 9	16.857 3	0.843 4	−44.156 6	44.156 6
48	5	14	65.255 7	28.339 1	89.165 5	44.165 5	44.165 5
49	5	15	129.557 2	37.338 7	86.716 7	41.716 7	41.716 7
50	5	16	44.438 1	30.442 2	3.259 2	−41.740 8	41.7408
				......			
1 425	159	160	7.356 8	14.316 3	86.773 4	41.773 4	41.773 4
均值				66.872	22.189 9	39.111 7	−5.888 3	40.466 9
标准差				57.02	14.524 4	40.247 2	40.247 2	3.977 3

（资料来源:作者自绘）

表附. 15　下庄村建筑节点网络图数据表

建筑节点间联系线序号	建筑节点1编号	建筑节点2编号	建筑节点间最小距离/m	建筑节点间面积差/m²	节点间角度差锐角 α /°	$(\alpha-45)$ /°	$(\alpha-45)$ 绝对值/°
1	1	2	103.381 5	1.330 6	0.45	−44.55	44.55
2	1	3	106.622 5	0.008 7	89.858 7	44.858 7	44.858 7
3	1	4	107.170 1	4.690 7	0.247 1	−44.752 9	44.752 9
4	1	5	83.573 6	1.330 6	89.166 8	44.166 8	44.166 8
5	1	6	79.581 4	6.291 8	89.860 6	44.860 6	44.860 6
6	1	7	10.613 4	19.518 2	1.325 2	−43.674 8	43.674 8
7	1	8	95.065 9	35.995 3	63.809 2	18.809 2	18.809 2
8	1	9	77.032 1	36.249 9	64.913 1	19.913 1	19.913 1
9	1	11	76.989 1	39.076 5	62.509 3	17.509 3	17.509 3
10	1	13	58.440 5	39.611 3	18.779 1	−26.220 9	26.220 9
11	1	14	60.447 8	44.28 6	15.637 7	−29.362 3	29.362 3
12	1	16	52.271 8	47.504 5	15.594 2	−29.405 8	29.405 8
13	2	3	3.241	2.101 9	89.408 7	44.408 7	44.408 7
14	2	4	3.788 6	1.600 6	0.697 1	−44.302 9	44.302 9
15	2	5	19.807 9	11.029 7	88.716 8	43.716 8	43.716 8
16	2	6	23.800 1	3.182 6	89.410 6	44.410 6	44.410 6
17	2	7	113.994 9	28.716 6	0.875 2	−44.124 8	44.124 8
18	3	4	0.547 6	5.461 6	89.894 2	44.894 2	44.894 2
19	3	6	27.041 1	7.064 4	0.001 9	−44.998 1	44.998 1
20	4	5	23.596 5	14.939 3	89.413 9	44.413 9	44.413 9
21	4	6	27.588 7	0.004 4	89.892 3	44.892 3	44.892 3
22	4	7	117.783 5	31.954 6	1.572 3	−43.427 7	43.427 7
23	5	6	3.992 2	14.050 4	0.693 8	−44.306 2	44.306 2
24	5	7	94.187	12.911 9	87.841 6	42.841 6	42.841 6
25	5	8	11.492 3	36.663 5	25.357 6	−19.642 4	19.642 4
26	5	9	6.541 5	36.070 4	24.253 7	−20.746 3	20.746 3
27	5	11	6.584 5	36.468 1	26.657 5	−18.342 5	18.342 5
28	5	12	15.549 1	40.870 8	64.970 5	19.970 5	19.970 5
29	5	13	25.133 1	40.422 7	72.054 1	27.054 1	27.054 1
30	5	14	23.125 8	46.694 9	75.195 5	30.195 5	30.195 5
31	5	17	4.989 8	44.941	19.388 1	−25.611 9	25.611 9
32	5	18	7.189 3	48.364 7	88.507 9	43.507 9	43.507 9
33	5	19	55.724 9	46.792 5	69.297 3	24.297 3	24.297 3
34	6	7	90.194 8	30.865 9	88.535 4	43.535 4	43.535 4
35	6	10	69.240 6	43.020 5	88.556 4	43.556 4	43.556 4
36	7	8	105.679 3	28.476 3	62.484	17.484	17.484
37	7	9	87.645 5	23.118	63.587 9	18.587 9	18.587 9
38	7	10	20.954 2	0.010 9	2.908 2	−42.091 8	42.091 8
39	7	11	87.602 5	17.126 6	61.184 1	16.184 1	16.184 1
40	7	12	109.736 1	26.727 8	27.187 9	−17.812 1	17.812 1
41	7	14	71.061 2	41.146 4	16.962 9	−28.037 1	28.037 1
42	7	15	79.127 8	10.529 5	87.723 2	42.723 2	42.723 2
43	7	17	99.176 8	19.285 8	72.770 3	27.770 3	27.770 3
44	7	18	86.997 7	28.288	3.650 5	−41.349 5	41.349 5
45	7	19	38.462 1	21.865 7	18.544 3	−26.455 7	26.455 7
46	7	20	39.218 3	46.912 4	14.545	−30.455	30.455
47	7	21	28.399 6	38.044 9	3.510 4	−41.489 6	41.489 6
48	7	22	83.410 1	29.489 5	1.604 2	−43.395 8	43.395 8
49	7	26	64.863 4	29.060 7	6.497 8	−38.502 2	38.502 2
50	7	27	97.984 8	46.765 3	88.357 2	43.357 2	43.357 2
				......			
2 116	217	219	27.183	16.112 9	7.628 7	−37.371 3	37.371 3
均值				48.715 5	22.933 9	36.476 1	−8.523 9	38.827 7
标准差				36.132	14.248 8	38.456 5	38.456 5	6.579 2

（资料来源：作者自绘）

表附.16　石英村建筑节点网络图数据表

建筑节点间联系线序号	建筑节点1编号	建筑节点2编号	建筑节点间最小距离/m	建筑节点间面积差/m²	节点间角度差锐角 α/°	(α-45)/°	(α-45)绝对值/°
1	1	2	58.888 8	1.368 5	89.961 5	44.961 5	44.961 5
2	1	3	0.476	9.673 1	0.019 5	-44.980 5	44.980 5
3	1	4	59.075 4	18.955 6	87.717 7	42.717 7	42.717 7
4	1	5	42.823 6	35.334 8	4.918 3	-40.081 7	40.081 7
5	1	6	65.839 7	33.396 7	72.187 1	27.187 1	27.187 1
6	1	7	1.592 6	34.204 8	18.034 7	-26.965 3	26.965 3
7	1	8	32.417	41.077 8	26.528 1	-18.471 9	18.471 9
8	1	9	19.846 3	44.243 8	5.320 1	-39.679 9	39.679 9
9	1	11	50.524 8	49.424 8	65.274 4	20.274 4	20.274 4
10	2	3	58.412 8	4.779 4	89.981	44.981	44.981
11	2	4	0.186 6	14.155 3	2.320 8	-42.679 2	42.679 2
12	2	5	16.065 2	30.412 2	85.120 2	40.120 2	40.120 2
13	2	6	6.950 9	30.913 1	17.774 4	-27.225 6	27.225 6
14	2	7	57.296 2	30.829 5	72.003 8	27.003 8	27.003 8
15	2	8	91.305 8	40.940 1	63.510 4	18.510 4	18.510 4
16	2	9	78.735 1	39.321 6	84.718 4	39.718 4	39.718 4
17	2	11	8.364	49.846 3	24.687 1	-20.312 9	20.312 9
18	3	4	58.599 4	1.383	87.698 2	42.698 2	42.698 2
19	3	5	42.347 6	17.731 5	4.898 8	-40.101 2	40.101 2
20	3	6	65.363 7	20.781 5	72.206 6	27.206 6	27.206 6
21	3	7	1.116 6	18.992 2	18.015 2	-26.984 8	26.984 8
22	3	8	32.893	33.270 5	26.508 6	-18.491 4	18.491 4
23	3	9	20.322 3	26.650 6	5.300 6	-39.699 4	39.699 4
24	3	10	70.108	31.695 5	72.617 6	27.617 6	27.617 6
25	3	11	50.048 8	44.982 6	65.293 9	20.293 9	20.293 9
26	4	5	16.251 8	12.046 2	82.799 4	37.799 4	37.799 4
27	4	6	6.764 3	15.896 8	20.095 2	-24.904 8	24.904 8
28	4	7	57.482 8	12.820 7	69.683	24.683	24.683
29	4	8	91.492 8	29.226 8	61.189 6	16.189 6	16.189 6
30	4	9	78.921 7	20.875 4	82.397 6	37.397 6	37.397 6
31	4	10	11.508 6	25.163	19.684 2	-25.315 8	25.315 8
32	4	11	8.550 6	42.345 4	27.007 9	-17.992 1	17.992 1
33	4	14	23.215 8	48.550 6	68.157 1	23.157 1	23.157 1
34	5	6	23.016 1	23.970 2	77.105 4	32.105 4	32.105 4
35	5	7	41.231	17.748 6	13.116 4	-31.883 6	31.883 6
36	5	8	75.240 6	39.438 5	21.609 8	-23.390 2	23.390 2
37	5	9	62.669 9	0.010 9	0.401 8	-44.598 2	44.598 2
38	5	10	27.760 4	25.423 1	77.516 4	32.516 4	32.516 4
39	5	14	6.964	41.927 8	14.642 3	-30.357 7	30.357 7
40	5	16	14.079 7	48.999 6	76.892 4	31.892 4	31.892 4
41	5	17	48.489 5	42.348 5	12.594 4	-32.405 6	32.405 6
42	6	7	64.247 1	0.479 1	89.778 2	44.778 2	44.778 2
43	6	8	98.256 7	7.808 1	81.284 8	36.284 8	36.284 8
44	6	9	85.686	25.351 5	77.507 2	32.507 2	32.507 2
45	6	10	4.744 3	9.753 9	0.411	-44.589	44.589
46	6	12	65.356 4	32.099 9	88.627	43.627	43.627
47	6	14	29.980 8	31.008 2	88.252 3	43.252 3	43.252 3
48	6	16	8.936 4	35.882 9	0.213	-44.787	44.787
49	6	20	37.203 2	49.445 6	42.237 6	-2.762 4	2.762 4
50	7	8	34.009 6	10.560 6	8.493 4	-36.506 6	36.506 6
......							
2 288	225	226	4.570 3	11.519 3	87.097 8	42.097 8	42.097 8
均值			51.673 4	26.399 6	39.802 9	-5.197 1	37.205 3
标准差			42.198 2	14.163 9	38.171 5	38.171 5	9.962 3

(资料来源:作者自绘)

表附.17 西冲村建筑节点网络图数据表

建筑节点间联系线序号	建筑节点1编号	建筑节点2编号	建筑节点间最小距离/m	建筑节点间面积差/m²	节点间角度差锐角 α/°	(α−45)/°	(α−45)绝对值/°
1	1	2	73.793 3	0.006 4	89.244 2	44.244 2	44.244 2
2	1	3	58.307	1.873 8	89.612 6	44.612 6	44.612 6
3	1	4	79.500 1	3.205 3	89.640 5	44.640 5	44.640 5
4	1	5	59.938 3	3.837	89.751 9	44.751 9	44.751 9
5	1	6	28.462 9	5.221 7	0.095 1	−44.904 9	44.904 9
6	1	7	52.431 4	9.452 3	2.927 3	−42.072 7	42.072 7
7	1	8	42.974 7	15.639 4	2.982 6	−42.017 4	42.017 4
8	1	9	13.614 6	15.836 4	85.581 2	40.581 2	40.581 2
9	1	10	0.42	19.414 3	2.666 5	−42.333 5	42.333 5
10	2	3	15.486 3	0.001 3	1.143 2	−43.856 8	43.856 8
11	2	4	5.706 8	13.883 1	1.115 3	−43.884 7	43.884 7
12	2	5	13.855	11.849 4	0.507 7	−44.492 3	44.492 3
13	2	6	45.330 4	5.212 7	89.149 1	44.149 1	44.149 1
14	3	4	21.193 1	15.732 6	0.027 9	−44.972 1	44.972 1
15	3	5	1.631 3	13.164 6	0.635 5	−44.364 5	44.364 5
16	3	6	29.844 1	2.453 7	89.707 7	44.707 7	44.707 7
17	3	7	5.875 6	3.166 5	87.460 1	42.460 1	42.460 1
18	3	8	15.332 3	9.382 8	87.404 8	42.404 8	42.404 8
19	3	9	44.692 4	11.012	4.031 4	−40.968 6	40.968 6
20	3	10	58.727	13.193 2	87.720 9	42.720 9	42.720 9
21	4	5	19.561 8	0.572 6	0.607 6	−44.392 4	44.392 4
22	4	6	51.037 2	13.934 9	89.735 6	44.735 6	44.735 6
23	4	7	27.068 7	23.171 3	87.432 2	42.432 2	42.432 2
24	4	8	36.525 4	29.390 2	87.376 9	42.376 9	42.376 9
25	4	9	65.885 5	23.378 2	4.059 3	−40.940 7	40.940 7
26	5	6	31.475 4	10.714	89.656 8	44.656 8	44.656 8
27	5	7	7.506 9	20.093 9	86.824 6	41.824 6	41.824 6
28	5	8	16.963 6	26.331	86.769 3	41.769 3	41.769 3
29	5	9	46.323 7	18.538 6	4.666 9	−40.333 1	40.333 1
30	6	7	23.968 5	1.61	2.832 2	−42.167 8	42.167 8
31	6	8	14.511 8	7.815 3	2.887 5	−42.112 5	42.112 5
32	6	9	14.848 3	1.368 3	85.676 3	40.676 3	40.676 3
33	6	10	28.862 9	11.669 6	2.571 4	−42.428 6	42.428 6
34	7	8	9.456 2	0.005 1	0.055 3	−44.944 7	44.944 7
35	7	9	38.816 8	8.67	88.508 5	43.508 5	43.508 5
36	8	9	29.360 1	4.689 4	88.563 8	43.563 8	43.563 8
37	8	10	43.394 7	0.005 9	0.316 1	−44.683 9	44.683 9
38	9	10	14.034 6	7.973 2	88.247 7	43.247 7	43.247 7
39	9	11	58.965 1	15.994 5	1.674 3	−43.325 7	43.325 7
40	9	12	57.692 3	40.469 6	70.682 7	25.682 7	25.682 7
41	9	13	0.603 7	37.216 2	18.226 7	−26.773 3	26.773 3
42	9	14	20.569 7	39.657 4	70.400 2	25.400 2	25.400 2
43	9	16	9.577 9	47.019 3	77.466 7	32.466 7	32.466 7
44	10	11	72.999 7	0.005 4	89.922	44.922	44.922
45	12	13	58.296	0.410 4	88.909 4	43.909 4	43.909 4
46	12	14	78.262	0.007 7	0.282 5	−44.717 5	44.717 5
47	12	18	3.217 4	7.521 4	89.293	44.293	44.293
48	12	19	3.862 5	10.135 4	0.211 7	−44.788 3	44.788 3
49	12	24	113.946 9	35.274	7.138 8	−37.861 2	37.861 2
50	12	25	19.766 8	41.328 6	85.238 9	40.238 9	40.238 9
......							
2 104	246	247	5.989 6	2.535 7	88.550 1	43.550 1	43.550 1
均值			56.342 7	25.607 4	44.688 9	−0.311 1	27.752 9
标准差			69.186 3	14.940 2	30.894 9	30.894 9	13.564 7

（资料来源：作者自绘）

表附.18　新川村建筑节点网络图数据表

建筑节点间联系线序号	建筑节点1编号	建筑节点2编号	建筑节点间最小距离/m	建筑节点间面积差/m²	节点间角度差锐角 α/°	$(\alpha-45)$/°	$(\alpha-45)$绝对值/°
1	1	2	55.358 4	21.369 1	72.458 3	27.458 3	27.458 3
2	1	3	487.154 9	3.165 1	0.755 9	−44.244 1	44.244 1
3	1	4	75.931 6	39.731 4	65.974 1	20.974 1	20.974 1
4	2	3	542.513 3	12.712 8	73.214 2	28.214 2	28.214 2
5	2	4	20.573 2	7.108 1	6.484 2	−38.515 8	38.515 8
6	2	7	24.179 8	36.964 6	78.239	33.239	33.239
7	2	9	76.406 7	36.760 7	76.708 4	31.708 4	31.708 4
8	2	10	131.037 4	38.653 3	78.170 4	33.170 4	33.170 4
9	2	11	205.269 7	43.746 6	76.693 8	31.693 8	31.693 8
10	2	13	6.835	48.455 1	80.257 8	35.257 8	35.257 8
11	3	4	563.086 5	30.92 8	66.73	21.73	21.73
12	3	5	554.947 2	0.855 9	0.216	−44.784	44.784
13	3	6	333.487 7	12.565	89.673 6	44.673 6	44.673 6
14	3	8	565.435 2	6.975 7	72.221 4	27.221 4	27.221 4
15	3	12	433.868 7	9.903 5	17.559 8	−27.440 2	27.440 2
16	3	14	472.467 3	40.236 3	3.408 6	−41.591 4	41.591 4
17	3	15	549.738 2	26.601 6	88.004 4	43.004 4	43.004 4
18	3	17	498.886 3	21.000 4	2.344 7	−42.655 3	42.655 3
19	3	20	579.795 5	43.249 8	87.243	42.243	42.243
20	3	23	575.341 4	30.813 1	2.891 6	−42.108 4	42.108 4
21	3	24	520.243 3	27.808 4	1.969	−43.031	43.031
22	3	25	464.257 3	39.671 1	2.757	−42.243	42.243
23	3	34	496.160 3	36.280 8	84.925 2	39.925 2	39.925 2
24	4	7	3.606 6	30.372 1	71.754 8	26.754 8	26.754 8
25	4	9	96.979 9	21.642 2	70.224 2	25.224 2	25.224 2
26	4	10	151.610 6	25.921 8	71.686 2	26.686 2	26.686 2
27	4	11	225.842 9	39.146 6	70.209 6	25.209 6	25.209 6
28	4	21	30.622 6	37.272 9	15.602 9	−29.397 1	29.397 1
29	4	30	226.663 4	38.007 8	14.131 2	−30.868 8	30.868 8
30	4	32	177.475 9	40.877 7	2.084 3	−42.915 7	42.915 7
31	5	8	10.488	7.155 4	72.005 4	27.005 4	27.005 4
32	5	12	121.078 5	9.302 4	17.775 8	−27.224 2	27.224 2
33	5	15	5.209	36.102	88.220 4	43.220 4	43.220 4
34	5	17	56.060 9	29.045 4	2.128 7	−42.871 3	42.871 3
35	5	23	20.394 2	30.638 4	2.675 6	−42.324 4	42.324 4
36	5	24	34.703 9	34.639	1.753	−43.247	43.247
37	5	25	90.689 9	49.558 8	2.541	−42.459	42.459
38	6	7	233.205 4	36.583 7	84.648 8	39.648 8	39.648 8
39	6	8	231.947 5	22.257 9	17.452 2	−27.547 8	27.547 8
40	6	10	77.988 2	40.877 1	84.717 4	39.717 4	39.717 4
41	6	11	3.755 9	17.933 2	86.194	41.194	41.194
42	6	12	100.381	23.666 5	72.766 6	27.766 6	27.766 6
43	6	14	138.979 6	3.020 7	86.265	41.265	41.265
44	6	15	216.250 5	15.853 3	2.322	−42.678	42.678
45	6	17	165.398 6	20.253 2	87.328 9	42.328 9	42.328 9
46	6	20	246.307 8	13.391 7	3.083 4	−41.916 6	41.916 6
47	6	25	130.769 6	14.422 5	86.916 6	41.916 6	41.916 6
48	6	26	192.824 7	22.984 5	77.133 5	32.133 5	32.133 5
49	6	27	112.107 6	39.161 6	87.111 9	42.111 9	42.111 9
50	6	33	241.510 3	47.945	66.182 9	21.182 9	21.182 9
......							
2 824	282	283	159.601	0.005 3	89.625	44.625	44.625
均值			66.437 6	22.467 3	41.251 2	−3.748 8	32.802 8
标准差			65.350 4	14.466 9	34.717 3	34.717 3	11.956

（资料来源：作者自绘）

表附.19 上葛村建筑节点网络图数据表

建筑节点间联系线序号	建筑节点1编号	建筑节点2编号	建筑节点间最小距离/m	建筑节点间面积差/m²	节点间角度差锐角 α/°	(α-45)/°	(α-45)绝对值/°
1	1	2	7.358 1	1.287 5	3.596 4	-41.403 6	41.403 6
2	1	3	117.217 1	6.040 6	2.743 1	-42.256 9	42.256 9
3	1	4	249.602 8	12.133 1	1.239 5	-43.760 5	43.760 5
4	1	5	11.357 1	49.851 9	5.104 1	-39.895 9	39.895 9
5	2	3	124.575 2	1.698 4	6.339 5	-38.660 5	38.660 5
6	2	4	242.244 7	1.090 8	2.356 9	-42.643 1	42.643 1
7	3	4	366.819 9	12.698 6	3.982 6	-41.017 4	41.017 4
8	3	5	105.86	49.69	7.847 2	-37.152 8	37.152 8
9	4	5	260.959 9	0.479 3	3.864 6	-41.135 4	41.135 4
10	4	6	297.147	23.766 2	30.169 4	-14.830 6	14.830 6
11	4	7	263.431 6	26.778 3	1.957 5	-43.042 5	43.042 5
12	4	8	350.074	41.970 8	59.440 2	14.440 2	14.440 2
13	4	9	296.486 6	40.009	30.572 5	-14.427 5	14.427 5
14	4	10	281.600 6	49.076 2	17.307 1	-27.692 9	27.692 9
15	4	11	345.854 4	49.076	16.157 4	-28.842 6	28.842 6
16	5	6	36.187 1	19.099 2	34.034	-10.966	10.966
17	5	7	2.471 7	13.786 9	5.822 1	-39.177 9	39.177 9
18	5	9	35.526 7	33.607 8	34.437 1	-10.562 9	10.562 9
19	5	10	20.640 7	38.564 2	21.171 7	-23.828 3	23.828 3
20	5	11	84.894 5	38.148 1	20.022	-24.978	24.978
21	5	13	15.634 6	49.137 3	30.459 1	-14.540 9	14.540 9
22	5	14	86.369 7	46.312 5	20.740 3	-24.259 7	24.259 7
23	6	7	33.715 4	15.213	28.211 9	-16.788 1	16.788 1
24	6	8	52.927	8.048 6	89.609 6	44.609 6	44.609 6
25	6	9	0.660 4	8.050 1	0.403 1	-44.596 9	44.596 9
26	6	10	15.546 4	19.440 7	12.862 3	-32.137 7	32.137 7
27	6	11	48.707 4	22.091 6	14.012	-30.988	30.988
28	6	13	51.821 7	25.930 1	3.574 9	-41.425 1	41.425 1
29	6	15	26.032 3	27.704 5	13.468 5	-31.531 5	31.531 5
30	6	18	24.819 2	42.853 9	76.465 1	31.465 1	31.465 1
31	7	8	86.642 4	27.150 6	61.397 7	16.397 7	16.397 7
32	7	9	33.055	19.114 8	28.615	-16.385	16.385
33	7	10	18.169	15.297 2	15.349 6	-29.650 4	29.650 4
34	7	11	82.422 8	13.914 4	14.199 9	-30.800 1	30.800 1
35	7	12	3.836 3	35.655 1	24.712 8	-20.287 2	20.287 2
36	7	13	18.106 3	28.856 3	24.637	-20.363	20.363
37	7	14	83.898	21.787 3	14.918 2	-30.081 8	30.081 8
38	7	18	8.896 2	37.778 3	75.323	30.323	30.323
39	7	20	12.191 3	45.893	15.308 8	-29.691 2	29.691 2
40	7	22	83.452 7	45.021 3	13.352 7	-31.647 3	31.647 3
41	7	23	28.833 6	46.663 9	72.971 1	27.971 1	27.971 1
42	8	9	53.587 4	0.006 5	89.987 3	44.987 3	44.987 3
43	8	12	90.478 7	12.440 1	86.110 5	41.110 5	41.110 5
44	8	13	104.748 7	13.260 8	86.034 7	41.034 7	41.034 7
45	8	24	104.840 8	40.458 4	82.307 5	37.307 5	37.307 5
46	8	25	38.169 1	43.322 1	81.516 5	36.516 5	36.516 5
47	9	10	14.886	5.080 1	13.265 4	-31.734 6	31.734 6
48	9	11	49.367 8	14.880 2	14.415 1	-30.584 9	30.584 9
49	9	12	36.891 3	9.441 1	3.902 2	-41.097 8	41.097 8
50	9	13	51.161 3	9.435 1	3.978	-41.022	41.022
					......		
2 901	364	365	12.792 1	0.008 2	0.037 1	-44.962 9	44.962 9
均值			87.459 7	16.400 1	40.557 4	-4.456 5	32.948 5
标准差			86.180 6	13.747 4	34.551 9	34.554 1	11.308 2

（资料来源：作者自绘）

表附.20　统里村建筑节点网络图数据表

建筑节点间联系线序号	建筑节点1编号	建筑节点2编号	建筑节点间最小距离/m	建筑节点间面积差/m²	节点间角度差锐角 α/°	$(\alpha-45)$/°	$(\alpha-45)$绝对值/°
1	1	2	16.992	1.8212	4.081 8	−40.918 2	40.918 2
2	1	3	49.862 9	9.108 1	20.197 2	−24.802 8	24.802 8
3	1	4	16.808 7	14.898 2	21.038 3	−23.961 7	23.961 7
4	1	6	15.156 9	37.205 2	10.298 4	−34.701 6	34.701 6
5	1	8	28.604 4	46.293 4	1.781 6	−43.218 4	43.218 4
6	1	9	14.936 8	47.877 3	88.670 6	43.670 6	43.670 6
7	1	10	14.992 7	48.868	84.690 3	39.690 3	39.690 3
8	1	11	184.273 1	40.281 7	73.782	28.782	28.782
9	2	3	66.854 9	7.508 5	24.279	−20.721	20.721
10	2	4	33.800 7	10.646 9	25.120 1	−19.879 9	19.879 9
11	2	6	1.835 1	31.369 8	14.380 2	−30.619 8	30.619 8
12	2	7	192.848 4	27.011 8	63.765 5	18.765 5	18.765 5
13	2	8	11.612 4	40.442 9	5.863 4	−39.136 6	39.136 6
14	2	9	2.055 2	42.427 1	84.588 8	39.588 8	39.588 8
15	2	10	31.984 7	43.133 1	80.608 5	35.608 5	35.608 5
16	2	11	201.265 1	34.921 1	69.700 2	24.700 2	24.700 2
17	3	4	33.054 2	0.004 3	0.841 1	−44.158 9	44.158 9
18	3	5	67.250 7	0.006	1.283	−43.717	43.717
19	3	6	65.019 8	23.248 6	9.898 8	−35.101 2	35.101 2
20	3	7	125.993 5	11.406 7	88.044 5	43.044 5	43.044 5
21	3	9	64.799 7	36.671 1	71.132 2	26.132 2	26.132 2
22	3	10	34.870 2	35.477 3	75.112 5	30.112 5	30.112 5
23	3	16	72.630 5	47.169 9	11.901 6	−33.098 4	33.098 4
24	4	5	34.196 5	0.007 8	0.441 9	−44.558 1	44.558 1
25	4	6	31.965 6	17.675 9	10.739 9	−34.260 1	34.260 1
26	4	7	159.047 7	7.088 2	88.885 6	43.885 6	43.885 6
27	4	9	31.745 5	31.149 1	70.291 1	25.291 1	25.291 1
28	4	10	1.816	29.907 3	74.271 4	29.271 4	29.271 4
29	4	11	167.464 4	19.689 4	85.179 7	40.179 7	40.179 7
30	4	13	0.733 4	39.095 1	4.121 4	−40.878 6	40.878 6
31	4	14	48.976 6	37.449 1	4.4	−40.6	40.6
32	4	15	34.74	41.025 6	85.622 7	40.622 7	40.622 7
33	5	6	2.230 9	25.725 2	11.181 8	−33.818 2	33.818 2
34	5	7	193.244 2	7.0708	89.327 5	44.327 5	44.327 5
35	5	11	201.660 9	25.842 3	84.737 8	39.737 8	39.737 8
36	5	13	34.929 9	39.260 8	3.679 5	−41.320 5	41.320 5
37	5	14	83.173 1	37.122 3	3.958 1	−41.041 9	41.041 9
38	5	15	0.543 5	42.479 7	86.064 6	41.064 6	41.064 6
39	6	7	191.013 3	21.813 6	78.145 7	33.145 7	33.145 7
40	6	8	13.447 5	3.896 4	8.516 8	−36.483 2	36.483 2
41	6	9	0.220 1	7.336 6	81.031	36.031	36.031
42	6	10	30.149 6	6.498 8	85.011 3	40.011 3	40.011 3
43	6	11	199.43	0.014 5	84.080 4	39.080 4	39.080 4
44	6	14	80.942 2	27.145 5	15.139 9	−29.860 1	29.860 1
45	7	11	8.416 7	18.595 6	5.934 7	−39.065 3	39.065 3
46	7	13	158.314 3	7.017 1	86.99 3	41.993	41.993
47	7	14	110.071 1	3.687 1	86.714 4	41.714 4	41.714 4
48	7	15	193.787 7	13.682 2	3.262 9	−41.737 1	41.737 1
49	7	16	198.624	9.561 7	80.053 9	35.053 9	35.053 9
50	7	19	80.159 7	37.432 3	21.099 6	−23.900 4	23.900 4
......							
6 876	645	647	140.492 3	0.013 7	88.239 5	43.239 5	43.239 5
均值			55.440 1	19.837 1	44.737	−0.263	37.053 1
标准差			70.759 6	14.104 3	37.856 8	37.856 8	7.750 9

（资料来源:作者自绘）

表附.21　高家堂村建筑节点网络图数据表

建筑节点间联系线序号	建筑节点1编号	建筑节点2编号	建筑节点间最小距离/m	建筑节点间面积差/m²	节点间角度差锐角 α/°	(α−45)/°	(α−45)绝对值/°
1	1	2	20.792	1.592 3	89.823 1	44.823 1	44.823 1
2	1	3	35.409 3	9.490 5	89.436 3	44.436 3	44.436 3
3	1	4	84.969 7	11.866 8	89.436 7	44.436 7	44.436 7
4	1	7	123.550 2	17.888 2	89.516 6	44.516 6	44.516 6
5	1	8	5.724 9	19.223 5	89.158 3	44.158 3	44.158 3
6	1	10	59.135 6	28.653	0.684 8	−44.315 2	44.315 2
7	2	3	14.617 3	0.008 4	0.386 8	−44.613 2	44.613 2
8	2	4	64.177 7	2.647 3	0.386 4	−44.613 6	44.613 6
9	2⁻	5	111.490 7	3.229 6	45.585 7	0.585 7	0.585 7
10	2	6	86.920 3	2.662 1	89.710 6	44.710 6	44.710 6
11	2	7	102.758 2	9.495 3	0.306 5	−44.693 5	44.693 5
12	2	8	26.516 9	9.696 4	0.664 8	−44.335 2	44.335 2
13	3	4	49.560 4	7.096 4	0.000 4	−44.999 6	44.999 6
14	3	5	96.873 4	7.068	45.972 5	0.972 5	0.972 5
15	3	6	72.303	2.974 6	89.902 6	44.902 6	44.902 6
16	3	8	41.134 2	1.524 5	0.278	−44.722	44.722
17	4	5	47.313	0.005 6	45.972 1	0.972 1	0.972 1
18	4	6	22.742 6	0.797 2	89.903	44.903	44.903
19	4	7	38.580 5	1.525 8	0.079 9	−44.920 1	44.920 1
20	4	8	90.694 6	10.49 6	0.278 4	−44.721 6	44.721 6
21	4	8	26.590 6	19.876 8	89.945	44.945	44.945
22	4	11	102.326 7	37.721 6	0.118 4	−44.881 6	44.881 6
23	4	13	11.590 4	45.655 4	89.754 5	44.754 5	44.754 5
24	5	6	24.570 4	0.003 6	44.124 9	−0.875 1	0.875 1
25	5	8	138.007 6	6.082	46.250 5	1.250 5	1.250 5
26	5	9	20.722 4	15.456 8	44.082 9	−0.917 1	0.917 1
27	5	11	149.639 7	33.298 2	46.090 5	1.090 5	1.090 5
28	5	13	35.722 6	41.232	44.273 4	−0.726 6	0.726 6
29	6	7	15.837 9	11.721 4	89.982 9	44.982 9	44.982 9
30	6	8	113.437 2	1.344 4	89.624 6	44.624 6	44.624 6
31	6	9	3.848	10.727 2	0.042	−44.958	44.958
32	6	11	125.069 3	28.571 3	89.784 6	44.784 6	44.784 6
33	6	13	11.152 2	36.505 1	0.148 5	−44.851 5	44.851 5
34	7	8	129.275 1	20.571 9	0.358 3	−44.641 7	44.641 7
35	7	9	11.989 9	29.574 6	89.975 1	44.975 1	44.975 1
36	7	11	140.907 2	47.032 5	0.198 3	−44.801 7	44.801 7
37	8	9	117.285 2	1.408 7	89.666 6	44.666 6	44.666 6
38	8	10	53.410 7	1.442 4	89.843 1	44.843 1	44.843 1
39	8	11	11.632 1	19.268 2	0.16	−44.84	44.84
40	8	14	42.250 6	45.210 6	89.267 1	44.267 1	44.267 1
41	9	10	170.695 9	1.492 7	0.176 5	−44.823 5	44.823 5
42	9	11	128.917 3	9.469 8	89.826 6	44.826 6	44.826 6
43	10	11	41.778 6	1.429	89.996 9	44.996 9	44.996 9
44	10	12	94.753 2	9.273 3	89.844 2	44.844 2	44.844 2
45	10	14	11.160 1	27.366 8	0.576	−44.424	44.424
46	11	12	52.974 6	0.008 4	0.158 9	−44.841 1	44.841 1
47	11	13	113.917 1	0.007 9	89.636 1	44.636 1	44.636 1
48	11	14	30.618 5	18.015 4	89.427 1	44.427 1	44.427 1
49	12	13	60.942 5	1.290 1	89.477 2	44.477 2	44.477 2
50	12	14	83.593 1	9.633	89.268 2	44.268 2	44.268 2
			······				
3 179	384	385	61.246 7	0.006 1	89.602 2	44.602 2	44.602 2
均值			58.456 4	20.422 8	42.404	−2.596	33.717 4
标准差			67.889 2	14.163 3	35.238 1	35.238 1	10.547 1

（资料来源：作者自绘）

表附.22　东川村建筑节点网络图数据表

建筑节点间联系线序号	建筑节点1编号	建筑节点2编号	建筑节点间最小距离/m	建筑节点间面积差/m²	节点间角度差锐角 α/°	(α−45)/°	(α−45)绝对值/°
1	1	2	176.029 1	0.014 3	89.212 4	44.212 4	44.212 4
2	1	3	79.869	4.034 1	28.004 8	−16.995 2	16.995 2
3	1	4	64.007 7	14.922 2	61.965 4	16.965 4	16.965 4
4	1	6	20.737 4	22.552 3	10.671 7	−34.328 3	34.328 3
5	2	3	255.898 1	12.463 4	61.207 6	16.207 6	16.207 6
6	2	4	112.021 4	13.802 5	61.177 8	−16.177 8	16.177 8
7	2	6	155.291 7	19.830 7	78.540 7	33.540 7	33.540 7
8	2	10	26.814	34.240 3	78.531 6	33.531 6	33.531 6
9	2	11	5.654 8	40.250 9	17.628 7	−27.371 3	27.371 3
10	3	4	143.876 7	0.013 8	89.970 2	44.970 2	44.970 2
11	3	5	153.019 9	1.394 6	85.656 5	40.656 5	40.656 5
12	3	6	100.606 4	22.08 3	17.333 1	−27.666 9	27.666 9
13	3	8	144.978 5	8.517 5	4.322	−40.678	40.678
14	3	9	246.617 7	10.068 2	5.097 4	−39.902 6	39.902 6
15	3	13	143.743 9	18.753 5	18.058 2	−26.941 8	26.941 8
16	3	18	165.324 1	34.301 8	11.795	−33.205	33.205
17	4	5	9.143 2	1.931 8	4.313 7	−40.686 3	40.686 3
18	4	6	43.270 3	5.160 6	72.637 1	27.637 1	27.637 1
19	4	7	70.282 2	9.350 7	85.767	40.767	40.767
20	4	10	85.207 4	13.103 9	72.646 2	27.646 2	27.646 2
21	4	11	106.366 6	19.019 5	11.193 5	−33.806 5	33.806 5
22	4	15	114.977 5	31.683 5	4.915 1	−40.084 9	40.084 9
23	4	16	100.736 2	35.488 9	10.944 6	−34.055 4	34.055 4
24	4	19	55.117 9	34.003 8	81.847 7	36.847 7	36.847 7
25	4	20	84.289 5	29.828 4	85.732	40.732	40.732
26	5	6	52.413 5	13.686 4	68.323 4	23.323 4	23.323 4
27	5	7	61.139	0.008 7	89.919 3	44.919 3	44.919 3
28	5	8	8.041 4	0.009 3	89.978 5	44.978 5	44.978 5
29	5	9	93.597 8	2.303 9	80.559 1	35.559 1	35.559 1
30	5	10	76.064 2	13.841 5	68.332 5	23.332 5	23.332 5
31	5	11	97.223 4	13.960 4	15.507 2	−29.492 8	29.492 8
32	5	13	9.276	11.173 2	76.285 3	31.285 3	31.285 3
33	5	15	105.834 3	23.212 9	0.601 4	−44.398 6	44.398 6
34	5	16	91.593	26.345 5	6.630 9	−38.369 1	38.369 1
35	5	18	12.304 2	25.941 2	82.548 5	37.548 5	37.548 5
36	5	19	45.974 7	25.295 1	86.161 4	41.161 4	41.161 4
37	5	20	93.432 7	25.255 1	81.418 3	36.418 3	36.418 3
38	5	23	7.065 9	41.933	10.390 3	−34.609 7	34.609 7
39	6	7	113.552 5	16.146 9	21.595 9	−23.404 1	23.404 1
40	6	10	128.477 7	0.006 2	0.009 1	−44.990 9	44.990 9
41	6	11	149.636 9	5.003 6	83.830 6	38.830 6	38.830 6
42	6	12	145.079 2	0.002	0.609 4	−44.390 6	44.390 6
43	6	14	90.768 6	3.036 6	76.793 5	31.793 5	31.793 5
44	6	15	158.247 8	16.907 1	67.722	22.722	22.722
45	6	16	144.006 5	28.595 6	61.692 5	16.692 5	16.692 5
46	6	17	132.961	11.482 7	76.955 1	31.955 1	31.955 1
47	6	18	64.717 7	34.797 6	29.128 1	−15.871 9	15.871 9
48	6	20	41.019 2	10.359 2	13.094 9	−31.905 1	31.905 1
49	6	23	45.347 6	36.540 8	57.933 1	12.933 1	12.933 1
50	6	24	31.149 1	47.075 5	68.214 2	23.214 2	23.214 2
			......				
8 886	858	859	27.350 2	0.005 6	89.927 5	44.927 5	44.927 5
均值			62.014 7	21.227	44.533 6	−0.471 4	34.799 6
标准差			54.004	14.185 1	36.241 4	36.242 5	10.128 6

(资料来源:作者自绘)

致　　谢

本书是在我的博士学位论文《传统乡村聚落二维平面整体形态的量化方法研究》基础上修改而成的。首先要感谢导师王竹教授，在选题方向、研究思路、研究框架的确定等方面给予了悉心的指导，在论文研究资料的收集上也给予了无私的帮助。在研究过程中，老师深厚的学识、严谨的态度、积极的鼓励以及敏锐的洞察力，都使我受益匪浅。

感谢浙江大学建筑系几位老师的多年教导，让我在职业上逐渐成熟，他们分别是卜菁华教授、沈济黄教授、徐雷教授、罗卿平教授、张毓峰教授、余健教授、华晨教授、杨秉德教授、葛坚教授、陈帆副教授，以及规划系的李王鸣教授。感谢建筑系几位同事的多年共事，让我在工作上受益良多：贺勇教授与王晖副教授对我的论文提出了宝贵的意见；林涛、高峻、张涛、孙炜玮、钱海平几位同事兼学友的日常探讨帮助我开阔了学术视野，拓展了研究思路；陈林在程序运算上提供了帮助；裘知在编辑与排版上提供了耐心的指导。

感谢浙江大学建筑系毕业的高林、张文青，他们分别在深造与工作的百忙之中帮助我编写程序；特别是高林，更是耗费了大量的时间与精力，令我深受感动。感谢郭牧之在英语资料上提供的帮助。感谢董萧欢、李佳培、徐天均、俞左平、王依宁、吕妍、杜佩君、杜信池、罗桃、曾智峰、陆圣城，他们利用课余时间帮助我整理了很多基础资料。感谢张景礴、李澍田、钱振澜等几位博士研究生提供了多方面的信息支持。感谢贾爱东先生在我去安吉考察时提供的热情帮助。

感谢湖南大学魏春雨教授、华中科技大学李保锋教授、中国美术学院王国梁教授以及其他匿名评阅教授在论文的评阅与答辩过程中所提出的宝贵意见。

感谢我的父母、岳父母等亲人，他们一直以来对我们无微不至的关爱以及不辞辛劳的帮助，使我们能够克服生活上的重重困难。感谢我的妻子黄倩，她对我精神上的理解与生活上的支持，使我内心充满了信念。

浦欣成

2013 年 5 月于杭州